国家社科基金项目（一般项目）《转型中西南边境地区"新贫困陷阱"的形成机理与突破路径研究（16BLJ119）》

推进绿色小康 建设壮美广西

——"两山"理念在八桂大地的实践与探索

PROMOTING A GREEN WELL-OFF AND
BUILDING A MAGNIFICENT GUANGXI

—PRACTICE AND EXPLORATION OF THE IMPORTANT THOUGHT OF "TWO MOUNTAINS" IN BAGUI

马璐　熊娜◎著

U0226136

经济管理出版社

ECONOMY & MANAGEMENT PUBLISHING HOUSE

图书在版编目（CIP）数据

推进绿色小康　建设壮美广西："两山"理念在八桂大地的实践与探索/马璐，熊娜著 . —北京：经济管理出版社，2019.12`

ISBN 978 - 7 - 5096 - 6984 - 6

Ⅰ . ①推… 　Ⅱ . ①马… ②熊… 　Ⅲ . ①生态环境建设—研究—广西 　Ⅳ . ①X321.267

中国版本图书馆 CIP 数据核字（2019）第 288037 号

组稿编辑：胡　茜
责任编辑：胡　茜
责任印制：黄章平
责任校对：张晓燕

出版发行：经济管理出版社
　　　　　（北京市海淀区北蜂窝 8 号中雅大厦 A 座 11 层　100038）
网　　　址：www. E - mp. com. cn
电　　话：（010）51915602
印　　刷：北京玺诚印务有限公司
经　　销：新华书店
开　　本：720mm × 1000mm/16
印　　张：22
字　　数：450 千字
版　　次：2019 年 12 月第 1 版　　2019 年 12 月第 1 次印刷
书　　号：ISBN 978 - 7 - 5096 - 6984 - 6
定　　价：88. 00 元

目　录

第一篇　"两山"理念的理论篇

第三篇　"两山"理念的政策篇

第 一 篇

"两山" 理念的理论篇

近 15 年以来，"两山"理念逐步形成了日臻完善的思想论述体系，从一个小山村走向全国，发展成为习近平生态文明思想的重要组成部分。如何实践"两山"理念，习近平主席认为："如果能够把这些生态环境优势转化为生态农业、生态工业、生态旅游等生态经济的优势，那么绿水青山也就变成了金山银山。""两山"理念为绿色、高质量发展指明了方向。

第一章 "两山"理念的内涵

第一节 "两山"理念提出的时代背景

对于自然资源和生态环境，过去许多国家和地区走了"先污染，后治理""先破坏，后保护"的路子，付出了沉重的代价。改革开放以来，我国经济快速发展，创造了"中国奇迹"。然而粗放的发展方式也使我国在资源环境方面付出了沉重代价，积累了大量生态环境问题。中国40年的高速经济增长使环境问题异常突出。

2017年，全国338个地级及以上城市中，有239个城市环境空气质量超标，占70.7%[①]。2017年，全国地表水断面中Ⅳ、Ⅴ类占23.8%，劣Ⅴ类占8.3%；地下水监测中较差级和极差级的监测点分别占51.8%和14.8%[②]。全国土壤总的超标率为16.1%，长江三角洲、珠江三角洲、东北老工业基地等部分区域土壤污染问题较为突出，西南、中南地区土壤重金属超标范围较大[③]。正如习近平总书记所言"中国现代化是绝无仅有、史无前例、空前伟大的……走老路，去消耗资源，去污染环境，难以为继"，这"导致经过三十多年快速发展积累下来的环境问题进入了高强度频发阶段"[④]（见表1-1）。

---

① 邓琦，余华尊. 去年全国338个地级及以上城市239个空气超标［EB/OL］. 新京报网，http://www. bjnews. com. cn/news/2018/05/31/489167. html，2018－5－31.

② 参见生态环境部《2017年中国生态环境状况公报》。

③ 全国土壤污染状况调查公报［EB/OL］. 中国产业信息网，http://www. chyxx. com/industry/201808/670542. html，2018－8－24.

④ 中共中央文献研究室. 习近平关于社会主义生态文明建设论述摘编［M］. 北京：中央文献出版社，2017.

表1-1　近年来我国环境污染的相关新闻报道

新闻报道1	江苏省疾病控制中心专家多年研究后绘制出江苏省癌症死亡病毒高发区在苏中里下河地区和环太湖流域——全在水源附近。目前江苏省的癌症发病率及死亡率已处于全国前列。中科院南京土壤研究所已公布最新科研成果：贵为天下粮仓的长江三角洲地区土壤除了农药、重金属污染外，一些罕见的有机致癌物已经出现，毒性最高的当属多氯联苯和多环芳烃，重金属严重超标的是镉、铅、汞。土壤的污染已危及人体
新闻报道2	太湖，我国第三大淡水湖，面积2400平方公里，流域面积36895平方公里，是上海和苏锡常杭嘉湖地区最重要的水源。如果把太湖流域视为人体，无论从其地理位置、轮廓还是战略功能上看，太湖就是上海和苏锡常杭嘉湖7个城市的"心脏"，纵横交错的河网，就是维系该地区生存、发展的各类"血管"。"按现在的城乡排污量和达标排放的标准治理太湖，太湖流域的水永远达不到清洁地面水的要求。2015年要吃上干净水，任重道远。"水利部原副总工程师、中国工程院院士徐乾清在发言中毫不客气地指出
新闻报道3	2003年公布的新一轮全国地下水资源评价与战略问题研究显示，全国约有一半城市市区的地下水污染比较严重，地下水水质呈下降趋势。评价显示，按照《地下水质量标准》进行区域评价，按分布面积统计，有六成三的地下水资源可供直接饮用，一成七需经适当处理后方可饮用，一成不适宜饮用但可作工农业供水水源，约百分之八的地下水不能直接利用，需要经过专门处理后才能利用。全国约有一半城市市区的地下水污染比较严重，地下水水质呈下降趋势。全国约有七千多万人仍在饮用不符合饮用水水质标准的地下水
新闻报道4	今年以来，淮河流域污染反弹加剧，环保部门对重点排污企业的监测结果显示，安徽淮河流域设置的19个国控监测断面有13个处于超标状态，淮河流域污染物排放总量呈上升势头。淮海两岸也流传着一首歌谣：50年代淘米洗菜，60年代洗衣灌溉，70年代水质变坏，80年代鱼虾绝代，90年代拉稀生癌
新闻报道5	从黄河水资源保护部门获悉，2004年以来，黄河水污染回潮，干流劣五类水质河段已占监测评价河段的38％。专家指出，劣五类水已基本失去水体功能，而按《中国水功能区划》规定，黄河干流水质应达到三类水标准
新闻报道6	水环境恶化已成为海河流域经济社会可持续发展的一大隐忧，目前，整个海河流域1万公里的河长中，已经有75％受到污染，污染比例高居全国七大江河首位。海河流域包括北京、天津、河北、山东、山西、内蒙古等地区，这一流域自1997年以来，连续7年干旱，许多地区不得不靠超采地下水维持，目前全流域超采已达到1000多亿立方米，出现了9万多平方公里的地下开采漏斗区

　　资料来源：新华网相关报道。

　　中国同时面临大气、水、土壤污染三大紧迫的环境问题。在大气环境方面，中国能源消耗以煤炭为主，交通结构以公路为主，煤烟型污染严重，机动车尾气污染物排放总量逐年增长，大气污染地区相对集中在华北及西北地区，形成污染

"叠加",治理难度大。在水资源质量方面,40年的工业化和城市化快速发展历程使工业废水和城市生活污水大量增加。我国属于水资源短缺国家且在地域上分布不均,河流和湖泊整体污染形势严峻,60%的地下水观测点水质较差,水体污染加剧了水资源短缺,水资源质量总体上不容乐观。在土壤状况方面,工业的迅猛发展和农业产业化进程的加快,工业污染物排放和农业投入品的过度使用造成了严重的土壤污染问题,对农业产业以及食物链的安全问题都构成了威胁。因此,在发展初期为了追求经济的赶超,不计代价地消耗自然资源,高速的粗放型经济增长方式造成了资源代谢在时间、空间尺度上的滞留或耗竭,在结构、功能关系上的破碎和板结,社会行为在经济和生态管理上的冲突和失调,中国的环境问题呈现明显的结构型、压缩型、复合型特点。

如今我国稳定解决了14亿人的温饱问题,总体上实现小康,进入了建设中国特色社会主义新时代,人民美好生活需要日益广泛,不仅对物质文化生活提出了更高要求,而且在环境方面的要求日益增长。

第二节 "两山"理念的发展脉络

一、提出阶段

"两山"理念发源于浙江。2005年8月15日,时任浙江省委书记的习近平在浙江余村调研时讲道:"发展方式有多样,要走可持续发展的道路,绿水青山就是金山银山。"[①] 这是"两山"理念的首次提出,浙江省余村则成为"两山"理念的诞生地。2005年8月24日,时任浙江省委书记的习近平用笔名"哲欣"在《浙江日报》头版发表了评论文章《绿水青山也是金山银山》。该文指出:"绿水青山就是金山银山的先决条件,是将生态环境优势具体化为生态农业、生态工业和生态旅游等生态经济优势。如果不善待生态环境,金山银山买不到绿水青山"[②]。2006年3月23日,时任浙江省委书记的习近平再次在专栏文章《从"两座山"看生态环境》中说明了他对"两山"关系的认识在实践经验的影响下

---

① 习近平在浙江余村调研时的讲话[EB/OL]. 中国经济网, http://www. ce. cn/xwzx/gnsz/gdxw/202004/03/t20200403_34608178. shtml, 2005 – 8 – 15.

② 习近平. 绿水青山也是金山银山[N]. 浙江日报, 2005 – 8 – 24.

经过了三次飞跃，并指出种的常青树就是摇钱树，二者是浑然一体、和谐统一的关系（见表1-2）。

表1-2　习近平总书记"两山"理念的经典论断

年份	地点	内容
2005	安吉县	"我们过去讲，既要绿水青山，又要金山银山。其实，绿水青山就是金山银山。"
2006	《浙江日报》	"第一个阶段是用绿水青山去换金山银山，不考虑或者很少考虑环境的承载能力，一味索取资源。第二个阶段是既要金山银山，但是也要保住绿水青山，这时候经济发展和资源匮乏、环境恶化之间的矛盾开始凸显出来，人们意识到环境是我们生存发展的根本，要留得青山在，才能有柴烧。第三个阶段是认识到绿水青山可以源源不断地带来金山银山，绿水青山本身就是金山银山，我们种的常青树就是摇钱树，生态优势变成经济优势，形成了一种浑然一体、和谐统一的关系，这一阶段是一种更高的境界，体现了科学发展观的要求，体现了发展循环经济、建设资源节约型和环境友好型社会的理念。以上这三个阶段，是经济增长方式转变的过程，是发展观念不断进步的过程，也是人和自然关系不断调整、趋向和谐的过程。"
2008	中央党校	"要牢固树立正确政绩观，不能只要金山银山，不要绿水青山；不能不顾子孙后代，有地就占、有煤就挖、有油就采、竭泽而渔；更不能以牺牲人的生命为代价换取一时的发展。"①

二、解读深化阶段

党的十八大提出，突出生态文明建设及"五位一体"建设"美丽中国"，着力推进绿色发展、循环发展、低碳发展，加快从工业文明向生态文明转型，形成节约资源和保护环境的空间格局、产业结构、生产方式、生活方式，实现人与自然、环境与经济、人与社会的和谐共生。这为我们指明了守护绿水青山，走向金山银山彼岸的方法和途径。

2013年9月7日，习近平总书记在哈萨克斯坦纳扎尔巴耶夫大学发表演讲时再次论述"两山"理念："我们既要绿水青山，也要金山银山。宁要绿水青山，不要金山银山，而且绿水青山就是金山银山。"②

---

① 习近平总书记在中央党校的重要讲话［EB/OL］. 环球网，https：//china. huanqiu. com/article/9CaKrnK8AdV，2018.

② 习近平总书记在哈萨克斯坦纳扎尔巴耶夫大学发表的演讲［EB/OL］. 新华网，http：//www. xinhuanet. com/politics/2013-09/08/c_117273079. htm，2013-9-7.

2014年3月7日，习近平总书记在参加十二届全国人大二次会议贵州代表团审议时强调："绿水青山和金山银山决不是对立的，关键在人，关键在思路。保护生态环境就是保护生产力，改善生态环境就是发展生产力。"① 具体见表1-3。

表1-3 习近平总书记"两山"理念的经典论断

时间	地点	内容
2013年5月	中央政治局第六次集体学习	"要正确处理好经济发展同生态环境保护的关系，牢固树立保护生态环境就是保护生产力，改善生态环境就是发展生产力的理念，更加自觉地推动绿色发展、循环发展、低碳发展，决不以牺牲环境为代价去换取一时的经济增长。"同时，再次形象地把保护生态环境、发展生产力的关系比喻成金山银山、绿水青山的关系，指出脱离环保搞经济发展，是"竭泽而渔"，离开经济发展抓环境保护，是"缘木求鱼"。
2013年9月	哈萨克斯坦纳扎尔巴耶夫大学	"我们既要绿水青山，也要金山银山。宁要绿水青山，不要金山银山，而且绿水青山就是金山银山。"
2014年3月	十二届全国人大二次会议贵州代表团审议	"现在一些城市空气质量不好，我们要下决心解决这个问题，让人民群众呼吸新鲜的空气。""小康全面不全面，生态环境质量是关键。要创新发展思路，发挥后发优势。因地制宜选择好发展产业，让绿水青山充分发挥经济社会效益，切实做到经济效益、社会效益、生态效益同步提升，实现百姓富、生态美有机统一。"

在"两山"理念发展的第二阶段，不仅表现为习近平总书记在诸多正式场合就"两山"关系进行重要论述和解释，将抽象理论与具体情形相结合提出深化改革的指导性原则，还包括专家学者对"两山"理念的理论分析。经过深入的解读和发展，"两山"理念拥有了清晰的轮廓。"两山"理念构成主要包括对"绿水青山"和"金山银山"的界定、特征描述和测度，也包括两者之间的相互关系表达和转化路径体系。"两山"理念体系既包括"两山"提出的理论基础，如马克思主义哲学、生态学、资源经济学等相关理论支撑内容，也包括从经济学、生态学、哲学、社会学等多个视角对"两山"阐释所形成的理论内容。此外，还包括"两山"理念在实践中的具体应用和对具体实践的指引。

① 习近平参加贵州代表团审议时的讲话 [EB/OL]. 央广网，http://www.cnr.cn/guizhou/gzyw/201403/t20140308_515022386.shtml，2014-3-7.

三、升华阶段

2015 年 3 月 24 日，中共中央政治局会议正式把"坚持绿水青山就是金山银山"的理念写进《关于加快推进生态文明建设的意见》，使其成为指导中国生态文明建设的理念。之后，习近平还多次强调"两山"之间的关系。至此，"两山"理念经过近十年的发展完善，成为指导中国推进生态文明建设的指导思想。

2015 年 9 月，中共中央、国务院印发的《生态文明体制改革总体方案》中，"绿水青山就是金山银山"成为中国生态文明体制改革的重要理念之一。

2016 年 3 月 7 日，全国"两会"期间，习近平参加黑龙江省代表团审议时再次明确，"绿水青山是金山银山，黑龙江的冰天雪地也是金山银山"①。

2016 年 5 月 23 日，习近平在黑龙江省伊春市考察调研期间强调，"守着绿水青山一定能收获金山银山"②。

2016 年 12 月 2 日，全国生态文明建设工作推进会议在浙江省湖州市召开，习近平对生态文明建设作出重要指示，再次强调要树立"绿水青山就是金山银山"的强烈意识。

2018 年 6 月 12 日，习近平主席在山东考察时指出："良好生态环境是经济社会持续健康发展的重要基础，要把生态文明建设放在突出地位，把绿水青山就是金山银山的理念印在脑子里、落实在行动上，统筹山水林田湖草系统治理，让祖国大地不断绿起来、美起来。"

2018 年 9 月 28 日，在深入推进东北振兴座谈会上，习近平主席指出："要贯彻绿水青山就是金山银山、冰天雪地也是金山银山的理念，落实和深化国有自然资源资产管理、生态环境监管、生态补偿等生态文明改革举措，加快统筹山水林田湖草治理，使东北地区天更蓝、山更绿、水更清。"

2019 年 1 月 18 日，在京津冀协同发展座谈会上，习近平主席指出："坚持绿水青山就是金山银山的理念，强化生态环境联建联防联治。要增加清洁能源供应，调整能源消费结构，持之以恒推进京津冀地区生态建设，加快形成节约资源和保护环境的空间格局、产业结构、生态方式、生活方式。"

在这一阶段，习近平关于"两山"的理念升华为中国推进生态文明建设的

---

① 习近平总书记参加黑龙江代表团审议时的讲话［EB/OL］. 新华网，http：//www.xinhuanet.com/politics/2016 – 03/07/c_1118255027. htm，2016 – 3 – 7.

② 习近平在黑龙江省伊春市考察调研期间的讲话［EB/OL］. 中国经济网，http：//www.ce.cn/xwzx/gnsz/szyw/201605/27/t20160527_12090987. shtml，2016 – 5 – 23.

指导思想，并在战略制定、政策出台、发展实践中得到深入贯彻实施。

"两山"理念发展脉络见图1-1。

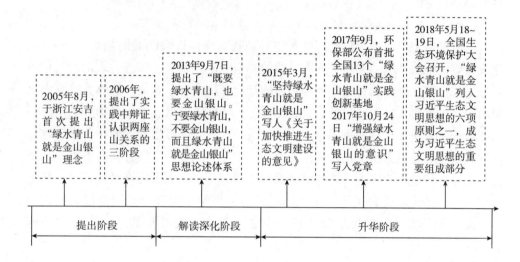

图1-1 "两山"理念的发展脉络

第三节 "两山"理念的多维内涵

一、政治层面

2005年浙江连续发生了东阳画水、长兴天能、新昌京新药厂等环境群体性事件，抗污染的参与人数动辄成千上万，个别事件中当地群众甚至与地方政府爆发了激烈冲突。事实证明，以牺牲环境为代价的粗放型增长方式最终导致的结果就是"严重影响了人民群众身体健康，严重影响了党和政府形象"，损害了党长期执政的合法性基础。正是在这样的背景下，2005年习近平提出了"两山"理念，并告诫"浙江人多地少，如果走传统的经济发展的老路，环境的承载将不堪重负，经济的发展与人民群众生活质量的提高会适得其反"①。

---

① 习近平.之江新语［M］.杭州：浙江人民出版社，2017.

习近平生态文明思想，用人民群众的整体利益来表述其理论的价值取向，将人民对美好生活的向往作为奋斗目标，属于中国实践的"人民中心论"，与西方绿色思潮讨论的人类中心主义或生态中心主义有着截然不同的内涵。

（一）生态文明建设有利于落实以人民为中心的发展思想

习近平生态文明思想将良好的生态环境视为全体民众的共同福祉。一方面，建设良好的生态环境，实现了人与自然的和谐统一，社会、经济、政治、文化等各方面都能够在健康的自然环境和稳定的社会环境中有序发展，能够为提高人民生活水平、改善人民生活质量等方面提供坚实的保障。另一方面，优美的生态环境能够提升人民安全感和幸福感，直观地满足人民对美好生活的向往，是创建以实现人的全面发展为宗旨、以满足人的需求为主要内容的生活方式必不可少的条件。把生态环境作为民生，认为推进绿色发展就是顺应人民群众对良好生态环境的期待、就是为了改善民生，集中体现了习近平绿色发展思想坚持以人民为中心，发展为了人民、发展依靠人民、发展成果由人民共享的基本原则和价值旨归。

（二）生态文明建设有利于提高人民群众的幸福感、获得感、安全感

在对"两山论"进行深入阐述、提出"生态生产力"的理念后，习近平进一步提出了"生态民生论"的观点，并将之作为生态治理的出发点和最终价值归宿。习近平指出，"生态环境一头连着人民群众生活质量，一头连着社会和谐稳定；保护生态环境就是保障民生，改善生态环境就是改善民生"，进而强调"发展的最终目的是保障人民群众的各种权益，其中最首要和最基本的权益是生态权益"①，主张通过实现有效的生态治理，不断满足人民群众的生态环境诉求，进而增加人民群众对绿色生态福祉的获得感和幸福感，满足人民群众对美好生活追求的需要。

（三）生态文明建设有利于满足人民群众的美好生活需要

习近平提出的"生态民生论"理念，建立在对新时代我国社会主要矛盾变化的深刻把握的基础之上。在党的十九大报告中，习近平指出，"明确新时代我国社会主要矛盾是人民日益增长的美好生活需要和不平衡不充分的发展之间的矛盾，必须坚持以人民为中心的发展思想，不断促进人的全面发展、全体人民共同富裕"。当前，人民群众由"盼温饱"转向"盼环保"，由"求生存"转向"谋生态"，人们对饮水安全、食品安全、空气质量、生活环境等提出了更高要求，

---

① 习近平生态文明思想的重要论述［EB/OL］. http：//theory. people. com. cn/n/2017/01117/c352499 - 29030443. html，2017.

在人民群众心中生态环境的重要性越来越突出，解决环境问题就是解决生活质量问题，解决生态问题就是解决民生问题。因此，实施有效的生态治理是回应民之所呼，是保民生、顺民意之举。保障和增强人民的环境福祉，体现了以人民为中心的生态治理价值取向，是中国共产党践行全心全意为人民服务的根本宗旨的必然要求，也是以人民为中心的新发展理念的重要组成部分。

二、社会层面

社会进步是全方位的进步，它既包括传统意义上的经济增长、政治民主、社会和谐、文化繁荣，也包括当代生态文明建设中凸显的生态正义。生态正义是在人类社会整体进步趋势下需要关注的新现象，它主要是指人类在处理人与自然关系过程中涉及的人际间生态平等以及人与自然的生态平等。人际间的生态平等包含代内生态平等和代际生态平等。代内生态平等要求国家之间以及国家内部各部分或区域各部分对生态利益的共同享受和生态损害共同分担；代际生态平等要求当代人遵循经济、社会、生态有机统一的可持续发展理念，其实践行为不要危及后代人发展的基础和能力。人和自然的生态平等主要指人类和自然和谐相处，共建美好生态环境。

目前，世界各国正在步入生态文明时代，生态正义问题也逐渐成为全社会必须关注和解决的突出问题，在人与自然之间，人类对自然环境的破坏虽然有所遏制，但仍然存在着二氧化碳排放过多导致温室效应等一系列不良的生态行为；而在人际之间，环境污染明显地表现为从发达国家流向发展中国家、从发达地区流向欠发达地区、从城市流向乡村的趋势。发展中国家、欠发达地区、乡村等经济力量相对薄弱地区在全球进入生态文明时代的进程中遭受着新一轮的环境污染，一方面，表现为隐性的环境污染，大量污染型企业基于生态成本的减少落户于经济欠发达地区，看似促进了该地区的经济发展，实质上对该地区环境具有潜在性威胁；另一方面，表现为直接把大量垃圾污染物倾倒、掩埋于欠发达地区，常常通过把危险性较高的废弃物以付费的方式转嫁给贫困的接受者，从而导致实践中环境效益和环境损失的分配存在不公平现象。虽然全球变暖、水体污染、沙漠化等环境破坏的后果会波及地球上每一个人，但"富有阶层和权力阶层因为处于更有利的状况中，从而能够避免环境问题带来的最严重后果，有时甚至能完全规避不良的环境影响"①。《人民日报》曾以"拒绝污染上山下乡"为题，指出很多污

---

① 赵娜.浅析生态责任和环境法律责任［J］.法制与社会，2010（18）：295.

染型企业在城市环保门槛越来越高、环保执法越来越严的情况下，变着法子"上山下乡"，使农村成为新的生态重灾区，呈现"垃圾随风刮，污水靠蒸发"的污染景象。环境污染转移的新情况与经济发展不均衡密切相关。

三、经济层面

从经济学层面而言，"绿水青山"理念促进了分工演进，即从黑色分工（污染较大产业）到绿色分工（绿色产业）的绿色转型。在黑色分工向绿色分工转型的过程中，如果政府无所作为，在市场机制的作用下，生产者依据"成本—收益"原则进行决策，分工演进的均衡结果将是黑色完全分工结构或者黑色—绿色混合分工结构，经济发展的路径就是"环境库兹涅茨曲线"所指明的"先污染，后治理"之路。在黑色分工结构中，黑色产品交易效率的提高有助于传统产业就业、市场容量、贸易依存度以及人均真实收入、污染技术进步等经济发展不同侧面的同时提升，实现经济发展的数量扩张，但会带来生态环境质量的日趋恶化。由于大多数国家并不能成功跨越"中等收入陷阱"转为发达国家，因此，生态环境恶化的程度难以如愿实现好转，而经济的可持续发展也面临巨大的生态环境约束，分工结构只能锁定在黑色分工模式下无法自拔。但是，在分工演进的过程中，交易效率对分工结构演变具有决定性的影响。交易效率的大小不仅决定分工的规模，也决定分工结构演变的方向。决定交易效率的因素，除了基础设施条件、运输条件和城市化水平等交易技术条件外，制度条件也是影响交易效率的重要因素。因此，对锁定在黑色分工结构下的广大发展中国家而言，政府制度成为破局的关键条件。在绿色分工结构中，绿色产品交易效率的提高也有助于绿色就业、市场容量、贸易依存度以及人均真实收入、绿色技术进步等经济发展不同侧面的同时改善，与黑色分工结构有显著差异的是，此时能够实现经济发展和生态环境质量的同时演进。此时，经济发展不但不会造成生态破坏和环境污染，还会对恶化的生态环境进行改良和修复，实现"绿水青山"和"金山银山"共赢。

因此，实现"绿水青山就是金山银山"的关键在于推动黑色分工模式成功转型为绿色分工模式，而分工模式跳跃又取决于产品交易效率和公众偏好水平的高低，这涉及政府、市场、公众等多主体的综合作用。因此，可以画出"绿水青山"理论的分析框架（见图1-2），主要包括分工演进、政府、市场、公众和经济发展五个部分。在这个理论分析框架中，政府、市场、公众都通过不同方式激励黑色分工向绿色分工进行转型的分工演进，保证遵循"绿水青山就是金山银山"理论,其落脚点在经济发展。

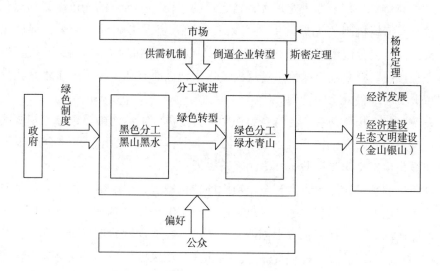

图1-2 "两山"理念促进分工演变关联结构

政府的主要功能是提供良好的市场交易秩序和维护社会的公平正义。在守护"绿水青山"和创造"金山银山"的发展过程中,政府理应发挥顶层设计的作用。一方面,政府需要制定严格的绿色制度及政策体系,向生产者和公众传递政府推动"绿水青山就是金山银山"的信念与决心,让制度的刚性约束成为不可触碰的高压线,保证"绿水青山"理念内化为生产者和消费者的内在遵循;另一方面,通过建立严厉的绿色制度,实施严厉的绿色政策,包括污染排放标准、控制排放额度等,调节绿色产品和黑色产品的交易效率,培育和推进绿色技术、绿色产业的成长,抑制黑色生产者的扩张,降低其与绿色产品同台竞争的能力,从供给侧角度减少黑色产品的供给,倒逼生产者进行绿色转型,促使分工演进由黑色向绿色方向转变。

市场调节作用。市场调节是绿色转型和生态文明建设的基本主线。通过市场机制调节生产者的行为选择,引导生产、消费以及市场交易规模,推动分工结构转型。在"绿水青山"的理论框架中,市场作为重要的组成部分,集中表现在市场引导生产者在追逐"金山银山"过程中自觉保护"绿水青山"。亚当·斯密曾经指出,分工是经济发展的源泉和动力,分工水平受到市场范围的限制(斯密定理)。杨格发展了斯密的核心思想,认为分工不仅取决于市场范围,而且市场范围取决于人口规模和购买力,购买力又与生产力和收入水平相联系,生产力水平取决于分工水平，从而形成了"分工取决于市场规模，市场规模又取决于分工"的逻辑链条。依照斯密定理和杨格定理的逻辑，在政府的绿色制度和绿色政策干预下，市场机制"无形的手"可以通过配置资源影响分工水平，促使黑色分工模式向绿色分工模式发展。市场机制引导消费者和购买力聚焦于绿色产品，而非黑色产品，将有利于绿色市场规模的扩张，进而有利于绿色分工水平的提高和黑色分工向绿色分工的转型。

在政府、市场和公众三者的合力作用下，推进分工结构由黑色分工模式跳跃到绿色分工模式，绿色转型得以成功完成，实现"绿水青山"与"金山银山"、经济建设与生态文明建设共生共赢的经济发展。

转化机制。打通绿水青山与金山银山的转化通道，立足生态优势发展生态经济，实现绿色财富、绿色富国、绿色富民。对于生态环境本底较好的地区，提高生态产品产出效率，将绿水青山创造更多的具有经济价值的生态服务功能，如高品质饮用水、水产品、原材料食品等。河北塞罕坝机械林场三代造林人以保障京津生态安全为导向长期开展植树造林，绿色贡献了50%的产业收入。探索"生态＋"模式，发展以生态农林牧渔业、生态修复及采掘恢复等为主的绿色农业，以绿色旅游业、绿色餐饮业、绿色文化产业等为主的绿色服务业，推进农业和服务业转型升级。"两山"理念发源地——浙江省安吉县长期坚持"生态立县"战略，打造三产融合生态经济新形态，走出了"绿水青山就是金山银山"之路。

发挥环保作用促进供给侧结构性改革，引导培育绿色发展新动能。对于生态环境资源较匮乏的地区，通过以环境保护优化经济发展、引导产业布局、倒逼结构转型。强化环境硬约束，推动去除落后和过剩产能，严格环保能耗要求，促进企业加快升级改造，推动经济发展和生态环境保护进入"第一象限"，实现"两山"的转化。把创新驱动作为发展基点，提升传统产业的绿色化水平。推动绿色低碳环保产业发展，推进绿色化与各领域创新深度融合发展。加快培育新技术、新产业、新业态，促进绿色制造和绿色产品供给，把绿色生态优势转化为新经济发展优势和吸引高端产业、人才的竞争力。大力积极探索有本地特色的绿色发展、循环发展、低碳发展模式，让沉睡的山水资源日益显现出经济价值。

四、生态层面

"两山"理念的内涵不仅解读于字面，更要看到其所代表的主体属性，"绿水青山"指的是包括森林植被、大气、土地和动植物在内的生态资源以及由基本生态要素组成的生态系统。"金山银山"代表的是经济优势，具体来说是经济的价值和可增值性。因此，其本质含义是生态环境优势就是经济优势，生态环境本身就是社会生产力的一种，也必将会促进社会生产力的进步，从而带来更多的社会财富，推动经济增长。

随着社会经济的进步，自然资源已经不能只依靠生态属性实现和社会经济发展的平衡，因此在现代社会中，自然资源的经济价值和经济作用逐步得到人们认可。生态属性决定了自然资源能够提供各种生态产品和服务，包括净化环境、生物多样性、调节气候、保护土壤、蓄水抗旱等，这些都是人类社会维持和发展的基础。自然资源的经济属性主要指的是自然资源的使用功能，即通过人类的经济活动赋予自然资源产品价值，如森林资源和生物多样性经过开发后可以转化为旅游资源，水资源进行开发和加工后可以转化为生产和生活资料，参与到工农业生产和人类生活消费的经济活动中，产生较大的经济价值。

"两山"理念的内在要求，是保护绿水青山，守好生态家底，推进山水林田湖草系统保护修复，实施综合管理。对重点生态功能区进一步加强保护和管理，重点实施一批关系国家生态安全区域的生态修复工程，对自然保护区强化监督管理，建成国家级和省级自然保护区天地一体化生态监测网络，加大对自然保护区禁止或限制进行生产活动的监管。对其他区域实施生态系统综合管理，按照生命共同体系统保护修复的要求，把握各种污染物交互作用以及水气土跨界交互污染等客观规律，把治水、治土、治气与治山、治林、治田有机结合起来，统筹自然资源保护监管、生态保护、污染防治，进行综合管理、统一监管和行政执法，实现要素综合、职能综合、手段综合。划定并严守"三线一单"，加强生态环境空间管控。把习近平总书记提出的"生态功能保障基线、环境质量安全底线、自然资源利用上线"三大红线落实到国土空间①，确立并守住生态环境保护和资源开发的"底板"和"天花板"。按照"生态功能不降低、面积不减少、性质不改变"的原则②，识别并划定生态空间，明确生态保护红线，优化经济发展布局，强化空间约束。遵循环境质量"只能更好，不能变差"的原则，确定环境质量底线，强化污染源排放强度约束，优化区域污染物排放管控。基于自然资源资产"保值增值"、利用效率不断提高的原则，确定自然资源保护和开发利用要求。细化环境管控单元，从空间布局约束、污染物排放管控、环境风险防控、资源开

---

① 习近平总书记在中央政治局第四十一次集体学习时的讲话［EB/OL］. 中国共产党新闻网，http：//cpc. people. com. cn/n1/2017/0528/c64094 - 29305569. html，2017.

② 生态环境部例行新闻发布会上的讲话［EB/OL］. 国际在线，https：//baijiahao. baidu. com/s？id = 1645277608557101966&wfr = spider&for = pc，2019.

发效率等方面提出优布局、调结构、控规模、保功能等调控策略及导向性的环境治理要求，制定区域、行业环境准入限制或禁止条件。

第四节　新时代践行"两山"理念的总体方略

"绿水青山就是金山银山"是习近平绿色发展思想的基本内核。践行"绿水青山就是金山银山"理念，其蕴含三个层次递进的含义。

一、"既要金山银山，也要绿水青山"

解决好人与自然和谐共生问题，并不是说为了实现人与自然和谐共生而放弃发展，发展仍然是绿色发展的中心要义。习近平指出："以经济建设为中心是兴国之要，发展是党执政兴国的第一要务，是解决我国一切问题的基础和关键。"①社会主义初级阶段的基本国情决定了发展仍是硬道理，但我们追求的发展必须是科学的发展、绿色的发展。绿色发展的价值指向为经济社会发展和生态环境保护的"双赢"，即一方面生产要发展，另一方面生态要保持良好；人民既能享受到生产发展带来的丰裕的物质生活，同时义能拥有天蓝、地绿、水清的生存环境。如果说过去由于生产力水平较低，为解决温饱问题不得不毁林开荒、填湖造地，那么这些基本的生存问题解决之后，"保护生态环境就应该而且必须成为发展的题中应有之义"②。

二、"宁要绿水青山，不要金山银山"

在鱼和熊掌不可兼得的情况下，绿水青山优先于金山银山，即决不以环境为代价去换取"短命"的经济增长。人与自然是命运休戚相关的生命共同体，人类为了发展而伤害自然最终必然会殃及自身，受到大自然无情的报复。这种"吃祖宗饭、断子孙路，用破坏性的方式搞发展"是不负责任的③，也是不可持续的，最终必然会顾此失彼、因小失大。生态环境没有替代品。因此，在发展和保

---

①　中共中央文献研究室．习近平关于社会主义经济建设论述摘编［M］．北京：中央文献出版社，2017.

②　中共中央文献研究室．习近平谈治国理政［M］．北京：中央文献出版社，2014.

③　习近平在日内瓦万国宫发表的《共同构建人类命运共同体》演讲［EB/OL］．新华网，http：//www. xinhuanet. com/world/2017－01/19/c_1120340081. htm，2017－1－18.

护的关系上，坚持保护优先、自然恢复为主，决不重蹈"先污染，后治理"或"边污染，边治理"的覆辙；必须树立大局观、长远观、整体观，决不能急功近利，只顾当前不顾长远、只顾个别不顾全局、只顾当代人不顾子孙后代；必须辩证地看待发展和保护之间的关系，从长远历史的辩证来看，只要留住绿水青山，就不怕没有金山银山。

三、"绿水青山就是金山银山"

经济社会发展和生态环境保护可以实现有机统一，发展和保护之间既会出现矛盾，也可以辩证统一。如果把生态优势转化为经济优势，实现绿水青山和金山银山的有机统一、浑然一体，那么就达到了一种更高层次的发展。绿色发展价值正是这样的发展宗旨。良好的生态环境本身就是一种资源，尤其是在工业文明发展带来各种生态环境问题的当下，优质的生态产品、宜居的环境等甚至是一种稀缺资源。利用良好的自然生态条件来发展生态农业、生态工业、生态旅游业，直接就可以将其转化为生产力。正如习近平总书记在浙东舟山农村调研，针对村民利用自然优势发展乡村旅游等特色产业收入大幅增加时指出的那样："这种'美丽经济'充分印证了绿水青山就是金山银山的道理。"① 同时，保住绿水青山，不仅能为新时代经济社会持续健康发展、高质量发展提供强有力支撑，而且从长远来看，也能为子孙后代留下生存和发展的根基。在这个意义上，环境和生产力具有同等意义——"保护环境就是保护生产力，改善环境就是发展生产力"②。只有把发展生产力同保护和改善环境有机地融为一体，在保护中发展，在发展中改善，才能开辟一条科学绿色永续的高质量的发展道路。

生态优美、生活舒适和精神富有，使所有人民过上物质富裕、精神富有、身心愉悦、幸福安康、尊严体面的生活，坚持"五位一体"的总体布局和协同推进。在理念上，牢固树立生态优先的根本价值取向和发展理念，"崇尚创新、注重协调、倡导绿色"③，使创新、协调、绿色发展成为人人遵循、时时谨守的发展原则和指导思想。

在规则上，必须强化生态约束，把生态保护、生态指标和生态文明纳入全面

① 习近平在浙江调研时的讲话 [EB/OL]．中国膜工业协会，http：//www. membranes. com. cn/xingyedongtai/zhengcefagui/2015－05－28/21612. html，2015.

② 中共中央文献研究室．习近平关于全面建成小康社会论述摘编 [M]．北京：中共中央文献出版社，2016.

③ 习近平在重庆调研时的讲话 [EB/OL]．新华网，http：//www. xinhuanet. com/politics/2016－01/06/c_1117690488. htm，2016.

建成小康社会和经济社会发展的方方面面，把发展严格限定在生态约束的轨道上。

在发展路径上，必须用强有力的生态约束机制倒逼企业和产业升级，加快调整经济结构和优化产业布局，实现生态和经济协调并进，坚定走绿色发展、循环发展、低碳发展、清洁发展之路。

在发展阶段上，必须"遵循经济规律科学发展，遵循自然规律可持续发展"①，必须向集约型、节约型、环境友好型发展阶段转变。

"两山"理念的总体方略如图1－3所示。

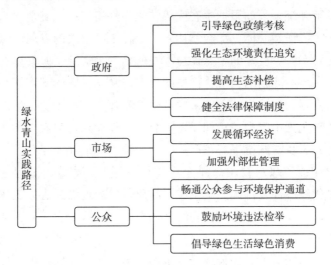

图1－3 "两山"理念的总体方略

发展绿色经济，推进生态经济化，是"两山"理念科学论断题中的应有之义，即强调经济发展与社会、资源、环境相协调，经济活动过程和结果都要"绿色化""生态化"，这是对传统发展理念的一种批判性超越，是一种经济社会发展的新模式。重点是实现绿色发展、低碳发展、清洁发展、循环发展。当然，"两山"理念实质上也蕴含着创新、协调、共享、开放发展的基本要求，这些都是其基本的实现路径。

"两山"理念的实践成果如表1－4所示。

----

① 习近平主持召开经济形势专家座谈会时的讲话［EB/OL］. 央广网，http：//china. cnr. cn/news/201407/t20140709_515811217. shtml，2014.

表1-4 "两山"理念的实践成果

截至2016年,累计淘汰黄标车和老旧车1800多万辆。超过11万个村庄完成农村环境综合整治,将近2亿农村人口从中受益

截至2016年底,被考核的全国338个地级城市的PM10下降了15.5%。京津冀、长三角、珠三角三大区PM2.5的平均浓度分别下降至33%、31.3%和31.9%

2016年全国酸雨区面积占国土面积比例由历史高点的30%左右下降到了7.2%

2016年森林覆盖率由21世纪初的16.6%提高到22%左右

2016年地表水国控断面Ⅰ~Ⅲ类水体比例增加到67.8%

截至2016年,中央财政投入375亿元,一共整治了11万个村庄,约有2亿农村人口从中受益,解决了一大批群众身边的污水问题、垃圾问题等

截至2016年底,我国批准加入30多项与生态环境有关的多边公约或议定书

资料来源:满足人民日益增长的优美生态环境需要[EB/OL].光明日报.http:epapel_ gmw. cn/ gmrb/html/2017-10/24/nw. D110000gmrb_ 2017/024-1-07. htm,2017.

第二章 "两山"理念的理论源泉和理论创新

第一节 "两山"理念的理论源泉

一、马克思主义自然辩证法

纵观习近平总书记关于"绿水青山"和"金山银山"的重要论述，蕴含着深刻的马克思主义自然辩证法思想，充分体现出马克思主义"永不过时"的创新精神和与时俱进的优秀品质，是马克思主义生态学思想在当今中国具体历史条件下的中国化发展，是习近平生态文明思想的重要内容。

"两山"理念阐明了发展经济与保护生态二者之间对立统一的矛盾关系，既有侧重又不可分割，构成了有机整体。从人与自然的关系问题出发，寻求我国经济的发展和生态环境的保护协同并进的发展方式，并最终实现"绿水青山就是金山银山"的生态发展理念（见图2－1）。辩证法包含对立统一、质量互变、否定之否定三大基本规律，对立统一规律即事物的矛盾规律，揭示了事物联系的根本内容和发展动力，是唯物辩证法的实质和核心。

（一）两点论思想

"既要绿水青山，也要金山银山"是马克思辩证法中对立统一规律两点论思想的生动体现，体现的是生态环境与经济发展的兼顾统一。

"两点论"是指认识复杂事物的发展过程时，既要看到主要矛盾，又不能忽视次要矛盾。在认识某一矛盾时，既要看到矛盾的主要方面，又不能忽视次要方面。两点论思想要求我们要学会一分为二和全面地看问题。一切事物都是矛盾的统一体，都包含相互矛盾的两个方面，都有自己的两点；正是矛盾的两个方面既对立又统一，推动事物发展。两点论要求人们认识事物、分析和解决问题，都要有全面的观点，既看到事物的正面，又看到事物的反面；既看到它的现在，又看到它的将来；既看到主流，又看到支流，看到二者的区别和联系，从而克服"只知其一，不知其二"的形而上学片面性。

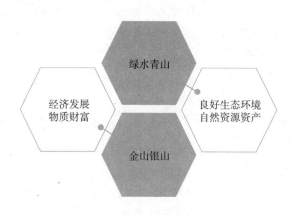

图 2-1 "两山"理念的内涵

一方面，绿水青山与金山银山既相互对立又相互统一。长期以来，人们对环境保护与经济增长的关系存在一种误解，认为两者不可兼得，要想获得一方面，必须舍弃另一方面。实践已经证明，"先污染，后治理"的老路走不通，损害甚至破坏生态环境的发展模式、以牺牲生态环境换取一时一地经济增长的做法，代价高昂、教训深刻，必须坚决摒弃。如果说在"先污染，后治理"的工业化发展阶段，阻碍两者关系的症结还没有真正解开，那么"绿水青山就是金山银山"的"两山"理念则为我们破解这一症结提供了全新的思路。它一针见血地指明了"破坏生态环境就是破坏生产力，保护环境就是保护生产力，改善生态环境就是发展生产力"[①]。"绿水青山"与"金山银山"两者不能只顾其一。另一方面，要认清矛盾的主要方面和次要方面，兼顾"绿水青山"与"金山银山"，并不是说两者地位完全相等，"绿水青山"是经济社会发展的载体，是矛盾的主要方面，应处于优先位置。当前，在习近平总书记"两山"理念的指导下，绿色发

---

① 习近平. 干在实处走在前列——推进浙江新发展的思考与实践 [M]. 北京：中共中央党校出版社，2006.

展已经成为引领中国经济社会发展的核心理念和导航标，为我国新时代推进生态文明建设指明了方向①。

（二）重点论思想

"宁要绿水青山，不要金山银山"是马克思辩证法中对立统一规律重点论思想的生动体现，从某种程度上表明生态保护的优先性。

"重点论"就是认识复杂事物的发展过程时，要着重抓住它的主要矛盾；在认识某一矛盾时，要着重把握矛盾的主要方面。事物矛盾两个方面的地位、作用不是均衡、相等的，而有主次之分；众多矛盾中，也有主要矛盾与次要矛盾的区别。事物的性质主要由取得支配地位的主要矛盾的主要方面所决定。因此，抓主要矛盾、抓中心工作、抓重点，是唯物辩证法的科学工作方法，如果不分主次轻重、不抓重点，就会犯"均衡论"的错误。

绿色生态环境为保障人类的生存和发展提供支撑，人类对自然的利用和开发不能超出自然界的承载能力，否则就会影响到自身的永续发展。"宁要"与"不要"的核心思想是，在保护与发展这两者的关系上，如果发展完全以破坏环境为代价，那么这样的发展无疑是不可取的，因此最终只能做出宁可不要的抉择。习近平总书记指出："环境就是民生，青山就是美丽，蓝天也是幸福。要像保护眼睛一样保护生态环境，像对待生命一样对待生态环境，把不损害生态环境作为发展的底线。"要把解决突出生态环境问题作为民生优先领域，良好生态环境是最普惠的民生福祉。金银只是价值的一般等价物，而绿水青山本身就具有多种价值，如有利于人们健康的价值、科学价值、艺术价值等。绿水青山是人民幸福生活的重要内容，是金钱不能代替的。我国生态文明建设已经到了有条件、有能力解决生态环境突出问题的窗口期。在未来的发展中，我们必须把生态环境保护置于优先地位，不断满足人民日益增长的优美生态环境需要。但我国依然还处于社会主义初级阶段，发展依然是解决中国所有问题的关键，当经济发展与生态环境保护发生冲突矛盾时，必须毫不犹豫地把保护生态环境放在首位，而绝不可再走用绿水青山去换金山银山的老路。

（三）矛盾同一性原理

"绿水青山就是金山银山"是马克思辩证法中对立统一规律矛盾同一性原理的生动体现。

矛盾的同一性是指矛盾双方相互依存、相互贯通的一种联系和趋势。具体表

---

① 章晖丽.论"两山"理念中的辩证法思想［J］.学理论，2019（7）.

现为：第一，矛盾对立面之间相互依赖，矛盾双方各自以对方为自己存在和发展的条件，任何一方都不能脱离对方而孤立地存在和发展。第二，矛盾对立面之间的相互贯通性，矛盾双方存在相互渗透的渠道和桥梁，存在相互转化的趋势和可能。

"绿水青山就是金山银山"，强调的是生态环境保护可以为经济发展厚植基础。绿水青山不是孤立地存在，在一定条件下可转化为金山银山。2013年5月，习近平总书记在党的十八届中共中央政治局第六次集体学习时指出，"要正确处理好经济发展同生态环境保护的关系，牢固树立保护生态环境就是保护生产力、改善生态环境就是发展生产力的理念"。这一重要论述，深刻阐明了生态环境与生产力之间的关系，是对生产力理论的重大发展。物质是运动的，事物是发展的。人们通过智力和体力劳动，从绿水青山中创造出生存所需要的物质生活条件。科学发现、技术发明、物品制造、财富创造都是人类从绿水青山所代表的自然界中就地取材，将绿水青山转化成金山银山的实践成果。我们要重视生态环境这一生产力要素，把绿水青山当作宝贵资源，将保护、修复绿水青山当作重要使命，切实保护好"绿水青山"，以良好的生态环境吸引人气、聚集财气，让"绿水青山"引来"金山银山"。

二、中国传统生态文化

习近平总书记在全国生态环境保护大会上指出："中华民族向来尊重自然、热爱自然，绵延五千多年的中华文明孕育着丰富的生态文化。"中华优秀传统生态文化是中华传统文化的重要组成部分，作为当今建设生态文化的源头活水，中国传统生态文化蕴含着丰富的思想内涵和重要的时代价值。中国传统生态文化中蕴含的生态伦理思想，是研究当代中国生态文明理论、应对生态环境问题、推进生态治理和生态文明建设的理念资源。生态文化是指以崇尚自然、保护环境、促进资源永续利用为基本特征，能使人与自然协调发展、和谐共进，促进实现可持续发展的文化。生态文化的形成，意味着人类生态价值观念的根本转变，这种转变标志着从人类中心主义价值取向到人与自然和谐发展价值取向的过渡。中华传统生态文化是中华民族在长期劳动中形成的人与自然和谐相处、协同发展的价值取向、意识形态和行为准则的总和。中华优秀传统生态文化以"道生万物、道法自然"的生态智慧，"仁爱万物、乐山乐水"的生态情怀，"天人合一、协和万邦"的生态伦理，揭示了人与自然关系的本质，以"尊重自然，顺应自然，呵护自然"的生态观，"平等相宜，顺时节用，互为一体，互依共生"的生态道德准则，树立了人类的行为规范，奠定了生态文明主流价值观的核心理念。习近平总书记的"两山论"，其本质是一种符合时代特征和发展规律的先进生态文化。"两山论"是对中国"天地人和"传统生态文化的有益延续，是马克思主义中国化进程中关于生态问题探索的伟大成果，是中国梦之美丽中国未来图景的真实写照。"两山论"已经站在了人类历史发展的新高度，深刻阐释了人与自然的辩证关系，其必将深远影响和推动人类思维方式、生产方式和生活方式的总体性变革。

（一）"天人合一、协和万邦"：和谐共生的整体自然观

中国古代思想家反对把人和自然割裂开来、对立起来，竭力主张人与自然和谐共生，以追求人与自然和谐发展为最高境界。在中国古代传统文化中，人与自然的关系往往被表述为"天人关系"。因此，"天人合一"是儒家生态伦理思想中最核心的观点之一。在儒家伦理哲学思想体系中，"天"的内涵丰富、博大精深，具有独特的文化价值。在当代哲学语境中，"天"包括了人类赖以生存的物质基础，即自然界，这是儒家考察人与自然关系的一个重要尺度。战国时期的孟子探讨了天性与人性的内在统一性，指出在自然面前人类只有乐天知命，方能顺应自然，颐养天年。汉代思想家董仲舒提出了"以类合之，天人一也"的天人感应学说，认为人与自然之间可以产生双向的精神感应，主张人类活动要心怀仁义，不要物伤其类的平等生命伦理观①。到了宋代，天人合一的思想进一步演变成为带有唯心主义倾向的理学思想并成为社会主流文化思潮而影响深远。其中以北宋程朱理学尤盛。程颢、程颐兄弟提出了"天人本无二，不必言合"的理学思想，认为人类与天地万物就本源来说皆由气构成，因而人与万物本性相同。程朱理学的生态伦理思想肯定了人是自然界的一部分，闪烁着唯物辩证法的光芒，具有一定的现实价值②。自然是孕育生命的摇篮。在我国古代，先哲们很早就意识到自然的重要性，提出了许多富有哲理性的观点和思考③。老子用"道生一，一生二，二生三，三生万物""人法地，地法天，天法道，道法自然"（《道德经》），告诉我们道生万物，道法自然，并进一步指出"天得一以清，地得一以宁，神得一以灵，谷得一以盈，侯王得一以为天下正"，阐明事物运行的规律是万物发展的根本，人不是天地万物的主宰，更不能成为自然万物的准则，人的实践活动要尊重自然，顺应自然规律。孔子也主张要尊重自然，遵从自然，认为世

① 孟子. 四书五经［M］. 北京：中国友谊出版公司，1993.
② 董仲舒春秋繁露（儒家经典）［M］. 北京：团结出版社，1997.
③ 辛杰. 习近平的绿色发展理念中传统生态文化蕴含探微［J］. 商丘职业技术学院学报，2019（5）.

界万物均为"自然"产生，"天道"是潜移默化的，具有自身运行规律，是万物生长的基础，故天和人之间应该和谐共处。在儒家看来，"人在天地之间，与万物同流""天人无间断"。也就是说，人与万物一起生灭不已，协同进化。人不是游离于自然之外的，更不是凌驾于自然之上的，人就生活在自然之中。如果人类未能遵循自然发展的规律，未能做到和自然的和谐共处，那么人类最后会自食其果，受到自然界的惩罚。因此有"巍巍乎，唯天为大，唯尧则之。荡荡乎！民无能名焉"（《论语·泰伯》）和"获罪于天，无所祷也"（《论语·八佾》）等表述。

儒家"天人合一"生态伦理思想中蕴含的人与自然和谐共生的整体自然观强调了人类应顺应自然，因地制宜，与自然协调一致、和谐共处的生态公正思想，充分彰显了中国古代思想家在人与自然关系问题的认识上已经达到了一定的高度，显示了朴素的辩证唯物主义方法论，体现了古代哲人深邃的生态智慧。中华传统文化中所蕴含的尊重自然、遵循自然的生态自然观，是古人对大河、山川的虔诚和敬畏，对自然最朴素的情感表达，成了当今中国特色社会主义生态文明建设的理念源泉。

（二）"道生万物、道法自然"：万物公平的生态公正观

春秋战国时期，以老子和庄子为代表的道家学派较早关注人与自然的辩证统一关系，提出了一系列具有朴素唯物主义思想的生态自然观。

首先，老庄哲学独创了"道"的哲学概念，作为观照和阐述人与自然关系的立论支点，主张把自然法则看成宇宙万物和人类世界的最高法则。在道家看来，"道"的重要价值在于作为天地万物发生的根源和基础所具有的本体论意义。老子认为："域中有四大，而人居其一焉。人法地，地法天，天法道，道法自然。"[1] 表明自然法则不可违，人道必须顺应天道，人只能"效天法地"，将天之法则转化为人之准。

其次，道家从事物发展的普遍性规律出发，将社会公正的价值观延伸到自然生态领域，提出了万物平等的生态伦理观。所谓"以道观之，物无贵贱"，意思是万物与人类一样都是为道所化生，因而它们与人类具有相同的价值尊严，双方并无贵贱高下之分，突出了万物的平等性原则[2]。

最后，道家主张包括人类在内的天地万物都统一于自然的生存法则。在认识自然和改造自然的社会实践中要承认并尊重自然万物的存在所具有的价值。另

---

① 十三经注疏 [M] . 阮元校刻，北京：中华书局，1981.

② 庄子全译 [M] . 阮元校刻，张耿光译注 . 贵阳：贵州人民出版社，1991.

外，孔子认为"知者乐水，仁者乐山"（《论语·雍也》），体现了他对大自然的欣赏、热爱和纵情山水、融入自然的生态志趣。因此，儒家学说告诉我们，人类最高的道德责任就是尊重生命，善待自然，要认识到自然界中的每一个生物的存在都有它的意义，人类应该注重在人与自然的和谐相处中培养自己高尚的道德情怀，而不是只把自身利益看得高于一切。

当今社会，伴随着生态文明建设的深入发展，生态道德建设变得愈加重要，作为支配人的生态意识行为的规范和准则正在具体而又深远地影响着中国的生态文明建设。关爱生命、呵护自然的生态道德观是五千多年中华文明孕育而成的生态道德思想，对于当今人们生态观念的培育和生态意识行为的养成具有重要的借鉴价值，为建设中国特色社会主义生态文明提供了宝贵的思想滋养。我们只有更好地秉承优秀传统生态道德观，在社会生产生活的方方面面自觉履行好自己的义务，才能使中国特色社会主义生态文明建设始终充满活力。

（三）"顺时节用、用养结合"：科学利用的生态发展观

在人与自然关系上，古人在强化自然规律作用的同时，并不否定人力于自然的作用，认为人类在尊重、顺应自然的同时，需要正确认识自然，科学利用自然，这样才能做到人类社会的持续发展。以老子为代表的道家思想，提倡"去甚、去奢、去泰"，知止知足、清心寡欲的消费观念。在墨家思想中，其"节俭"思维是最影响现代生态文明建设思想的，墨子认为："足以充虚继气，强股肱，耳目聪明则止，不极五味之调，芬香之和，不致远国珍怪异物。""圣人为政一国，一国可倍也；大之为政天下，天下可倍也。"（《墨子·节用》）儒家从可持续发展的角度告诫人们，不可一味地索取自然资源，要懂得节制欲望，顺应自然万物生长的规律，给予其休养生息的时间。孟子提出："不违农时，谷不可胜食也；数罟不入洿池，鱼鳖不可胜食也；斧斤以时入山林，材木不可胜用也。谷与鱼鳖不可胜食，材木不可胜用，是使民养生丧死无憾也。"（《孟子·梁惠王上》）荀子说，"从天而颂之，孰与制天命而用之"（《荀子·天论》），要做到"不夭其生，不绝其长"（《荀子·王制》）。朱熹提出："惟天下至诚，为能尽其性；能尽其性，则能尽人之性；能尽人之性，则能尽物之性；能尽物之性，可以赞天地之化育；可以赞天地之化育，则可以与天地参矣。"（《中庸章句》）中华优秀传统生态文化中这种顺时节用、用养结合，科学利用自然的生态发展观不仅在当时具有很强的进步意义，即使在现代都具有重要的启示意义。现代工业化发展以来，中国和世界上许多国家一样，也经历了一个向自然界进军，改造自然、征服自然的历史过程，尤其是工农业粗放型发展，对不可再生资源的过度开采，

不仅造成了资源的大量浪费，也给自然生态环境带来了极大的破坏。

倡导尊重自然，主张自觉维护自然生态的动态平衡，在开发和利用自然资源中坚持适度原则。马克思主义辩证唯物主义认为，世界万物是普遍联系的，自然界作为构成人类赖以生存的物质基础，包括地球上的动植物等一切生物与人类文明的生存和发展密不可分，是人类文明的物质基础。从这个意义上说，人与自然保持能量转换的动态平衡，就是生态公正价值观的集中体现。古人充分认识到自然界的林木、鸟兽等动植物对于人类生产发展的重要生态价值，提出要顺应天时，反对过度捕猎和滥砍滥伐。只有这样，才能保证林木的顺利成长。古代在对野生动物的捕猎方面也有严格的时间限制，明确在动物怀子与产卵期间禁止捕猎动物，体现了古代儒道思想家尊重生命、仁爱万物的道德理念。儒家主张"仁者爱人"，以仁爱思想对待自然，通过家庭和社会把伦理道德原则扩展到自然万物，把人们关爱生态环境的情怀上升到道德要求的最高层次①。

习近平指出，"优秀传统文化是一个国家、一个民族传承和发展的根本，如果丢掉了，就割断了精神命脉。我们要善于把弘扬优秀传统文化和发展现实文化有机统一起来，紧密结合起来，在继承中发展，在发展中继承"。当今时代，人类对于工业文明的反思和生态文明价值观的觉悟，使对生态文化的思考上升到空前的高度。伴随着生态文明时代的开启，如何遵循先进生态价值理念构建生态文化体系至关重要。生态价值观是生态文化的灵魂，是生态文明建设的价值论基础，是构建生态文化体系的核心。当前，建设中国特色社会主义生态文化体系总的要求，需要立足于"五位一体"的总体布局，综合考虑中国特色社会主义生态文明建设的目标任务，重点包括生态文化、生态意识、生态行为建设等多个方面。从生态发展的视角，就是要树立生态政绩观、绿色增长观、可持续发展观，推进绿色发展、循环发展、低碳发展；从生态文化建设的视角，就是要将中华优秀传统生态文化理念与现代生态文化思想有机融合，凝练适应时代发展的中国特色社会主义生态价值理念，以全方位、多领域、系统化、常态化的生态文化宣传教育，引导人们树立正确的生态自然观、生态道德观、生态价值观和绿色消费观，并以此为要求，建立衡量生态文明程度的基本标尺，构建保护生态环境、推进生态文明建设的制度体系和法制保障。

---

① 罗志勇. 中国传统生态文化中的生态公正思想探析 [J]. 西安建筑科技大学学报（社会科学版），2019，38（5）.

三、可持续发展思想

"持续性"一词首先是由生态学家提出来的，即所谓"生态持续性"（Ecological Sustainability），意在说明自然资源及其开发利用程序间的平衡。1991年11月，国际生态学联合会（INTECOL）和国际生物科学联合会（IUBS）联合举行了关于可持续发展问题的专题研讨会，将可持续发展定义为"保护和加强环境系统的生产和更新能力"，其含义为可持续发展是不超越环境，系统更新能力的发展。

2002年党的十六大把"可持续发展能力不断增强"作为我国全面建设小康社会的目标之一。可持续发展是以保护自然资源环境为基础，以激励经济发展为条件，以改善和提高人类生活质量为目标的发展理论和战略。它是一种新的发展观、道德观和文明观。其内涵为：①突出发展的主题。发展与经济增长有根本区别，发展是集社会、科技、文化、环境等多项因素于一体的完整现象，是人类共同的和普遍的权利，发达国家和发展中国家都享有平等的不容剥夺的发展权利。②发展的可持续性。人类的经济和社会的发展不能超越资源和环境的承载能力。③人与人关系的公平性。当代人在发展与消费时应努力做到使后代人有同样的发展机会，同一代人中一部分人的发展不应当损害另一部分人的利益。④人与自然的协调共生。人类必须建立新的道德观念和价值标准，学会尊重自然、师法自然、保护自然，与之和谐相处。中国共产党提出的科学发展观把社会的全面协调发展和可持续发展结合起来，以经济社会全面协调可持续发展为基本要求，指出要促进人与自然的和谐，实现经济发展和人口、资源、环境相协调，坚持走生产发展、生活富裕、生态良好的文明发展道路，保证一代接一代的永续发展。从忽略环境保护受到自然界惩罚，到最终选择可持续发展，是人类文明进化的一次历史性重大转折。

可持续发展是既满足当代人的需求，又不对后代人满足其需求的能力构成危害的发展。它们是一个密不可分的系统，既要达到发展经济的目的，又要保护好人类赖以生存的大气、淡水、海洋、土地和森林等自然资源和环境，使子孙后代能够永续发展和安居乐业。可持续发展与环境保护既有联系，又不等同。环境保护是可持续发展的重要方面。可持续发展的核心是发展，但要求在严格控制人口、提高人口素质和保护环境、资源永续利用的前提下进行经济和社会的发展。发展是可持续发展的前提；人是可持续发展的中心体；可持续长久的发展才是真正的发展，使子孙后代能够永续发展和安居乐业。也就是江泽民同志指出的：

"决不能吃祖宗饭,断子孙路。"①

习近平总书记近年来多次阐述了"两山"理念,"我们既要绿水青山,也要金山银山。宁要绿水青山,不要金山银山,而且绿水青山就是金山银山"。这一科学论断深刻阐明了经济发展与环境保护之间辩证统一的关系,是可持续发展的本质体现。国家提出的绿色发展、低碳发展、循环发展等概念目的在于达到人与自然的和谐共生,落实节约资源和保护环境两个基本国策,可以解决当前发展中的不协调、不和谐、不可持续问题。"两山"理念的目的也是人与自然的和谐共生,那么"两山"理念与绿色发展、生态文明、可持续发展等概念的本质是一样的。金山银山代表着经济财富和经济发展,"两山"理念的落脚点是金山银山,表明经济发展和环境保护是相辅相成的,既要在保护下发展,也要在发展中保护。经济发展与环境保护是既矛盾又统一的关系,两者缺一不可。一国的经济发展可以被形象地比喻为一座大山,山脚下的人看不见山顶的风景,每天需要砍柴烧火生活,砍柴会砍伐树木,烧火会污染大气,这就是世界银行报告中提到的,会陷入"越砍越穷,越穷越砍"的恶性循环。这就是说,发展会呈一个倒"U"形的曲线。当我们爬上山坡的时候,看到了美好的风景,就会明白这是我们现在的需要也是未来的需要。走可持续发展道路,注重保护和发展的协调关系,就能把绿水青山变为金山银山。

第二节 "两山"理念的理论创新

一、能源危机突破的新思路

所谓能源危机,就是指人为造成的能源短缺。这通常涉及石油、电力或其他自然资源的短缺。能源危机往往会引起经济衰退。从消费者的观点看,汽车或其他交通工具所使用的石油产品价格的上涨降低了消费者的信心和增加了他们的开销。能源危机迫在眉睫,世界经济的现代化,得益于化石能源,如石油、天然气、煤炭与核裂变能的广泛投入应用,因而它是建筑在化石能源基础之上的一种经济。然而,这一经济的资源载体将在 21 世纪上半叶迅速地接近枯竭。资源的

---

① 江泽民. 正确处理社会主义现代化建设中的若干重大关系 [M]. 北京:中共中央党校出版社,1995.

蕴藏量不是无限的，容易开采和利用的储量已经不多，剩余储量的开发难度越来越大，到一定限度就会失去继续开采的价值。克服能源危机的出路：大力发展可再生能源。用可再生能源和原料全面取代生化资源，进行一场新的工业革命，不仅是出于生存的原因：与之相连的是世界经济的可持续发展。我国能源危机是能源政策的危机。当前中国正逢能源高消耗期来临，中石油、中石化、中海油三家国有石油巨头纷纷"走出去"开发国际市场，我国政府也积极开展能源外交。不过，在全国政协委员、新奥集团董事局主席王玉锁看来，我国的能源政策依然存在着很多不完善之处，甚至在某种程度上可以说我国的能源危机是能源政策的危机。王玉锁表示："每遭遇停电、气荒、油价高涨等能源危机时，从中央到地方政府无不为之焦急，但是当我们坐下来冷静地思考时会发现，如果能源政策能有所改变、如果相关配套政策能真正促进现有能源政策落地，那么我们会减少很多危机。国家为了改变能源结构，大力倡导发展新清洁替代能源，但是对于这些新清洁能源的准入及相关支持政策一直没有出台，导致新清洁能源的推广进程大大减缓。政策直接主导着产业的方向和进程，能源政策同样影响着能源危机的缓解或加剧。

党的十八大将生态文明建设纳入"五位一体"总体布局，将生态文明建设摆到了突出地位。2013 年 9 月 7 日，习近平主席在哈萨克斯坦纳扎尔巴耶夫大学发表演讲时，阐述了关于"金山银山"与"绿水青山"关系的"两山"理念，引起了强烈反响。习近平总书记以"两山"理念为基础的绿色发展思想，科学回答了发展经济与保护生态两者之间的辩证统一关系，是指导中国生态文明建设的重要理论，并得到世界的高度关注和认可。

深刻领会习近平总书记以"两山"理念为基础的绿色发展思想，对于推进中国生态文明与生态经济建设具有重大意义。"两山"理念是习近平总书记绿色发展思想的核心理论，是被实践证明的具有重大创新与突破的新理论、新战略。长期以来，人们对环境保护与财富增长的关系一直存在一种误解，认为两者不可兼得，而习近平总书记提出的"两山"理念，恰恰是对这个问题的正确回答。环境治理与经济发展的关系，是习近平同志一直思考与探索的问题①。

二、世界环境治理的新贡献

"两山"理念是从根源上化解能源环境危机的新思路、新突破，是对世界环

---

① 孙榕卿. 我国绿色金融的发展势在必行但任重道远［J］. 中国乡镇企业会计，2018（11）：39 – 40.

境治理的新贡献。从经济学的角度看，污染成本外化与转移的工业经济模式，是造成环境污染的深层原因。因此，要彻底解决能源环境危机，就必须实现从外生的工业经济模式向成本内化的生态经济模式、绿色发展模式转变。西方发达国家的环境治理，实质上是治标不治本的外部治理：其对无法转移的内部污染，主要是通过税收、制度、技术等进行治理；对于能够转移的污染，主要是通过高端贸易向发展中国家进行污染输出。这其实是一种不可持续的、损人利己的、高成本的外部治理模式。我国的生态文明治理之路，要探索的恰恰是基于东方智慧的系统内生的治理之路。

2015年5月《中共中央国务院关于加快推进生态文明建设的意见》印发，文件基于源头治理的思路，提出了生态文明建设的三个源头治理战略：一是大力推进源于心的生态文化与生态道德建设，找到生态文明建设的原动力。二是启动源头治理的生活方式变革，找到节能减排的源头治理之路。三是开启以绿色发展为导航的生态经济革命，找到生态文明建设的经济基础与内生动力。习近平总书记提出的"两山"理念，是中国生态文明建设和绿色发展的内生之路。根据经济学理论，内生发展之路就是探索成本内化的新经济模式。所谓成本内化的新经济模式，就是将生态环境资源纳入经济系统中，把生态环境与自然资本看成经济增长的内生资源和重要要素，从而实现环境收益与经济收益的同步增长。在习近平总书记绿色发展思想的指导下，我国按照"保护环境就是保护生产力，生态资源就是绿色经济资源"的新思维，一方面重拳出击遏制环境污染，整顿高能耗企业，另一方面大力推进中国绿色经济的发展。

三、生态经济发展的新框架

生态经济是指以生态环境承载力为基础，以产业发展生态化、生态建设产业化为手段，改造提升传统产业，发展新型生态产业，加强生态基础设施建设和环境保护治理，加快经济转型发展，减少资源消耗和降低对生态环境破坏，建立具有良好经济、生态效益的产业体系，全面推进生态文明建设，实现经济、社会与自然协调可持续发展。党的十八大把建设生态文明摆在中国特色社会主义总体布局的高度。中央最近提出了加快推进生态文明建设的意见，把绿色发展、循环发展、低碳发展作为基本途径，把深化改革和创新驱动作为基本动力，把培育生态文化作为重要支撑，把重点突破和整体推进作为工作方式，切实把生态文明建设工作抓紧抓好。

第三节　实践是理论创新的不竭动力

一、"两山"理念在创新发展中的机遇

（一）理论机遇，绿色发展，生态文明建设提供规划纲领

工业经济发展导致了环境污染和生态破坏等一系列问题，面对资源环境约束，现代经济发展需要尊重和遵循自然规律，谋求人与自然的和谐发展和永续发展。我国生态文明建设体系是中国经济社会发展更全面、协调和可持续的必然要求，对其他四大布局发展提出顺应自然、保护自然、尊重自然的要求。休闲农业与乡村旅游是生态文明建设的重要组成部分。以规划为引领，以政策为支撑，秉承示范带动和融合发展的思路，推动休闲农业发展。推动建成一批有特色的美丽休闲乡村，是践行生态文明的新举措，是促进经济持续、快速、健康发展的新探索，也是农业自然资源与经济发展结合的突出亮点。

"两山"理念的核心要义是"既要绿水青山，又要金山银山；宁要绿水青山，不要金山银山；绿水青山就是金山银山"。这个思想是对工业经济发展"先污染，后治理"的反思，是保护环境与发展经济协同推进的辩证思考。"两山"理念体现的是经济生态化与生态经济化的融合，彰显的是绿色现代化的追求，谋求的是国富民强的百年大计。中国幅员辽阔，是典型的农业大国，有丰富的自然风光和农业资源，还有深厚的乡土文化底蕴。基于已有的自然资源和人文景观资源基础，中国农业发展实现了第一产业的价值向第二、第三产业的飞跃和转化，休闲农业发展得到有力保障。

（二）政策机遇，振兴发展，美丽乡村建设奠定发展基础

党的十八大首次提出美丽中国建设，而没有美丽乡村就没有美丽中国。"十三五"时期，城乡加快一体化进程，美丽乡村建设向前推进，休闲农业在美丽乡村建设中具有重要作用。到2020年，我国整体城镇化水平将超过60%，随着城市居民对自然环境、生态空间、田园休闲等美好生活的需求不断增加，休闲农业和乡村旅游具有巨大的发展潜力和市场前景。同时，新型城镇化使大量农村人口向城镇转移，有利于推动农村土地流转，为休闲农业提供广阔的发展空间。

乡村振兴战略带来了时代契机。党的十九大报告提出"实施乡村振兴战略",是新时代破解"三农"问题,促进农业发展、农村繁荣、农民增收的根本方略。乡村振兴战略的总要求中绿色发展是底色,从生产到生活、从居住环境的硬件设施到软件设施、从物质财富到精神财富、从激励到保障,满足农业农村绿色可持续发展是前提。农业部门通过落实乡村振兴战略,促进产业融合发展,突出绿色生产要求,强调质量效益,从而实现农民增收的需要,满足休闲农业产业融合发展和绿色生态有序协同发展。

供给侧结构性改革提供了前进动力。农业供给侧结构性改革的重点是"促进一二三产业融合互动,提高农业发展的质量和效益",这表明既要构建农业与其他产业融合的现代产业体系,形成农村发展新格局,又要调整农业结构,推广适合精深加工、休闲采摘的作物新品种。通过建设一批具有地域和民族特点的特色小镇和旅游示范村,开发新型乡村旅游休闲产品,供给侧结构性改革为中国休闲农业发展、三产融合发展提出了转型升级的要求,也提供了特色化、智慧化休闲农业建设等相关政策保障,通过休闲农业的发展促进农业发展结构的转型。

(三)市场机遇,创新发展,社会矛盾转变扩大市场需求

党的十九大报告指出,中国社会的主要矛盾已经转化为人民日益增长的美好生活需要和不平衡不充分的发展之间的矛盾。随着居民生活水平的不断提高,休闲旅游市场的需求日益增加。休闲农业为游客提供观赏、品尝、娱乐、劳作等服务,既为都市人们提供自然宁静的乡村环境,也为游客们提供亲近自然的各项活动。休闲农业通过满足人们精神和物质的双重享受,拥有广泛的客源市场和充分的客流量,为休闲农业的经营主体提供增收渠道,促进休闲农业深化发展。

现代互联网技术飞速进步,给予了技术支撑。党的十九大报告提出加强国家创新体系建设,"创新驱动发展"战略通过科技创新提高经济发展的质量和效益,有效服务实体经济。其中互联网科技飞速发展,通过互联网平台,许多产业迎来了更迭升级进入新发展时代。中国各地区可依托互联网工具,借助电子商务网站等线上平台,构建多元宣传推介渠道,确保宣传效果最大化,提供实时预订、信息搜索等功能服务,满足消费者在线购买和线下消费的多重需求。同时,成熟的互联网环境也有利于休闲农业经营主体进行市场推广和内部管理提升等服务,既能方便消费者寻找休闲场所,也能弥补休闲农业经营主体缺乏推广能力、宣传平台和客源的不足。

二、"两山"理念在实践中的主要挑战

"两山"理念实践的建设面临着资源与环境的约束，涉及经济发展与生态保护之间的矛盾。从社会发展的系统性来看，生态是与经济、政治、文化和社会建设的结合问题，经济、政治、文化和社会的发展有利于生态问题的解决，而遵循生态规律、用生态理念建设经济、政治、文化和社会则是其前提。要把生态文明建设放在突出位置，融入经济建设、政治建设、文化建设、社会建设各方面和全过程。习近平同志多次强调"保护生态环境就是保护生产力、改善生态环境就是发展生产力""绿水青山就是金山银山"等一系列绿水青山及生态环境的重要讲话，生态问题的严重性和必要性显而易见。绿水青山可以源源不断地带来金山银山，保护生态环境不仅是保护自然价值，更是一个增值自然资本、从中获取极大利益的过程。在我国各地区的经济发展进程中，决不能再以牺牲生态环境、浪费资源为代价换取一时的经济增长，决不能再走"先污染，后治理"的老路。没有了绿水青山，再多的金山银山也是空谈。"经济发展不应是对资源和生态环境的竭泽而渔，生态环境保护也不应是舍弃经济发展的缘木求鱼"，这是习近平同志的谆谆教诲①，也是作为中华儿女必须牢牢记住的发展理念。

文明是人类社会开化状态与进步状态的标志，反映物质生产成果和精神生产成果的总和，随着人类的发展而进步。生态文明是继工业文明之后人类文明发展的新阶段，它是人类在改造自然以造福自身的过程中为实现人与自然之间的和谐所做的全部努力和所取得的全部成果，它表征着人与自然相互关系的进步状态。具体来说，生态文明是以保护自然环境为基础，以人与自然、人与社会、人与自身和谐共生、永续发展为宗旨，以建立文明的生产方式和生活方式为内涵，以自然再生产、社会再生产和人类再生产良性循环为取向的一种人类文明形态。当前在经济新常态下，我国生态文明建设面临着知与行、经济发展与生态治理之间的矛盾，面临着生产方式、消费方式两个重大转变。

（一）公众生态意识薄弱和践行缺乏自觉性

新中国成立之后，我国经济基础极其薄弱，一穷二白，因此我们要全身心投入经济建设中来，拉高 GDP，提高经济实力。2011 年，我国经济总量首次超越日本，成为世界第二大经济体。与此同时，我国经济高速增长带来的资源约束趋

---

① 秦成逊，王荣荣．"两山论"视域下西部生态环境竞争力提升研究［J］．昆明理工大学学报（社会科学版），2019，19（3）：40－45.

紧、环境污染严重、生态系统退化等问题日益严重。频发的自然灾害、资源能源的日渐枯竭、恶化的生存环境等已经引起上至党中央，下至普通民众的高度关注。可以说，我国生态环境保护意识是在日益恶化的生态系统给了我们当头棒喝和沉痛教训的背景下逐渐形成的，是在我国人民付出生命财产沉重代价下逐步被认识和广泛接受的。但是，生态环境保护与地方经济发展、生态环境保护与官员政绩仕途发展、生态环境保护理念与人们日常践行仍旧存在着知易行难的悖论。除此之外，近几年国家在农村地区大力实施乡村振兴战略，缩小贫富差距，拉动农村地区的经济增长，但是许多农村地区生活垃圾缺乏良好的集中处理设施场所，也缺乏这方面的集体制度和管理措施。人们没有认识到这个问题的严重性，未养成按指定地点倒垃圾的习惯，村庄周围、池塘水沟、田头和江河岸边随意倾倒各种生活垃圾和生产废弃物的现象严重；很多环卫公共空间缺乏管护，各家各户散养的禽畜常跑到公共空间排放粪便，无人无制度管理维护，造成公共场所和设施脏乱不堪；污水沟渠散乱分布，缺乏科学统一的规划和规范合理设计，出了问题很多是将就凑合、对付解决，造成蚊虫滋生、空气及水体脏臭。公众思想意识还处于薄弱阶段，特别是农村地区，这对于践行"两山"理念来说无疑是一大难点和挑战。

（二）生态环境问题多，资源供需矛盾突出

2018 年，全国 338 个地级及以上城市空气质量达标率仅为 35.8%，地表水监测的 1935 个水质断面（点位）中Ⅰ～Ⅲ类比例为 71.0%，受持久性有机污染物、抗生素、微塑料、重金属等污染物影响，专家判断未来一段时间内我国将处于生态环境质量改善和恶化相持阶段，需做好打污染防治和生态保护持久战的准备①。在当前经济转型升级、全面建成小康社会的决战时期，生态环境质量监管存在监测指标少、监测标准不完善、监测技术不先进等问题②，影响生态环境质量监测结果的科学性和可靠性。生态环境恶化的源头之一在于人类对自然资源的不合理开发与消费，资源利用问题引发的人地矛盾、人矿矛盾、人水矛盾越发突出，能源支撑不足、全球气候变化、减排压力等多重约束成为经济发展面临的重大挑战。一方面，居民生活所必需的自然资源需求应得到满足，经济发展所必须的重要能源资源需要保障供给，许多地区自然资源需求量远大于可供给量；另一方面，我国"缺油、少气、贫铀、相对富煤"的能源禀赋和人多地少、水资源

---

①　黄宝荣，刘宝印，洪志生等．我国生态环境质量拐点综合研判［J］．中国科学院刊，2018，33（10）：1072－1082.

②　周适．环境监管的他国镜鉴与对策选择［J］．改革，2015（4）：58－68.

空间分配不均的自然地理条件造成了城市发展困局①。资源短缺和环境约束成为摆在我们面前亟待解决的重大挑战和难题。

（三）生态保护制度不完善，人民绿色消费需求激增

作为生态文明制度建设的重要内容，生态保护补偿机制建设在财政资金保障下有序推进，取得了阶段性进展，但总体上补偿领域仍然偏小，且补偿标准不一，保护者和受益者良性互动的体制机制尚不完善。目前，按水质考核的流域生态补偿、森林生态补偿实施较多，主要为省域内河流上下游之间生态补偿，省域生态补偿机制建立尚处于起步阶段，耕地生态补偿制度尚不完备。生态资源价值实现的另一重要途径是生态产品价值实现，但目前生态产品的概念定义、目录清单尚未形成清晰定论，价值实现也面临生态资源资产化难、生态资产资本化难两大问题。此外，随着人民群众的生态保护意识不断增强，素食、低碳、极简等理念得到推广，人们不仅需要清新的空气、清洁的水源、宜人的气候，还需要环境友好的日常用品；不仅需要健康地生存，还需要绿色消费、绿色生活。居民日常工作生活方式的变化正在催生生物经济发展，使用新材料、新能源制造的生态友好型产品有着巨大的发展前景和广阔的应用市场②。

（四）环评制度体系不够完善

环境影响评价制度作为从源头预防环境污染和生态破坏的管理制度，对经济高速增长过程中保护生态环境发挥了重要作用，是促进经济发展与生态环境保护协调发展的重要法律保障和实施手段。践行"两山"理念离不开环境影响评价制度，两者相辅相成，互相作用。但当前我国环境影响评价制度仍然存在一系列问题。一是区域生态空间管控体系建设仍需深入实践探索。建立以"三线一单"为手段的系统性分区生态环境管控体系，在顶层设计上亟待强化其法律地位和责任，在落地实施中需要明确相关部委与地方综合决策的衔接机制和有效途径。二是战略环评和规划环评刚性约束不足。部分地方和部门规划环评主体责任未落实，规划"未评先批"的问题较为突出；一些地方规划环评审查意见未作为规划审批的重要依据，存在"评而不用"的问题；有的地方规划环评与项目环评联动机制脱节，项目环评未落实规划环评关于主导产业定位、功能分区、环保基础设施、区域削减措施、周边规划控制等方面的要求。三是建设项目事中事后监

---

① 武强.简述我国能源形势与可持续发展对策：地质资源与生态环境可持续发展高峰论坛报告[J].城市地质，2019，14（4）：1-4.

② 南锡康，靳利飞.落实"两山"理念的主体功能区配套政策研究[J].中国国土资源经济，2020（3）：1-10.

管制度亟待完善。长期以来，环境影响评价存在重审批、轻监管的情况，环境保护"三同时"制度落实不力。有的地方存在"只批不管""不是自己批的不管"以及对未批先建项目"只罚不管"等现象。现行法律法规对建设项目事中、事后环境管理相对薄弱，环评批复后对建设项目设计、施工阶段的生态环境保护措施落实和运行阶段生态环境保护措施运行效果监督能力不足，建设项目环评全过程环境监管机制亟待完善①。

---

① 步青云，白璐. 贯彻落实"两山论"，深入推进环评制度改革［J］. 环境保护，2019，47（23）：45－48.

第三章 新时代广西践行"两山"
理念的必要性和紧迫性

　　广西区位优势得天独厚，沿海、沿江、沿边，是我国唯一与东盟国家陆海相邻的省份，也是"一带一路"有机衔接的重要门户。山清水秀生态美，气候宜人，碧海蓝天，空气清新。党的十八大以来，习总书记赋予广西"三大定位"新使命，"三大定位"核心是开放，通过发挥广西近1600公里海岸线和面向东盟的优势，构建"南向、北联、东融、西合"的全方位开放发展格局，以广西为支点撬动我国西南、中南地区的开放发展；首要任务是互联互通，推进内联外通建设，坚持海陆空并举，加快建设海上东盟、陆路东盟，衔接"一带一路"，连接西南中南，对接粤港澳"五大通道"，提升通达水平；优先领域是产业经济合作，推进中国—东盟博览会升级版建设，打造中马（中国—马来西亚）"两国双园"、中国·印尼经贸合作区、文莱—广西经济走廊、中泰崇左产业园和中越跨境经济合作区等一批交流平台，不断强化与东盟在产业、经贸、能源资源等多领域合作。同时，习总书记提出"五个扎实"新要求，希望广西扎实推动经济持续健康发展、扎实推进现代特色农业建设、扎实推进民生建设和脱贫攻坚、扎实推进生态环境保护建设、扎实建设坚强有力的领导班子。习近平总书记提出的"五个扎实"新要求，是对自治区经济社会发展量身定做的精准指导，是习近平新时代中国特色社会主义思想的"广西篇章"，为广西发展提供了根本遵循、指明了前进方向。贯彻落实习近平讲话精神，关键是要把"建设壮美广西　共圆复兴梦想"作为新时代广西发展的总目标总要求，把落实"三大定位"新使命和"五个扎实"新要求作为广西改革发展的主线，加快推动开放发展、创新发展、绿色发展、高质量发展。

第一节　广西践行"两山"理念的必要性

一、践行"两山"理念是广西构建"南向、北联、东融、西合"全面开放新格局的必然选择

广西是"一带一路"倡议面向东盟的重要门户和重要节点，与东南亚经济乃至世界经济深度融合，引进外资、对外投资、对外贸易及其边境贸易实现了历史性跨越，但出口产品质量、档次和附加值不高[①]。面临发达国家再工业化和东南亚、南亚等发展中国家低成本竞争的双重挤压，广西传统竞争优势减弱。因此，提升广西出口产品的质量、档次和附加值，提高出口产品竞争优势，必须践行"两山"理念，构建"南向、北联、东融、西合"全面开放新格局，发展更高层次更高质量的开放型经济。

（1）南向开放，就是要发挥广西连接"一带"与"一路"沿线国家和地区的桥梁纽带作用，融入国家推动区域协调、坚持陆海统筹开放的重大部署。

南向开放具体举措

龙头高举起来。遵循区域经济发展规律，坚持北部湾经济区龙头带动的战略定力，坚持市场导向，不断聚焦人力资本、创新要素、产业布局、政策举措等发展资源，推动规划建设、开放型经济、发展动能、产业发展、基础设施、同城化提档升级，使北部湾经济区成为南向通道的龙头区域。

交通互联起来。路通则财通。通道建设的先手棋当属交通，这也是当前自治区党委、政府大力推进南向通道建设的重大举措。要推动南向通道各省市建立常态化会晤机制，聚焦交通互联互通，共同规划和建设综合交通运输体系，共同制定一批项目化、可实施的重大工作任务，大力发展公路、铁路和管道运输等多式联运、铁海联运，全面提升铁路、公路省际运输能力，持续推进通道沿线铁海联运协调发展。支持北部湾港务集团到南向通道沿线各省市建设集装箱无水港、分拨中心，提高北部湾港综合运输能力和吸引力。要打造开放型平台体系，以各类

---

① 孙祁祥. 三大规律与"五合"发展 ［J］. 中国金融，2018（1）：103－104.

园区、北部湾港和一类口岸为主要依托，对外深化与东盟各国合作，对内深化与南向通道沿线各省市合作。构建开放型产业体系，高质量承接发达地区产业转移，形成产业集群。

营造开放型环境，全面对标国际营商环境规则和标准，加快推进建设一批高水平的口岸，在通过能力、通关便利化和效率上全面达到国际先进水平。平台丰富起来。推动中国—东盟博览会、中国—东盟商务与投资峰会升级发展，增设人工智能、新材料、跨境电商等专题展会、技术发布会和供销对接活动，引入跨境电商、VR、智能家居等消费新业态，搭建更多让企业家唱戏的主题论坛和对话平台，以数字化手段打造永不落幕的展会。

民心相通起来。习近平总书记指出，民心相通是"一带一路"建设的重要内容。针对南向通道沿线各国，要在国家"一带一路"倡议的大框架下，进一步完善广西推进民心相通的工作方案，重点抓住人才培养、智库研究和民间交流等合作项目，增加东盟各国学生、教师来桂留学、培训的资助名额，推动区内高校、智库机构与东盟各国建立智库联盟，吸引沿线国家居民和学者来华考察访问、旅游观光、学术交流。

（2）北联开放，就是要深化与长江经济带合作，建设西南、中南地区新的战略支点，拓展更广阔的腹地资源、空间。

北联开放具体举措

交通联接，贯通国家新的南北经济大动脉。从张家界到桂林再到海口所经过的都是重大旅游景点，是一条旅游黄金通道；再往北接到包头，则能够形成第二条南北铁路大通道，即包头—西安—张家界—桂林—海口高速铁路。这是一条连接"一带一路"的高速大通道和经济大动脉，要下大力气争取国家早日批准动工开建。

物流联接，建立江铁海联运体系。北部湾港是四川、重庆、湖南等省市最便捷的出海口。要把南向通道的辐射效应扩展到长江经济带，推动北部湾港与长江经济带各沿江港口互联互通，建立江—铁—海联运体系。支持北部湾港务集团与长江沿江各市签订战略合作协议，统一服务管理模式，推动一体化市场体系建设，实现江—铁—海联运班列化运作。

产业联接，推动协同分工发展。推动广西与贵州、四川、重庆、湖南、湖北等省市建立大旅游圈、高铁旅游合作联盟，共同举办旅游博览会、线路推介等活动，推动北部湾经济区、桂林等市加开至长江经济带主要城市之间的高铁旅游列车。继续深入推进黔桂湘等高铁经济带产业合作试验区建设，推动重庆、四川、湖南等省市在北部湾经济区共建经济园区、出口加工基地。定期组织与长江经济带产业对接专题活动，推动区域之间产业、技术、人才、资本有序合理流动。

人才联接，向长江经济带引智借力。长江经济带人才、高校、科研院所等智力资源相当丰富，要制定最优的人才引进政策，大力面向长江经济带引才入桂，充实到企业、高校、科研院所和党政部门，扩大广西高校面向这些省份的招生规模。创新承接科技成果转化和奖励机制，配套资金、项目、土地和政策资源，推动这些省份的科技人才带技术到广西转化和产业化。

（3）东融开放，必须抓住国家大力推动粤港澳大湾区发展的机遇，积极争取中央支持，推动两广合力打造交通互联互通、产业协同创新、环保联防联治、市场统一开放的区域合作新格局。

东融开放具体举措

交通上主动疏通堵点，打造3小时交通圈。"一尺不通，万尺闲置"。省际之间的断头路曾经是两广人民合作交流的堵点，制约了广西向东融入、向先进生产力地区靠拢的步伐。东融方向的通道瓶颈日益凸显，必须尽快突破。要打造3小时交通圈，推动与广东共同制定综合交通一体化规划纲要，填补盲区交通，打通不同等级断头路，加密高等级公路，尽早开建南广高铁二线，增开区内各市到广东各市的动车班次，建立运力保障充分、运行衔接顺畅、服务优质高效的综合运输体系。

产业上主动补链接链，推动产业链和价值链最优配置。按照经济学3小时经济圈理论，广西主动融入粤港澳大湾区的发展，不再是单纯地等靠和承接广东的企业"转移进来"，而是更多体现在产业要素转移和价值链最优配置上。如上汽集团在长三角各省布局了200家配件和整车企业，城市间实现分工互补、一体化发展，让长三角汽车产业实力大增，并成为自主品牌的主要出口基地之一。广西产业资源丰富、土地开发容量大、劳动力丰富、市场空间广阔、进出口东盟有天然的便捷条件，与广东产业有很强的互补性，具备大量承接广东制造业转移的能力。要瞄准广东、粤港澳大湾区的产业布局，融入其产业分工体系，主动做好上下游产业配套，实施延链、补链、强链点到点、链对链精准招商，实现产业功能整合、链接发展。

政策制度上主动"拆墙"破除障碍，逐渐实现等高衔接。广东与广西，改革开放的起点不一致，发展的步伐也相差很大。广东一直是全国改革开放的排头兵，在产业发展、招商引资、外贸进出口、人才引进和城市建设等方面形成了许多先进的成功经验，明显走在广西的前头。作为跟跑的广西，要主动"向东看"，学习广东敢为人先的拼搏精神、首创精神，逐步消除由于行政区划带来的政策制度障碍，在思想观念、规划政策、创业创新、公共服务、发展环境、干部能力等方面全面与广东等高衔接对齐。

生态上联防联治，共同打造绿色经济。两广一衣带水，广西在西江上游，是广东、粤港澳大湾区天然的生态屏障和重要的绿色农产品供应基地，确保一江清水向东流，既是广西的责任，也是广东的责任，两广必须携起手来，共同保卫碧水蓝天净土。要实施两广碧水蓝天净土联合保卫行动，必须继续深入开展西江、贺江、九洲江等跨界流域治理，深化两广大气污染联防联控工作，加强重污染天气监测预警和信息共享，共同开展土壤污染防治、环境执法、打击跨界环境违法行为。创新生态联防联治机制，借鉴皖浙两省生态补偿机制经验，突破单一的货币补偿方式，更注重产业帮扶，使生态联防联治更加科学、可持续。

（4）西合开放。沿着南昆铁路向西，途经七彩云南，进入"一带一路"六大重要支柱之孟中印缅经济走廊和澜沧江湄公河区域，瞄准和开拓这个新兴市场，正是广西向西开放合作的题中之义。

西和开放具体举措

旅游先行，推动建立孟中印缅和澜沧江湄公河大旅游圈。广西旅游资源具有上山下海出边、休闲娱乐与健康养生兼有的特点。要与云南一道，推动与孟加拉、印度、缅甸等国共同建立孟中印缅和澜沧江湄公河大旅游圈，在旅游线路设计、旅游产品开发、互设国际旅行社等方面开展合作。开辟区内桂林、北海等主要旅游城市至孟加拉、印度、缅甸等国的旅游航班，邀请孟加拉、印度等国参加中国—东盟博览会旅游展[①]。

企业唱戏，深度拓展经贸合作。春江水暖鸭先知，企业作为市场信息最敏感者，早已经看到孟中印缅经济走廊和澜沧江湄公河区域的商机。广西上汽通用五菱公司已经在印度建立生产基地，柳州东风汽车、柳工等企业已经在孟加拉、印度、缅甸等国市场站稳了脚跟。一方面，要继续支持区内企业到孟加拉、缅甸等国建立境外经贸合作区、海外生产基地和销售基地，支持北部湾港务集团等企业到孟加拉湾建立港口码头，并开通北部湾港至孟加拉湾的班轮航线。另一方面，

① 黄薇薇，沈非. 边缘型旅游地研究综述及展望［J］. 人文地理，2015，30（4）：24-31.

要建立云南、贵州与北部湾港铁海联运体系,发挥广西作为西南出海大通道的作用。

政府搭台,密切关系增强互信。强化高层领导互动互访,推动自治区领导每年到访孟印缅等国,签订旅游、投资贸易方面的长期合作协议。邀请孟加拉、印度两国部长级以上官员以特别嘉宾的形式出席中国—东盟博览会、中国—东盟商务与投资峰会,并设立孟加拉、印度两国专题展区。推进人文领域合作,为孟印缅等国提供来桂留学和奖学金名额,邀请孟印缅等国有关专家学者参加各种类型的国际会议、论坛和学术交流,推动有关智库开展共同研究和交流。

二、践行"两山"理念是广西经济高质量发展的必然选择

当前广西经济增长动力不足,从产业结构看,广西是在工业化中期"二三一"结构下进入经济新常态的,结构调整异常艰巨。原有动力在减弱,占比达70%的传统工业和40%的传统服务业大多相对低端低效。新动力还接续不上,新兴产业未能形成产能,智能手机、家电等高附加值的轻工业"断层缺位",金融、信息、技术服务等现代服务业发展滞后,以"互联网+"为载体的电子商务、共享经济、数字经济等新兴业态还没有形成规模。从市场主体看,总量偏少,市场主体对传统发展模式和扶持政策依赖性强,活力不足。总的来说,广西发展不平衡不充分的问题更加突出。同时,广西的经济结构转型升级还面临着重重阻碍。

广西是我国少数民族人口最多的自治区,也是革命老区、边疆地区。既有北部湾沿海等发展条件好、潜力大的地区,又有大石山区等集中连片的贫困地区;既有丰富的矿产、旅游、特色农业等资源,又有制约资源优势转化为经济优势的交通、能源、人才瓶颈;既有参与国际国内区域合作的有利区位条件,又存在深化开放合作的体制机制障碍。当前,既有加快发展的难得机遇,又面临国际金融危机的严峻挑战①。

习近平总书记强调,推动高质量发展是做好经济工作的根本要求。高质量发展是体现新发展理念的发展,突出高质量发展导向,就是要坚持稳中求进,在稳的前提下,有所进取、以进求稳,更好地满足人民群众多样化、多层次、多方面的需求。

我国经济已经由高速增长阶段转向高质量发展阶段。根据党的十九大精神,

---

① 国务院常务会议通过《关于进一步促进广西经济社会发展的若干意见》[J].当代广西,2009(22):4.

高质量发展要求科技创新和新动能走绿色、低碳和环保之路。科技创新是新时代强国战略的核心主题。科技是国家强盛之基，创新是民族进步之魂。科技创新不仅是少数国家、少数行业或企业的行动，而是几乎囊括全世界所有国家或地区，广泛渗透到全部行业和领域。科技创新已经拓展为一个国家或地区的整体战略，上升为一个国家和地区的核心竞争力。

以习近平总书记为核心的党中央，高度重视科技创新引领社会发展的重要作用，站在国家长远发展和民族伟大复兴的战略高度，基于对科技创新战略意义的理性审视，将科技创新视为创新驱动发展战略的核心①。党的十八大以来，科技创新在国家发展全局中的地位显著提升。党的十八大期间，党和国家明确提出了创新驱动发展战略，强调科技创新是提高社会生产力和综合国力的战略支撑，必须摆在国家发展全局的核心位置；在党的十八届三中全会上，党和国家提出加大科技体制改革力度，提高创新体系整体效能，进一步增强科技创新对经济社会发展的支撑引领作用；在党的十八届五中全会上，党和国家再次明确指出把创新发展作为新发展理念之首，把创新作为第一动力，强调以科技创新引领全面创新；全国科技创新大会上，中共中央、国务院发布了《国家创新驱动发展战略纲要》，提出科技创新"三步走的战略目标"，开启了建设世界科技强国的新征程；党的十九大报告中，提出创新是引领发展的第一动力，是建设现代化经济体系的战略支撑，对加快建设创新型国家进行了全面部署。可以说，科技创新是我国国家命运所系，是发展形势所迫，更是世界大势所趋。因此，要牢牢抓住科技创新这个"牛鼻子"，用科技创新引领全面创新，形成一种有基础、有力量的国家实力与国家自信。

壮大广西经济规模，进而加速推动经济和边贸转型升级。培育壮大新动能是深入贯彻创新驱动发展战略、推进供给侧结构性改革、推动实现高质量发展的重要抓手。新兴产业是培育新动能的关键所在。产业要转型升级，经济要高质量发展，需要创造新的动能。对于后发展、欠发达的广西来说，创新是实现赶超跨越、弯道超车的第一动力。创新驱动和挖掘新动能是国家推动经济转型升级，高质量发展的重要举措。这一举措对广西尤为必要。

三、践行"两山"理念是广西确保完成精准扶贫脱贫攻坚任务，全面建设小康社会的必然选择

广西是我国扶贫攻坚重点区域，是全国贫困人口超过 500 万人的六个省区之

---

① 周民良.建设制造强国的宏伟蓝图［J］.金融经济，2015（13）：14－16.

一,涉及全国14个集中连片特困地区中的滇桂黔石漠化片区,一直以来都是全国扶贫攻坚的主战场。经过多年的扶贫开发,有条件的地区和群众都已经实现了稳定脱贫,目前剩下的贫困人口大都处于条件限制最多、扶贫攻坚最难攻克的堡垒。截至2015年底,全区还有538万农村贫困人口,贫困发生率10.6%,贫困人口绝对数排全国第四位,贫困人口规模较大;全区有扶贫开发工作重点县54个,其中国定贫困县28个,区定贫困县21个,天窗县2个,享受待遇县3个,贫困县占全部县市区的48.6%;105个县(区)有扶贫任务,占全部县市的94.6%,有5000个贫困村,占全部行政村的34.9%[①]。因病致贫、因教致贫、因俗致贫、因婚致贫等众多致贫成因交互交织,扶贫脱贫难度较大。与此同时,广西脱贫返贫人口也比较多。面临2020年全面脱贫、全面建设小康社会的最后冲刺阶段,广西确保完成精准扶贫脱贫任务的压力较大。

贫困的根源、成因和演化与生态环境有着密切的关系,生态扶贫概念应然而生,作为扶贫与生态文明、绿色发展有机结合的产物,成为当前精准扶贫的必然要求。2017年4月,习近平总书记在广西视察时指出"广西生态优势金不换",让金不换的生态优势转变成为经济发展、产业发展的优势,使绿水青山变成金山银山,对于促进贫困地区经济社会与环境保护协调发展、提升可持续发展能力、保障老百姓的可持续生计,具有十分重要的现实意义。精准扶贫脱贫及贫困人口脱贫可持续发展在于确保贫困人口稳收和增收。将生态资源转化为产生资源,需要践行"两山"理念,坚持绿水青山就是金山银山理念,创新生态扶贫机制,加大贫困地区生态保护修复力度,实现生态改善和脱贫双赢。对生态资源进行保护性开发,走绿色资本运营之路,发展生态特色产业,确保贫困农户稳收增收可持续发展。

四、践行"两山"理念是广西实施乡村振兴战略的必然选择

当前,广西农业农村基础差、底子薄、发展滞后的状况尚未根本改变,"三农"仍然是经济社会发展中的明显短板。党的十九大提出了乡村振兴战略,即按照"产业兴旺、生态宜居、乡风文明、治理有效、生活富裕"的总要求,建立健全城乡融合发展体制机制和政策体系,加快推进农业农村现代化。从马克思主义实践观看,从乡村实践中探索得来的"绿水青山就是金山银山"的认识,其重要归宿仍在于指导乡村发展的实践。乡村是绿水青山资源的集聚地,乡村发展

① 覃娟,梁艳鸿.广西脱贫攻坚发展报告[J].新西部,2018(Z1):89-98.

又亟须金山银山支持，乡村可以而且应该成为实践"绿水青山就是金山银山"的关键载体。

（1）生态文明建设是乡村振兴的重要引领。党的十八大以来，以习近平同志为核心的党中央高度重视生态文明建设，将其作为统筹推进"五位一体"总体布局和协调推进"四个全面"战略布局的重要内容。乡村振兴是全方位、多角度、深层次的，不只是乡村经济的发展，必须兼顾政治、社会、文化和生态文明等方面。要坚持节约资源和保护环境的基本国策，把生态文明建设融入乡村振兴的各方面和全过程，加大生态环境保护力度，推动生态文明建设在重点突破中实现整体推进。

（2）建设生态宜居家园是乡村振兴的重要目标。乡村是具有自然、社会、经济特征的地域综合体，兼具生产、生活、生态、文化等多重功能，与城镇互促互进、共生共存，共同构成人类活动的主要空间，是城乡居民的"米袋子""菜篮子""果盘子"。

（3）践行"绿水青山就是金山银山"理念，是广西推进乡村振兴战略，大力发展生态友好型产业的必然选择。乡村振兴，产业兴旺是重点。乡村产业不能再包产到户、单打独干，而要按照规模经济、品牌经济要求，通过改革创新和市场化方式，使农村土地、劳动力、资产、自然风光等要素活起来，推动农村资源变资产、资金变股金、农民变股东，实现乡村产业企业化经营。

（4）践行"绿水青山就是金山银山"理念，是广西谋划乡村产业发展，统筹乡村发展布局，确保生产空间集约高效、生活空间宜居适度、生态空间山清水秀的必然选择。生态环境红线是乡村产业准入的重要依据，践行"绿水青山就是金山银山"理念有利于将环境资源承载力作为乡村产业要素投入的基本保障，严格控制乡村产业水耗、能耗、地耗，严格控制排污总量，把节约、减排、生态作为乡村经济提质增效的重要途径。

实施乡村振兴战略，既是对广西农村、农业、农民需求的回应，也是广西乡村发展的必然趋势。实施乡村振兴战略，需要发展高品质、特色鲜明的农业产业，农产品品质是特色农业的综合表现，这要立足地域优势和生态优势；需要建设并完善便捷的农村基础设施，打造壮美乡村，留得住绿水青山，记得住乡愁，给农民以美好的生活空间；需要提高农民的综合素质，完善农村社会保障体系。"绿水青山就是金山银山"是习近平总书记对人与自然关系的哲学解读，是对经济发展与生态保护两者之间辩证统一关系的生动表述。

五、践行"两山"理念是广西兴边富民的必然选择

边境地区作为国家对外开放前沿，在国家改革发展稳定大局中具有重要战略地位。广西与东南亚比邻，富民兴边是广西实施对外开放战略的支撑和平台。边境地区作为国家对外开放前沿，在国家改革发展稳定大局中具有重要的战略地位。广西实施兴边富民行动20年来虽取得了显著的工作成效，但当前边境地区发展不充分问题仍比较突出，还存在不少短板和弱项。

兴边富民既要求沿边居民有较高的稳定的收入，同时又要求沿边地区社会安全稳定。提高边贸竞争力和形成沿边经济带是实现沿边居民稳收增收的重要举措。践行"两山"理念，是广西加强社会综合治理，推动共治共建共享，是实现沿边地区社会安全稳定的必然之举。

（1）有利于广西强基固边，加快完善边境地区基础设施如高速铁路建设，推动云桂铁路加速运行，提升改造沿边公路，规划建设一批通用机场，构建边境地区高等级航运网络。加快信息通信网络体系建设，全面提升边境通信条件和应急通信保障能力。加快水利设施建设，大力推进农村饮水安全巩固提升工程。加快能源基础设施建设，为边境地区经济社会发展提供能源保障。

（2）有利于广西强化开放睦边，着力提升沿边开发开放水平。要加快重点开发开放平台建设，把现有各类开放平台做实做强，全面深化与越南边境地区各领域的交流合作。着力提升通关便利化水平，加快沿边口岸升格、对等设立和扩大开放，以大口岸、大通道、大物流带动大开放、大发展。加快边境贸易转型升级，有序推进边民互市贸易区（点）建设，大力发展边境地区外向型产业和现代服务业，提高边境贸易的综合效益。

（3）有利于广西推动产业兴边，大力发展边境地区特色优势产业。要着力培育壮大边境商贸物流业，加快建设一批跨境物流节点、配送中心和现代物流聚集区，构建面向东盟的跨境贸易服务体系。大力发展边贸产品落地加工，加快边境加工产业园区和边贸扶贫产业园区建设，支持边境地区因地制宜承接劳动密集型产业。加快发展边境旅游业，全力推动边境旅游与文化、边贸、特色农业等融合发展。

（4）有利于广西落实民生安边，全力保障和改善边民生活。要坚决打赢脱贫攻坚战，聚焦深度极度贫困地区和特殊贫困群体，集中力量解决义务教育、基

本医疗、住房安全、饮水安全等突出问题，加快边境地区脱贫攻坚步伐①。加快推动乡村振兴，大力实施乡村振兴产业发展、基础设施和公共服务能力提升三大专项行动。提升基本公共服务水平，围绕实现边境地区基本公共服务主要领域指标达到全国平均水平目标，加快教育、医疗、文化、社保等公共事业发展。

（5）有利于广西坚持生态护边，加强边境地区生态文明建设。要强化生态保护与修复，优先安排实施退耕还林、天然林保护、水生态治理、石漠化综合治理等重大生态工程，实现边境地区永续发展。提升环境污染防治水平，加快补齐沿边城镇污水收集和处理设施短板，推动形成政府、企业、公众共治的环境治理体系。大力发展生态经济，打造生态工业、生态农业和生态服务业，积极培育生态旅游、健康养老等新兴业态产业，把绿水青山转化为金山银山，深刻贯彻"绿水青山就是金山银山"的理念。推进团结稳边，切实维护民族团结和边防稳固。必须坚持守土有责、守土负责、守土尽责，推动党政军警民合力强边固防，加强和创新社会治理，深入开展民族团结进步创建活动，大力弘扬社会主义核心价值观，形成守边固防的强大合力。

第二节　广西践行"两山"理念的现实紧迫性

一、优化营商环境，广西需要迫切践行"两山"理念

近年来，广西生活服务环境建设不断改善，较好地实现了社会、经济和环境的协调发展。2018年以来，广西不断加快城镇环保设施建设，城市污水、生活垃圾处理设施建设管理水平稳步提升。通过推进生态示范区创建工作，广西新的生态保护制度进一步完善，生态环境质量有效提高，特色生态农业、生态旅游效果显现。尽管广西优化营商环境取得一定成效，但依然存在行政效率与服务质量不高、企业发展困境的政策性应对不足、信息公开与开放程度不足、市场公平环境建设不强、监管体系与监管工具还需加强、纠纷救济体系尚不完善等问题。

习近平总书记指出"营商环境只有更好，没有最好"，营商环境就是生产力，就是竞争力。全面优化营商环境，既是实现转型升级的必然要求，也是打造

---

① 刘昆．充分发挥财政职能作用　坚决支持打好三大攻坚战［J］．中国财政，2018（19）：4-6.

开放型经济新优势的迫切需要。"水深则鱼悦，城强则贾兴"。优化营商环境就是解放生产力、提高竞争力，最终目的是要聚企业、聚人心。营商环境好了，企业才能留得住、发展得好，外地企业才会前来创业兴业。如果地方政府部门长期办事拖拉，干部作风不正，吃拿卡要、流程繁杂，投资者和老百姓就会失去信心和耐心，从而影响当地的经济社会发展。

一个城市要想优化营商环境，还必须要优化生态环境，做好环境的整治整管，打造花园城市，让绿水青山来引导好舆论的导向，把城市好的方面、优秀的方面展现在大家面前，展示出城市的投资优势和特色，吸引更多的企业来扎根发展。自然美景已成为营商环境的一个重要组成部分，绿水青山为打造优良的营商环境奠定了难得的自然基础，只有在此基础上进一步扩展延伸，推进行政管理、制度建设、市场信用、社会道德等各方面的优化提升，才能成为吸引和激励投资者积极地、创造性地开展投资经营活动的综合性环境条件①。

二、转变经济增长方式，广西需要迫切践行"两山"理念

从产业结构看，广西当前正处于工业化中期，呈现"二三一"产业结构特征，结构调整异常艰巨，经济增长过多地依赖于土地、能源等资源消耗和要素投入，全区资源型产业、高耗能行业比例偏高，资源、能源利用效率偏低，原有发展动力不断减弱，占比达70%的传统工业和40%的传统服务业相对低端低效②。新动力还接续不上，新兴产业未能形成产能，智能手机、家电等高附加值的轻工业"断层缺位"，金融、信息、技术服务等现代服务业发展滞后，以"互联网＋"为载体的电子商务、共享经济、数字经济等新兴业态还没有形成规模。从市场主体看，总量偏少，市场主体对传统发展模式和扶持政策依赖性强，活力不足。

转变经济增长方式，要实施创新发展战略，推动经济结构战略性调整，推动发展的立足点转到提高质量和效益上来，经济发展要更多依靠内需拉动，更多依靠科技进步、劳动者素质提高、管理创新驱动。着力推进绿色发展、循环发展、低碳发展，形成节约资源和保护环境的空间格局、产业结构、生产方式、生活方式。必须把生态文明建设放在突出地位，融入中国特色社会主义坚实的各方面和全过程。其中，科技创新是提高社会生产力和综合国力的战略支撑，必须摆在国家发展全局的核心位置。推进经济结构战略性调整是加快转变经济发展方式的主

---

① 范恒山. 依托绿水青山实现高质量发展［J］. 山东经济战略研究，2019（9）：46－48.
② 陆权香. 推动高质量发展，广西经济如何发力［N］. 广西日报，2018－1－10.

攻方向。因此，践行"绿水青山就是金山银山"理念，转变经济发展方式显得尤为迫切。

三、防控环境风险，广西需要迫切践行"两山"理念

当前，广西生态环境还存在违法排放和违规开发、重金属污染的历史遗留问题未解决、跨省非法转移固体废物案件高发、生态环境基础设施建设和运营相对滞后的突出问题和困难。

环境就是民生，青山就是美丽，蓝天也是幸福。生态环境是易碎品，失之易、护之难，必须持之以恒、毫不松懈，若要生态经济发展与环境保护治理两手抓，不断擦亮"山清水秀生态美"的金字招牌，广西践行"绿水青山就是金山银山"理念刻不容缓。加强生态环境保护，不是简单做减法，更要做好加法，通过发展生态经济，实现广西"绿水青山就是金山银山"。

四、打赢扶贫攻坚战，广西迫切需要践行"两山"理念

广西是我国扶贫攻坚重点区域，2017 年底，广西壮族自治区有建档立卡贫困人口 267 万人、贫困村 3001 个、贫困县 43 个未脱贫摘帽①，若要打赢扶贫攻坚战，广西迫切需要践行"绿水青山就是金山银山"理念。2018 年，广西坚持精准扶贫、精准脱贫基本方略，坚持现行扶贫标准，把脱贫质量放在首位，实现 116 万建档立卡贫困人口脱贫、1452 个贫困村出列，预计 14 个贫困县摘帽。

广西自然资源禀赋丰富，生态环境优美，让绿水青山转化为生产力已成为大势所趋。发挥资源丰富、绿水青山的品牌优势，才能抓住科技与产业变革机遇，大力发展生态工业、生态农业、生态服务业，培育壮大绿色经济，才能把生态优势转化为发展优势，为新时代广西打赢脱贫攻坚战注入全新动力。让绿色资源变成财富资源，打赢扶贫攻坚战，践行"绿水青山就是金山银山"理念是解决燃眉之急的首要选择。广西打赢扶贫攻坚战，践行"绿水青山就是金山银山"理念，将生态建设与扶贫开发紧密结合，提升贫困地区可持续发展能力，坚持生态扶贫，使生态环境得以保护，以生态扶贫带动精准扶贫，既改善区域生态环境，又能形成生态产业带动脱贫。

五、推动全面对外开放，广西迫切需要践行"两山"理念

广西最突出的优势在区位，最根本的出路在开放。广西口岸是我国中南、西

---

① 数据来源于广西壮族自治区扶贫开发办公室。

南地区开放发展的重要资源，广西集沿海、沿江、沿边于一体，地处华南经济圈、西南经济圈和东盟经济圈的接合部，是中国唯一与东盟国家既有陆地接壤又有海上通道的省区，是连接中国与东盟的国际大通道、交流大桥梁、合作大平台，是中国—东盟开放合作的前沿和"桥头堡"，区位优势明显，战略地位突出，发展潜力巨大，发展前景广阔，因此，若要推动广西全面对外开放，践行"绿水青山就是金山银山"理念显得尤为迫切紧要。建立起适应开放的灵活机制，同时运用开放的手段和方法促进改革、推动创新、克难攻坚、发展经济。

当前，以港口为龙头，以陆路和空港为大通道，以保税物流体系和物流园区为关键节点，以快速通关为保障，以跨境电商为新增长点，连接多区域的国际大通道、合作大平台正在广西日渐成形。

全面对外开放是广西赶超跨越的根本动力和主要途径。践行"绿水青山就是金山银山"理念能够充分发挥广西的地理优势，增强开放的意识、开放的观念，构建起符合开放要求的体制，为进一步形成广西大开放、大合作、大发展的新格局，使全区发展充满生机和活力。一方面，提升经济外向度、国际化水平，聚集开放发展的新动能，广西需要迫切践行"绿水青山就是金山银山"理念。另一方面，提升互联互通水平，优化开放发展的环境，广西迫切需要践行"绿水青山就是金山银山"理念。利用好绿水青山，创造出金山银山，广西新通道和新平台的建设、开放意识的提升、新模式的运用等，共同形成了一个更加优越的开放氛围和环境。

六、推动高质量发展，广西迫切需要践行"两山"理念

高质量发展是中国经济发展的关键词和主旋律。这是时代考题，是世纪机遇，更是一场关系发展全局的深刻变革。高质量发展的本质要求就是要绿色发展，加快推进高质量发展就是要让"绿水青山就是金山银山"的理念迅速落实到生产生活的方方面面。

绿色发展应当是全面节约和高效利用资源的发展，是严格保护环境、形成人与自然和谐相处良好格局的发展，是以绿色、低碳、循环利用的产业体系和节俭、简约、生态、自然的生活方式为支撑的发展，是把绿色理念、绿色技术等贯穿运用于生产、生活、生态各个方面并实现协调融合的发展，是山水林田湖草相生相偕、与国家现代化进程相辅相成的发展。一方面，自然禀赋优越，生态环境优良，生态经济应成为广西高质量发展的新引擎、新动能，只有在绿色生产和消费的法律制度和政策导向的情况下，绿水青山内在动能和力量才有可能释放出

来，创造出财富、富裕和美好生活。另一方面，经济持续健康发展，意味着不能将绿水青山等同于金山银山，而是利用青山绿水提供的对事业产业的环境支持功能、美好生活要素、循环再生的原料和能源，既创造更多物质财富和精神财富以满足人民日益增长的美好生活需要，也提供更多优质生态产品以满足人民日益增长的优美生态环境需要，产出巨大的经济效益和社会效益，从而拥有财富、富裕和美好生活。绿色发展体现的是人和自然作为一个生命共同体相互支撑、紧密依存、日趋和悦的过程，推进绿色发展最终所呈现的不仅是一个经济繁荣、物质丰富的发达国家或地区，而且是一个天蓝、气清、水碧、土净的美丽国家或地区。

推动高质量发展，要坚持以创新为动力，让"两山"理念与创新发展的理念相互融合，让科技创新引领广西高质量发展，在高端制造、集群集聚、生态发展、智能融合方面实施产业大招商，推动产业向集群化、高端化、绿色化、智能化发展。对于拥有青山绿水的广西来说，实现绿色发展具有天然的有利条件。但是大部分山清水秀的地区往往都是经济不够发达或发展一般的地区，所以广西面对的一个现实而紧迫的任务就是践行"绿水青山就是金山银山"的理念，实现跨越发展，彻底摆脱不发达甚至贫穷的困境，做到后发先至。

第 二 篇

"两山" 理念的践行篇

　　近15年以来，广西紧跟习近平主席"两山"理念的实践发展步伐，知之愈明、志之愈坚、行之愈笃，将"两山"理念播撒在"一带一路"倡议实施之中，播撒在边贸高质量发展之中，播撒在精准扶贫攻坚战之中，播撒在美丽乡村建设之中，播撒在边境安全治理之中，播撒在民族团结发展之中，成为民族团结和兴边富民的新动力。广西的探索与实践，全面诠释了习近平主席"两山"理念的科学性和正确性，充分彰显了"两山"理念强大的理论生命力和强劲的实践推动力。"两山"理念的孕育既有厚重的文化基础，又有丰富的实践支撑，更开启了南国八桂人民对美好生活的向往，开辟了加速推进绿色小康、建设壮美广西的新篇章，指引了广西人民共筑八桂绿色之梦。

第四章　新时代广西践行"两山"理念的战略举措

第一节　强化生态立区，坚持蓝图理念

广西作为后发展欠发达地区，"八山一水一分田"的地理格局决定了环境承载力十分有限。广西地处江河上游和边境海疆，保护生态环境不仅关系自身发展，也关系到下游地区和周边国家。因而，广西历届政府均极其关注生态建设，尤其是中央"绿水青山"理念提出以来，在发展规划中将生态环境建设作为经济发展任务的重中之重。

一、生态立区，理念创新

"生态立区"理念是广西践行党中央"两山"理念的战略支撑，也是广西践行"两山"理念的重要成果。广西在结合自身发展以及区情的基础上，发布《关于营造山清水秀的自然生态实施金山银山工程的意见》，做出"生态立区"战略思维，提出将"绿水青山"打造为"金山银山"，加快建设生态美、产业强、百姓富的现代林业强区。除此之外，在"生态立区"新思维主导下的"低碳经济""生态经济""美丽广西""绿色银行"等生态建设新思维相继提出。"山清水秀生态美""生态优势金不换"等环境意识逐渐成为自治区管理层共识，在坚持经济发展的同时，坚持绿色发展，推进"'美丽广西'乡村建设和宜居城市建设，加快发展生态经济、绿色产业，着力提升绿水青山的'颜值'，彰显金

山银山的'价值'，不断擦亮'山清水秀生态美'金字招牌"①。

"十五"时期，广西不断增加环保投入，加快环境基础设施建设，实施污染防治和生态保护重点工程，加大淘汰落后产能力度，解决了一批危害人民群众生活、制约经济发展的重大环境问题，环保工作取得了积极进展。

"十一五"时期，广西坚持不懈地把独特的生态优势保护好。开展节能减排攻坚战，加大生态广西建设引导资金投入，探索建立以小资金引导大生态建设的模式，开展生态文明建设理论及政策创新研究，取得良好成效。温家宝总理在2010年春节与广西人民群众共度佳节时，满怀深情地写下了"山清水秀生态美，人杰地灵气象新"对联，这是对广西生态文明建设"十二五"时期，自治区党委提出了"生态立区、绿色崛起"的战略思路，加快建设生态文明示范区，加快转变经济发展方式，加快产业转型升级，确保生态文明和经济发展"两不误""双促进"。

二、注重规划，设计蓝图

各项规划蓝图基本成熟，助力广西生态发展。生态是广西发展的基石，也是广西发展的底线。2017年4月，习近平总书记在广西考察工作时强调："广西生态优势金不换，要坚持把节约优先、保护优先、自然恢复作为基本方针，把人与自然和谐相处作为基本目标，使八桂大地青山常在、清水长流、空气常新，让良好生态环境成为人民生活质量的增长点、成为展现美丽形象的发力点。"广西秉持习近平总书记"绿水青山就是金山银山"的理念，在各个领域进行蓝图设计，"生态立区"理念逐渐加深，生态建设步伐加快。

一方面，以全区整体为基础进行国土空间战略布局。最能体现这一理念的就是在国土规划、省级空间规划以及市级"多规合一"方面，广西进行了一系列有益的探索，是广西"绿水青山"理念的主要实践。最典型的便是2017年编制的《广西壮族自治区国土规划》，这成为全国第一个通过评审的省级国土规划，并作为范本在全国推广。在市级层面，柳州市作为全国唯一的"三规试点"城市，积极探索"多规融合"。2018年初，柳州市国土资源局牵头开展了新一轮土地利用总体规划暨国土空间规划的编制工作。目前，柳州市初步搭建了国土空间规划信息平台，将现有的城乡规划、土地利用规划、林业规划等空间性规划和空间数据在2000国家大地坐标系上进行空间叠加和分析。在此基

① 周仕兴. 广西唱响和谐稳定发展壮歌〔N〕. 光明日报，2019 – 8 – 6.

础上，探索"多规融合"技术方法、规划体系构建、空间管控规则、信息平台建设等，研究形成初步规划方案，并将三条红线落实到市区图斑地块。除此之外，历届自治区党委、政府深入贯彻党中央决策部署，持续探索实践经济发展与生态环境保护深度融合的发展道路，先后作出建设生态广西、推进生态文明示范区建设等决定，发布实施广西主体功能区规划。特别是自治区第十一次党代会把营造山清水秀的自然生态作为营造"三大生态"的重要目标，把生态文明建设提到了新的高度。全区各地也涌现出一大批先进典型，如恭城瑶族自治县自 1984 年以来，11 任县委书记、9 任县长，换届换人不换"镜头"，一任接着一任干，坚持不懈地传承好"生态立县"的接力棒，走出一条保护与开发相结合的可持续发展之路。总体来说，广西战略上的空间规划基本成熟，"青山绿水"的蓝图理念基本落实。

另一方面，在各项具体的发展规划方面，广西"十三五"规划立足于"生态立区"的理念，将生态文明建设作为重要目标，从"大力发展生态经济""节约集约利用资源""加快发展循环经济""加强生态建设""健全生态文明制度"等方面进行生态文明建设。从整体生态出发，进行整体的生态建设，例如，在 2015 年，自治区党委、政府印发了《关于大力发展生态经济深入推进生态文明建设的意见》和《广西生态经济发展规划》，明确提出到 2020 年要实现生态经济发展壮大、资源环境约束性目标任务全面完成、生态环境质量位居全国前列三大目标，突出抓好生态产业、生态基础设施、生态环境治理、生态城乡建设四大任务，大力实施生态经济十大重点工程。在生态治理的各个领域，一系列重要规划出台，如在"十三五"规划中，《广西循环经济发展"十三五"规划》《广西环境保护和生态建设"十三五"规划》和《广西海洋经济可持续发展"十三五"规划》等典型的"十三五"专项规划逐步推行，《广西西江水系"一干七支"沿岸生态农业产业带建设规划（2016—2030 年）》等长期生态规划方案施行，规划蓝图基本成熟完善（见表 4−1）。

三、立足生态，思维变革

思维创新是广西壮族自治区政府践行"两山"理念的重要支撑，是广西壮族自治区政府施政措施的重要创新来源。

（一）连贯性政策助力广西生态文明建设

一方面，生态文明建设的政策不因领导的改变而改变。"新官上任三把火"在很多地方已经成为传统。只要一换领导人，之前定下的政策，包括执政理念、

表4-1　"十三五"规划系列文件

分类	规划文件
政府专项规划	《广西节能减排降碳和能源消费总量控制"十三五"规划》
	《西江沿江特色旅游带规划》
	《广西现代生态养殖"十三五"规划》
	《广西海洋经济可持续发展"十三五"规划》
	《广西环境保护和生态建设"十三五"规划》
	《广西循环经济发展"十三五"规划》
	《广西西江水系"一干七支"沿岸生态农业产业带建设规划（2016—2030年)》
部门联合印发的规划	《广西西江经济带水环境保护规划》
	《广西农业可持续发展规划（2016—2030年)》
	《广西壮族自治区现代农业（种植业）发展"十三五"规划》
	《广西村镇建设和人居环境改善"十三五"规划》
部门印发规划	《广西大气污染防治攻坚三年作战方案（2015—2020年)》
	《广西水污染防治行动计划工作方案》
	《广西建筑节能与绿色建筑"十三五"规划》
	《广西壮族自治区红色旅游发展"十三五"规划》
	《广西墙体材料革新"十三五"发展规划》
	《广西壮族自治区"十三五"天然优质饮用水产业发展规划》

人事任免、开发项目等都会随之改变。对前任定下的政策要么置之一旁，要么全盘更改，这样的做法是缺乏科学性的，对于财力、人力、物力都会造成巨大的损失。另一方面，生态文明建设的政策不因外部环境的影响而改变。曾经恭城生态文明建设就是最好的例子："恭城模式"从1983年利用沼气起步到之后能成为影响扩散到全区、全国范围的生态文明建设示范典型，一个最主要的原因就是恭城的历届领导人在认准开展生态文明建设的重要性之后的25年中，9任县委书记、8任县长和班子成员，"接力棒"式地把生态建设持续抓了20多年。恭城以坚持发展生态农业的工作思路，带来了百姓生产生活的巨大变化。另一个原因就是生态文明建设的政策不因外部环境的改变而改变。20世纪80年代初，人们的一种普遍观念是"无工不富"。眼看着周围发展工业的县一个个都富起来了，也有人建议在恭城发展工业。当时的县领导顶住来自各方的压力，根据恭城的实际情况带领大家建沼气池种果树，坚持走发展生态农业的道路。20年后，恭城凭借坚

实的农业规模化基础发展农业产业化的同时，工业发展也取得了巨大成就。近几年，恭城针对出现的新问题研究解决方案，继续发展完善"养殖—沼气—种植"模式，探索生态文明建设的新思路。

（二）"树立典型，以点带面"的推进思维

多年来，广西各级政府根据广西各地的生态状况，充分发挥各民族的聪明才智，有针对性地进行生态文明试点建设，然后推广成功经验，辐射全区各个领域、各个方面及各市县的各乡村。多年的试点建设如柳州的"家园绿美工程"、百色的"右江森林河谷"、桂林的"百里漓江绿化带"、恭城县的生态农业、阳朔县的生态旅游等已取得了显著成效，近年来的桂林低碳试点城市等工程也已取得明显的成果。各地区的绿色机关、绿色学校、绿色社区、绿色企业、绿色医院、绿色商场、绿色宾馆等全面建设正逐步进行。

（三）"因地制宜，自上而下"的治理思维

广西政府在坚持"绿水青山"理念的同时因地制宜，自上而下地统一规划治理理念，促进了各地区各有特色的生态文明建设。例如，南宁生态产业园以节能环保装备（产品）制造为主导，创新节能环保产品营销模式和服务模式，逐步开始建设集研发、生产、销售、运营、服务咨询于一体的节能环保产业集聚区。梧州生态产业园依托现有产业基础和承接东部产业转移的区位优势，集聚发展节能环保、新能源、新材料等战略性新兴产业，逐步推进以先进制造业为支撑的绿色产业园区建设；贺州生态产业园重点构建铝电子生态产业链，在此基础上加快发展新材料、节能环保、电子信息等高新技术产业，逐步打造低能耗、低污染、关联度强的生态产业园区；河池市工业园区大任产业园将结合环境治理，发展资源综合利用产业，建设以有色金属冶炼和深加工、化工及建材为主，其他产业配套发展的生态产业园区。

连贯性政策、"树立典型，以点带面"的推进思维和"因地制宜，自上而下"的治理思维三大施政思维始终是支撑广西壮族自治区的三大施政思维，推动着广西"绿水青山就是金山银山"理念的践行。除此之外，在广西壮族自治区数十年的生态环境实践发展过程中，每个地方、区域都形成了符合自身的独特的生态建设具体思维。党的十八大以来，广西通过一系列治理思维原则践行"绿水青山就是金山银山"的理念，例如，坚持"问题导向原则"规范矿山开发，坚持"红线原则"紧绷耕地保护弦，坚持"系统治理原则"打造"山水林田湖草"生命共同体等，这些思维创新为广西践行"绿水青山就是金山银山"理念提供了理论支持，促进了广西"生态立区"理念的贯彻执行。

第二节　加快低碳发展，做强生态经济

低碳经济作为节约资源和保护环境的重大战略措施，同时是将绿水青山转化为经济发展优势、培育新增长点的重要举措。近年来，广西依照中央"青山绿水"思路，逐步加快绿色发展步伐，多方位多措施发展低碳经济，做大做强生态经济，目前广西正通过多条路径进行同步推进。

一、自主创新推动低碳技术实现快速发展

低碳经济发展的重点是通过自主创新，使低碳技术、低碳企业优先发展；通过自主创新，降低碳排放量，提高碳排放的效率；通过自主创新，发展循环经济，提高碳的利用效率，把高耗能、高排放的产业转化为绿色的低碳产业。低碳技术是发展低碳经济的重要支撑，自主创新则是低碳技术得以研制、开发应用的重要手段。近年来，广西实现了低碳经济技术的零突破，其中，非粮生物质能源技术在全国处于领先位置，新能源货车生产技术也已实现重大突破。除此之外，广西通过工业结构创新、企业制度创新、产学研机制创新、科技机制和人才机制创新，提高自主创新能力。利用广西特有的生物质资源和技术基础，重点发展固碳技术、减碳技术、建筑节能技术、生物质技术、碳替代技术和碳再利用技术。同时，也加快了推进低碳技术应用，传统产业实现改造升级，如制糖业开展污染治理技术全流程生态化改造，达到污水处理和水循环利用水平全国领先。河池市整合涉重金属企业"出城入园"，实现绿色发展。柳州市补齐汽车质检、研发与试验认证关键环节短板和产业链条，转型升级为汽车生产性服务业，推动了产业集群做大做强。除此之外，运用"互联网＋"、智能装备及先进工艺等，生态化改造，整合做大，补齐关键环节，延伸产业链，使其"老树发新枝"，成为"金不换"的优势。

在实践过程中，广西开始出现一系列创新性的先进技术，并取得了丰厚的成果。2011 年中国首台欧 VI 车用柴油机玉柴 6L－60 欧 VI 样机在玉柴首次亮相，达到国排放标准的新型柴油机和广西首款中级轿车宝骏 630 成功推向市场。此次率先推出的欧 VI 柴油发动机填补了我国高效清洁柴油机的空白，提升了国家研发高等级排放发动机的技术水平，成为我国发动机研发史上的又一

里程碑，是广西历年追求科技创新发展的成果；广西率先研制出世界首台可再生空气混合动力柴油发动机、世界最大的机械式硫化机、国内首台达到欧洲第六阶段排放标准的柴油发动机、国内最大的轮式装载机；亚热带主要农作物和主要水产品养殖品种抗寒关键技术等研究成果达到国际先进水平，产业自主创新取得重大突破；中国铝业、培力（南宁）药业、石墨烯小镇、有色稀土开发等更是成果丰硕；北斗导航与新一代人工智能、数字政务一体化平台、虹膜识别技术、先进医疗器械、特色传统中医药、石墨烯新材料、有色金属新材料等应用经济效应开始显现。

二、国际合作推进低碳经济发展新平台建设

党的十八大以来，广西从两方面着手直接打造低碳经济发展新平台。一方面，在技术研发上进行合作。总的来说，发达国家关于低碳经济发展的技术要比发展中国家先进，加强与发达国家的技术交流与合作，引进先进的节能技术和可再生能源技术，通过消化吸收再创新，有利于促进广西低碳技术的研发，形成低碳经济产业链。另一方面，通过开展国际合作，借助一些国际化组织及机构推动广西低碳经济的发展，这些组织包括联合国、国际环境与发展委员会、经济合作与发展组织、世界银行以及众多的非政府组织和研究机构等。目前，对于广西开始逐步建立低碳环境的专门化论坛平台，如由中国—东盟环境保护合作中心与广西生态环境厅共同举办的中国—东盟环境合作论坛成为中国与东盟低碳经济国际合作的新平台，为低碳企业在广西的投资、经营活动和开展各方面的交流与合作创造条件。

此外，广西通过建立并参与各种平台间接促进低碳经济合作，2018 年广西积极参与组织中国—东盟创新年系列活动，成功举办第六届中国—东盟技术转移与创新合作大会，充分发挥中国—东盟技术转移中心的平台载体作用，发展中国—东盟技术转移协作网络成员数达 2400 多家，在国内外组织大型技术转移对接活动八场，其中在柬埔寨、老挝、印度尼西亚等东盟国家举办四场，促成项目签约 23 项。在深化与东盟的科技交流合作方面，广西还全面启动"东盟杰出青年科学家来华入桂工作计划"，落实 31 名东盟杰青工作岗位①。广西扎实推进中医药国际创新合作圈建设，支持药用植物大数据中心建设、中国—东盟传统药物研究国际合作联合实验室、桂澳中药质量研究联合实验室建设，发挥优势抢占中

---

① 罗锦模，冯燕玉．中国—东盟技术转移与创新合作大会成效综述［Z］．中国—东盟技术转移中心，2018．

医药创新制高点。并支持建设中柬光伏发电技术联合创新中心，首次实现广西光伏产品向柬埔寨批量出口。这一系列科技合作平台在各方位全面促进了广西的经济发展升级，为广西低碳经济的建设提供了良好的国际合作凭条，为广西的低碳经济发展营造了积极的环境，间接促进了广西低碳经济的发展。

三、资金扶持为低碳企业创造发展条件

发展低碳经济，离不开政策资金的支持。一方面，在政策资金上，资助低碳企业通过创新清洁发展机制，获得国际间的碳技术转让和发展资金，降低低碳企业的成本，提高低碳企业竞争力。另一方面，把低碳经济发展纳入领导干部绩效考核中来，促进各级领导重视低碳技术、低碳生活和低碳企业的发展。通过区域审批和产业审批，限制高能耗、高排放、低碳效率的企业投资和发展，鼓励低能耗、低排放、高碳效率的企业投资和发展。广西壮族自治区政府利用政府资金实施各种措施进行低碳建设：设立节能奖励资金鼓励企业节能降耗；设立淘汰落后产能资金加速落后产能淘汰；以奖代补鼓励减少污染排放；征收差别电价遏制高耗能企业用电；支持企业清洁生产；支持节能汽车的研发和推广应用；支持推广和应用产品。除此之外，政府生态金融扶持模式创新增强，如都安县首创"贷牛还牛"新模式，政府引进企业大力繁殖良种牛犊，企业"贷小牛"给农户，农户"还大牛"，企业回收、屠宰加工、冷链、物流销售，走出一条极度贫困地区产业融合新路子。激励调动地方政府、农民、企业、市场等共同努力，培育引进长链产业，提高产业增加值，形成产业链条完整、功能多样、业态丰富、利益紧密联结的生态经济新格局。通过这些举措，广西低碳技术逐步提高，为低碳企业营造了积极的政策环境。

在农村地区，广西立足于"绿水青山就是金山银山"的理念，形成了以广西农信社为主的资金扶持体系，推出"企业＋基地＋农户"的信贷模式，2016年以来累计发放给蔗农的贷款30多亿元，支持蔗农户数达7万多户[①]。同时，完善信贷授权机制，出台了扶持甘蔗生产的措施，上调农户小额信用贷款额度，降低了借贷成本，推广"桂盛信祥卡"为抓手，提高蔗农贷款的满足度和覆盖面。加大对广西林业发展的支持力度，仅2016年就累计发放林业贷款137亿元，年末林业贷款余额317亿元，比年初增加58亿元，支持人工造林80多万亩，为广西确保青山绿水，实现快速发展做出积极贡献[②]。此外，通过环境整治和基础设

---

① 韦煜清，谢咏任．"金融杠杆"撬动"甜蜜事业"［N］．广西日报，2017 – 1 – 22.
② 谢咏任．"真金白银"助推林业发展［N］．广西日报，2017 – 1 – 22.

施、公共服务、产业培育等建设、完善和提升，许多乡村形成了"一村一品、一村一景、一村一业"的错位互补和协同发展格局。除此之外，农林牧渔副等各产业均受到政府资金的大力扶持，撑起了"绿水青山就是金山银山"理念在广西农村地区的实施，推动了"美丽乡村"计划的顺利建设。

四、低碳城市和低碳经济示范区探索成效显著

探索低碳经济发展的重点领域、有效途径，加强创新，从机制体制创新、技术创新、管理创新着眼，全面提高示范区的低碳经济发展能力，为区域和行业低碳经济发展提供示范，以点带面推动低碳经济跨越发展。在广西生态建设过程中，南宁建设生态优先发展型的低碳城市，钦州和防城港建设低碳临海产业型的低碳城市，北海建设低碳旅游发展型的低碳城市。尤其是广西桂林市雁山区低碳经济产业示范园区通过科教、文化和高科技三大方面发展低碳经济，通过示范项目建设，在使用清洁能源和可再生能源、推广低碳技术、节水节电、垃圾分类、资源循环利用、绿色建筑、低碳交通、绿色消费等方面，发挥着示范带动作用，以点带面，带动低碳城市建设，成效显著，目前已经是第二批国家低碳试点城市，积极推动了广西低碳城市和低碳经济示范区的发展。

近年来，广西地方政府借助国家相关政策的有效扶持，并借鉴国际先进经验进行了积极实践并取得明显成绩，这些相关试点的建设成果均为开展低碳城市（镇）建设提供了宝贵的实践经验。目前，广西已获批了一批与低碳城市（镇）相关的试点，如国家低碳城市试点、低碳生态试点城市（镇）、建制镇示范试点、新型城镇化综合试点、国家智慧城市试点、国家生态文明先行示范区、中欧低碳生态城市合作项目、APEC 低碳城镇项目、特色小镇、美丽宜居小镇等。其中，南宁市五象新区核心区是"APEC 低碳城镇项目"与"低碳生态试点城市（镇）"的试点地区，具有较好的低碳建设基础，同时符合国家低碳城市（镇）的试点范围与试点打造方向，具有良好的发展潜力。

五、生态品牌意识壮大生态文化产业

生态文化是先进文化的重要组成部分，广西各地有着独特而深厚的生态文化底蕴，正在积极探索将其融入产业发展之中，经济品牌意识兴起（见表4-2）。生态经济是广西立足于"绿水青山就是金山银山"最具前瞻性的新经济业态，其中最典型的生态品牌是生态长寿养老养生产业品牌。广西境内共有 22 个"长寿之乡"，其中巴马县被称为"世界长寿之乡"，广西长寿资源为中国之最，每

年有大量的国内外游客涌入广西巴马旅游、养生①。因而广西目前正在建设、打造的覆盖南宁、桂西、桂北、北部湾、西江经济带以长寿养生文化为主题的养老服务综合改革试验区正在成为广西新的经济增长点，将形成集休闲养生、旅游度假、中药产业、医疗保健等养生养老产业链集群区。除此之外，广西出台了《广西养老服务业发展规划》，民间资本正在被逐步引入养老养生服务业市场，政府在财政扶持、政策优惠等方面为民间资本提供帮助，广西长寿养生养老服务生态品牌文化逐步形成。在生态品牌和生态文化的融合方面，广西生态文化典型代表《印象刘三姐》是全国第一部山水实景演出项目，开启了山水、文化、旅游融合发展的模式。但与周边省份相比，还需加大力度，生态文化搭台，吸引资本投入，打造出更多生态经济品牌。此外，生态文化也是广西对外开放合作的重要品牌。如贺州市借助生态文化优势，包装具有典型示范意义和推广价值的生态环保项目，争取到世界银行、法国开发署、亚洲开发银行等总投资 43 亿元，广西生态品牌、生态文化逐步走出国门，开始进入世界舞台。

表 4 - 2　广西生态品牌实践举例

文化品牌	《印象刘三姐》
养殖品牌	环江香猪、巴马香猪、陆川猪等生态猪业养殖，八步南乡鸭，德保矮马，七百弄山羊，凌云乌鸡
旅游品牌	桂林生态旅游新品牌
养生养老、长寿品牌	巴马、上林"长寿之乡"品牌
茶叶品牌	横县茉莉花茶，昭平茶
水产品牌	钦州大蚝
水果品牌	富川脐橙，钦州荔枝
农展品牌	南宁沃柑节，火龙果节，柳州柑橘节，钦州荔枝节，蚝情节，百色芒果节

第三节　狠抓生态质量，位居全国前列

近年来，广西狠抓环境整治和国土绿化，生态质量保持全国前列。自"绿水

---

① 龙州县获"中国长寿之乡"广西长寿之乡增至 22 个 ［N］. 新浪广西，2015 - 7 - 13.

青山"理念提出以来,广西区内以"蓝天碧水净土"三大保卫战为措施,实施产业结构调整优化,推行清洁生产技术改造,大力推进水和大气环境污染整治(见图4-1),制定了一系列法律法规,推动广西区内生态质量逐步好转,位居全国前列。2016 年,全区 51 条主要河流三类以上水质达标率达 94.8%,近岸海域是目前我国近海水质保持最好的海域之一。强力推进城镇生活污水处理设施及配套管网、生活垃圾无害化处置设施建设。持续推进造林绿化、退耕还林、封山育林、石漠化综合治理、"绿满八桂"等工程建设,森林覆盖率达 62.28%,在全国排第三位。广西植被生态质量和植被生态改善指标连续三年蝉联全国第一。2017 年,广西 14 个城市环境空气质量优良天数比例达 81.6% ~ 92.9%,平均优良天数比例为 88.5%;环境空气质量六项指标中,可吸入颗粒物(PM10)年平均浓度范围为 45 ~ 70 微克/立方米,年均浓度值为 58 微克/立方米,比 2016 年上升 3.6%,PM10 达标城市比例为 100%;细颗粒物(PM2.5)年平均浓度范围为 28 ~ 48 微克/立方米,年平均浓度值为 38 微克/立方米,比 2016 年上升 2.7%。城市区域噪声、道路交通噪声和功能区噪声环境质量良好。辐射环境质量总体良好。全区森林覆盖率 62.31%,活立木总蓄积量 7.75 亿立方米①。

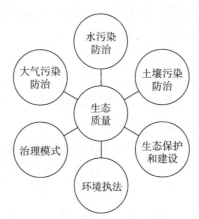

图 4-1 生态质量实践

一、在大气污染防治方面,蓝天保卫战硕果累累

打赢蓝天保卫战是党中央、国务院作出的重大决策部署,是污染防治攻坚战的重点。近年来广西壮族自治区全面发力,推进各项关键措施,大气污染防

---

① 数据来源于《2017 年广西壮族自治区环境状况公报》。

治攻坚克难取得明显成效。例如，对电动车行业进行规范化管理、引进先进制造业设备、建立三年行动计划并得到较好落实。党的十八大以来广西大气污染防治践行"青山绿水"理念，2017年广西区内产业和能源结构调整优化，完成钢铁、煤炭去产能任务；开展绿色交通试点示范项目创建，全区清洁能源与新能源公交车保有量6692辆；狠抓重点行业企业污染治理并完成燃煤机组超低排放改造546万千瓦①。尤其是2017年以来，广西治理大气污染的各项措施紧促出台，其中最重要的便是2016年开始实施的关于《广西"十三五"大气污染防治实施方案》，除此之外，还有2018年开始实施的《广西大气污染防治攻坚三年作战方案（2018—2020年）》，2018年广西人大常委会出台《广西壮族自治区大气污染防治条例》，并于2019年1月1日起开始实施。在自治区生态环境厅公布的2019年6月和1~6月的全区空气质量状况中，广西空气质量与2018年同期相比改善明显，全区平均污染天数同比减少一半，为近五年来空气质量最好的一年。2019年上半年优良天数比率为94.8%，同比提高6.8个百分点，创历史同期最高纪录；全区12个市空气质量达标，同比增加10个。各市污染天数明显减少，2019年1~6月，全区平均污染天数为9.4天，同比减少12.2天，减少56.5%②。这些成绩从全国来看，始终保持优良地位，一直处于全国前列。除此之外，广西个别城市空气质量处于全国前列。例如，在生态环境部2019年公布的第一季度全国空气质量名单中，广西首府南宁入围前20名，位于全国前列。

除此之外，仅在2019年上半年，广西生态环境厅就加强对地方开展污染防治工作的服务、指导和技术保障，为"帮企减污"工作打下了坚实的基础。通过加快推进大气环境网格化监测监管体系建设，全面推进大气环境质量"热点网格"监测布点工作，实现全覆盖式精准监控，消灭监测盲区，精准分析污染源和污染成因，提高污染源靶向治理水平。同时重点开展烟花爆竹禁燃限放、秸秆禁烧和综合利用、城市扬尘综合治理、柴油车污染治理、工业企业大气污染综合治理、污染天气应急联动等专项行动，其中多项措施走在全国大部分地区前面，可谓硕果累累。

二、在水污染防治方面，监督管理体系创新发展

在水污染防治方面，不仅监督管理体系已经基本实现全覆盖，水污染防治部分指标已处于全国前列。一方面，广西根据党中央战略布局，贯彻落实中央《关

---

① 数据来源于《2017年广西壮族自治区环境状况公报》。
② 韦夏妮. 广西优良天数创历史最高纪录［N］. 人民网，2019－7－10.

于全面推行河长制的意见》，广西由自治区有关领导兼任办公室主任，水利厅、环保厅主要领导担任常务副主任，主要职能部门抽调工作人员，共同组成河长制办公室管理队伍，构建自治区河长制办公室。发布《广西环境保护和生态建设"十三五"规划》和《广西水污染防治攻坚三年作战方案（2018—2020年）》，五年水资源保护计划和三年碧水攻坚战开始逐步实施，以改善水环境质量为核心，以重点流域水污染防治为重点，实施精准治污，建立重点流域污染防治三维地理信息系统。制定河长制考核办法，建立健全问责机制，对各地河道管理河长制贯彻落实情况进行严格考核，纳入自治区对设区市的年度绩效考评，并将考核结果纳入广西市县党政领导班子和党政正职绩效考核评价指标体系。另一方面，自2016年河长制度设置以来，自治区政府已经设立一系列常态化管理措施：第一，加大财政资金投入力度，全面落实河长制工作人员和经费；第二，强化河道监管巡查，运用好科技巡查、群众巡查力量，加强河湖水域岸线保护力度；第三，积极探索河湖水域岸线占用补偿制度，充分利用各类融资政策，引导社会投资，拓宽河湖保护与治理资金渠道，加大河湖水生态修复和保护工作。可以说，广西践行"绿水青山就是金山银山"的生态理念，围绕河长制度，建立起了一系列高效、全覆盖的监督管理体系。

2019年，广西水质量处于全国前列。2020年1月23日，生态环境部公布2019年全国城市地表水排名，广西各个地方处于全国前列，有5个城市位列前10名，9个城市进入前30名。其中，来宾（第一名）、柳州市（第二名）、河池（第五名）、桂林（第七名）、梧州（第九名）、贺州（第十二名）、百色（第十九名）、崇左（第二十一名）和贵港市（第二十二名）均取得优异成绩。除此之外，广西列入国家"水十条"考核的52个地表水断面中，50个断面水质达到或优于Ⅲ类，水质优良比例为96.2%；38个地级城市集中式饮用水水源地有37个达到或优于Ⅲ类水质，占比97.4%；全区70段城市黑臭水体已基本消除黑臭的有67段，消除比例达90%以上①。碧水保卫战取得长足进步。

三、在土壤污染防治方面，河池"样本"效应瞩目

广西立足于实际情况，坚持生态立区，以改善土壤环境质量为核心，以保障农产品质量和人居环境安全为出发点，坚持预防为主、保护优先、风险管控，突出重点区域、行业和污染物，实施分类别、分用途、分阶段治理，严控新增污

---

① 数据来源于生态环境部公布的《2019年全国地表水、环境空气质量状况》。

染、逐步减少存量，形成政府主导、企业担责、公众参与、社会监督的土壤污染防治体系，促进土壤资源永续利用，守护发展好山清水秀的自然生态。广西近年来印发实施了《广西重金属污染防治"十三五"规划》和《广西土壤污染防治攻坚三年作战方案（2018—2020年）》，划定重点重金属防控区，明确重金属污染重点防控行业，制定重点行业重点重金属污染物排放总量控制目标和重点防控项目实施计划，定期对重点监管企业周边环境开展土壤环境监测，实施"净土"三年攻坚战，这些实践都为广西甚至是全国提供了较为先进的经验。另外，作为辅助措施，《广西壮族自治区土壤污染防治目标责任书》《广西土壤污染防治工作方案》和《广西土壤污染防治专项资金项目管理办法（征求意见稿）》等文件相继出台，土壤污染开始逐渐落实到县、落实到人，通过专项资金的大力扶持以及"河池"样本的典型示范效应，广西受污土壤逐渐好转。

　　广西在土壤治理方面，进行了广泛的实践探索，其中河池市作为土壤治理模范地区，走在了全国前列。2016年，河池市被列为全国六个土壤污染综合防治先行区之一。面对先行区建设初期缺人、缺钱、缺技术的局面，河池市积极转变政府职能，探索在生态环境领域采用政府购买服务的做法，引入一流的咨询机构并充分发挥其在政策研究与技术积累等方面的优势，实施顶层设计和统筹管理，摸索提出"政府管家＋总设计师"的先行区建设服务模式和"六统一"的项目管理模式。在土壤污染防治基础薄弱、问题复杂且无先例可循的情况下，河池市创新探索出了一种走在全国前沿的土壤污染防治新模式，给当地社会经济、生态环境带来可观效益，也给全国土壤污染防治提供了可推广复制的新"样本"经验。

四、在生态保护和建设方面，治理体系成效突出

　　广西依靠"坚定生态优先、绿色发展理念"，积极"推动绿色低碳循环发展"，"全面建设宜居城市"，"开展'美丽广西'乡村建设"等布局，在这一过程中，构建了较为完善的生态保护和建设的治理体系，有些方面的治理体系已经处于全国先进地位。党的十八大以来，广西先后组织制定广西生态保护红线划定方案、广西生态环境损害赔偿制度改革实施方案；开展"绿盾2017"国家级自然保护区监督检查专项行动；编制《广西左右江流域革命老区山水林田湖生态保护修复工程实施方案》，并获批为国家第二批山水林田湖生态保护和修复工程试点；推进各级生态示范创建工作，南宁市获称"2017年美丽山水城市"，那考河生态综合整治项目获"中国人居环境奖"范例奖。在一系列生态环境保护和建

设工程的推动下，广西在生态环境保护和建设方面取得了明显进步。

在一系列生态保护和建设过程中，石漠化治理体系成为广西生态保护最为突出的成果，石漠化治理成效全国第一。近年来，广西林业部门通过实施新一轮退耕还林、珠江流域防护林体系建设、森林生态效益补偿等林业重点生态工程项目，显著改善岩溶地区生态环境。在治理过程中，广西各地探索出"竹子＋任豆""任豆＋金银花"等 10 多种混交造林模式，进一步提高了生态治理的科技含量。2018 年底公布的《中国·岩溶地区石漠化状况公报》显示，与 2011 年第二次石漠化监测结果相比，广西石漠化土地净减 39.3 万公顷，减少率 20.4%，净减面积超过 1/5，治理成效继续稳居全国第一。

五、在环境执法方面，新型执法体系全国先进

环境执法方面，广西目前已经建立了完善先进的新型执法体系，其中最具成果性的全面覆盖区、市、县三级的环境监察移动执法系统处于全国前列，为其他省市提供了重要的借鉴意义。截至"十二五"时期结束，广西在全国率先建成覆盖自治区、设区市、县三级的移动执法系统；基本建成自治区、设区市两级突发环境事件应急反应体系，海上溢油应急能力大幅提升；重金属监测装备跨入全国先进行列；国控重点污染源自动在线监控设施建成运行率达到 100%；自治区及南宁市、柳州市基本建成重污染天气预警预报系统。40 个环境监测站通过达标验收，设区市、县环境监测站达标验收率分别为 85.7% 和 30.2%；59 个环境监察机构通过达标验收，设区市、县环境监察机构达标率分别为 92.8% 和43.7%。初步建立全区固体废物管理网络，已成立 21 个专职管理机构，其中自治区级 1 个、设区市级 14 个、县级 6 个；核与辐射监管能力建设进一步加强，自治区及南宁市核与辐射管理机构完成达标建设。全面加强农林业有害生物监测预警、检疫御灾、应急防控和服务保障体系建设。深入推进森林公安队伍正规化、执法规范化、保障标准化、警务信息化、警民关系和谐化"五化"建设，依法治林不断加强。全区 367 个乡镇、11 个街道开展了乡镇"四所合一"改革试点，进一步明确了乡镇（街道）环境保护职责①。

除此之外，各项配套措施相继出台，助力广西环境监察移动体系逐步成熟，奠定了其全国先进地位。2012 年以来，广西各级政府将生态环境执法扩大至十大方面：建设项目全过程环境监管、国家重点监控企业的环境监管、开展涉重金

---

① 参见《广西环境保护和生态建设"十三五"规划》。

属企业环保专项行动、危险化学品和危险废物专项执法、饮用水水源地环境执法监管、资源开发生态环境执法监管、核与辐射安全监管、环境突发事件防范和处置、环境质量监测、督促企业落实环境保护主体责任。广西各级环境保护部门切实加大力度，严格执法，在2017年全区共下达行政处罚决定2262份，罚款6692万元，实施按日连续处罚、查封扣押、限产停产、移送行政拘留、移送涉嫌环境污染犯罪案件共624件，同比增长3.3倍。规范许可证核发和管理，年内共完成火电、造纸、水泥、制糖、有色金属等14个重点行业476家企业的排污许可证核发工作。组织开展打击涉危险废物环境违法犯罪行为专项行动，全区共检查企业20679家次，发现问题4701个，查处违法案件2262件①。执法范围不断扩大，执法力度不断加强，环境执法常态化②。

六、在防污治理模式方面，多种模式全国领先

在"两山"理念的指引下，广西在依靠传统治理环境的同时也创新了一系列环境污染的治理模式，出现了一批新型的治污模式，甚至在全国独占鳌头，为其他地区的治污提供了借鉴意义。如土壤治理的"河池模式"，过去高投入、高消耗、高污染的"三高"型粗放式经济发展引发资源过度消耗、生态环境恶化、资源配置效率低下等诸多问题，为当前和今后很长一段时间环境污染治理增添了难度。随着经济社会发展，新的环境污染也在不断产生，形势严峻。"十三五"期间，广西经济发展进入中高速增长新常态，产业结构调整和转型升级任务繁重，改善环境质量和保障生态安全责任重大，因此在重点污染行业、工业集聚区、区域环境综合整治等关键领域中，深入推行环境污染第三方治理成为坚守生态红线和环境质量底线、强化污染防治与生态保护联动协同的主要方式。除此之外，2017年自治区制定并出台了《广西开展生态修复城市修补工作方案》，以期探索新时期广西城市转型升级模式，创新城市发展理念，完善城市治理举措。根据这一工作方案，自治区将选取桂林市等部分城市开展生态修复城市修补（以下简称"城市双修"）城市试点，在其他各市开展"城市双修"项目试点。从2017年起，在全区推动"城市双修"工作，着力修复城市被破坏的山体、河流、湿地、植被、海岸等，解决老城区环境品质下降、空间秩序混乱、历史文化遗产损毁等问题。到2020年底，全区各市、县实现城市生态环境更优美、城市生活更便利的目标。

---

① 梁玉桥，罗先彬．广西全力推进大气、水、土壤污染防治［N］．中国新闻网，2018－6－5.
② 数据来源于《2017年广西壮族自治区环境状况公报》。

在社会治理方面，广西创新出一系列治理新模式。其中最典型的就是在整县土地整治进程中，创出全国先进经验。广西"八山一水一分田"，人均耕地1.31亩，低于全国1.36亩的平均水平，而按照国务院批复同意的《全国高标准农田建设总体规划》，到2020年，广西要完成181.66万公顷高标准农田建设。从2012年开始，自治区国土资源厅和财政厅提出：以县（市、区）为单位，对县域内符合土地整治要求且未经整治的耕地予以立项，参照国家重大工程管理模式和要求，整体开展土地整治项目建设。广西在18个高标准基本农田示范县、3个基本农田示范区组织实施两期整县推进高标准基本农田土地整治重大工程项目489个，涉及10个设区市21个县。统计数字显示，截至2017年12月30日，广西第一期、第二期整县推进重大工程已全面完成项目建设任务。提高粮食产能25万吨，提高项目区耕地质量1~2等。例如，在北海市合浦县（见图4-2）的星岛湖镇珊瑚村，作为广西第二期整县推进土地整治面积最大、投资最多的重大工程项目，总投资8.67亿元，实施规模67.23万公顷，涉及合浦县12个乡镇95个行政村约36.75万人口，经过土地整治，该村现已成为"田成方、路成网、沟相连、绿满眼"的新型农村。自然资源部相关领导对广西土地整治工作成效表示充分肯定，评价"广西整县推进土地整治全国领先，经验值得推广"。

运营机制创新开始进入探索时期，初步成效显著。其中以南宁的水环境治理

图4-2　合浦县土地整治项目俯瞰图

资料来源：唐广生，范雁阳，张真强. 广西整县推进土地整治全国领先［N］. 广西日报，2018-8-10.

最为耀眼，实现了PPP模式的全国性创新。在《广西环境污染第三方治理实施细则》的推动下，排污权交易逐步提上日程，PPP模式、BOT模式（即建设—经营—移交）、BOO模式（即建设—拥有—经营）、BOOT模式（即建设—拥有—运营—移交）等依靠第三方治理模式逐步引入市场（见图4-3）。在南宁市，为了充分发挥专业的人做专业的事的精神，南宁市委、市政府聘请专业的交易顾问和技术顾问，借助外脑力量对竹排江上游植物园段（那考河）流域治理PPP项目的技术路线、交易结构、投资回报、绩效考核等核心边界条件进行优化设计，采用设计—建设—融资—经营（Design - Build - Finance - Operate，DBFO）的运作方式，按照"全线多断面考核、按效付费"的理念，建立长效机制，抓住主要矛盾，构建了"水质、水量、防洪"三合一绩效考核办法，政府依据绩效考核结果向项目公司付费。经过政府方和项目公司的共同努力，那考河由"纳污河"变身为湿地公园，水质状况及环境景观明显改善，项目的成功实践为河道治理类PPP项目探索出了可行的实施路径。该项目是南宁市首个PPP项目，是国内首个城市水环境流域综合治理和海绵城市结合的PPP项目，也是国内首个采用竞争性磋商方式采购社会资本的PPP项目，为其他地区治理模式的发展提供了创新性的意义。

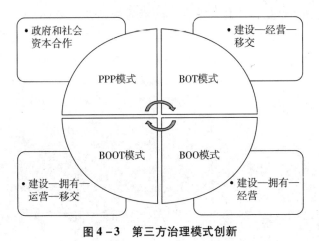

图4-3　第三方治理模式创新

第四节　建设美丽广西，改善乡村环境

党的十八大站在历史和全局的战略高度，提出"五位一体"总体布局战略，包括经济、政治、文化、社会和生态文明五大方面。自生态文明建设提出以来，广西以及全国各地持续推进绿色经济、低碳经济、循环经济，既要经济上的金山银山，又要生态上的绿水青山。广西作为西南民族地区的一个大的省份，为贯彻落实国家"创新、协调、绿色、开放、共享"理念，在生态文明建设上于2013年初提出建设"美丽广西"的乡村构想。开展"美丽广西"乡村建设活动，是自治区党委、政府贯彻中央建设"美丽中国"决策部署、实施绿色发展战略的重大举措。该设想着眼于乡村生态的建设，弥补了以往重视城市绿化、生态的改善，而忽视广大乡村地区生态建设的缺陷，为全国各省建设绿色乡村提供了重要借鉴。"美丽广西"构想分四个阶段实行，分别为清洁乡村、生态乡村、宜居乡村、幸福乡村，规划在八年内由浅入深、依次推进（见图4-4）。

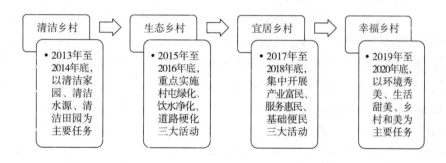

图4-4 "美丽广西"四阶段演变图

建设"美丽乡村"，改善农村人居环境是功在当代、利在千秋的事业，是一项长期、系统、内涵丰富的民生工程。说到底，推进"美丽乡村"建设就是要坚持以人为本，满足基层人们日益增长的物质、精神、文化、生活需求。"美丽广西"乡村建设活动坚持农民主体地位、尊重农民意愿、突出农村建设、弘扬传统文化的实践①，值得我们认真总结探讨学习。

一、建设清洁乡村，营造美丽氛围

2013～2014年为"清洁乡村"阶段。该阶段主要从环境综合整治入手，着力改善乡村生态环境，加强基础设施建设，努力实现乡村天长蓝、树长绿、水长清、地长净。"清洁乡村"以"清洁家园""清洁水源""清洁田园"为主要任

---

① 让更多的美丽乡村留住乡愁［N］. 光明日报，2015-10-31.

务（见图4-5），在乡村建立集垃圾分类、收集、转运和处理为一体的治理系统，并相应地形成长期垃圾清理监督机制；清淤治理乡村水井、下水沟、水塘，综合处理污水、废水；同时清收和处理各种农业生产废弃物，控制农药、化肥等过量使用，推行农业清洁技术，防治农业污染。

图4-5　清洁乡村三步走战略

典型案例一：

实行了一系列乡村整改措施后，南宁市各乡村环境大为改善，并且走出了一条独特的生态经济发展之路，为实现村民增收致富开辟了新道路。其中，特色旅游和生态旅游对增加村民收入的效果最为显著。在发展特色农业方面，八个无公害农产品生产基地如武鸣县小皇后柑桔专业合作社、府城思恩府葡萄专业合作社等发展迅速，收入可佳；生态旅游示范区——中国—东盟（南宁）现代农业园、武鸣县双桥镇、江南区扬美村和兴宁区三塘镇等发挥了很好的带头作用；不少地区以休闲度假基地为依托，打出了生态旅游的金字招牌。南宁市还广泛发展了"转作风，树新风"行动，使村庄面貌焕然一新，充满和谐文明宁静的气息。针对党员作风问题，南宁市围绕"群众路线"积极开展了"清洁乡村先锋行"活动，继续推进"万名干部入乡驻村"、各级领导干部"结一联五"活动，筑牢党的先锋队意识。注重解决贫困村党员干部缺乏干部意识、办事不积极不主动等作风问题，确保每个村庄的党员干部能有效发挥带头作用，进一步扩大党员干部规模，为群众实实在在解决难题，提高办事效率①。

典型案例二：

陆川县提出"保护母亲河，造福两广人民"的口号，集中全力治理九洲江流域养殖污染，保护当地生态环境。在实施了一系列力度大、要求严的政治措施后，九洲江流域生态环境综合治理取得了可喜的成绩。治理过程中，陆川县委、县政府出台并实施《陆川县畜牧业发展规划（2015—2025年）》《2015年陆川九洲江流域养殖场标准化改造和转型升级实施方案》，为九洲江流域污染治理提供坚实的法律后盾，严令禁止在九洲江重点支流开设污染严重的养殖场，对于现存

---

① "清洁乡村"有成效，"生态乡村"有方向［EB/OL］．南宁文明网，2014-9-1.

的严重污染养殖场，陆川县县委责令拆除整改。同时，陆川县还将生态文明与农户养殖相结合，鼓励农户开发新的绿色低碳养殖模式，大力推广高架桥生态养殖，黑膜沼气池、储液池、储粪屋等使用率大大提高。有120多家养殖场以"高架网床—雨污分流—粪尿分离"适度规模（500~1000头）养殖模式运作，共建成高架网床18.61万平方米，在治理了粪污染的同时，养殖场的经济效益也得到大幅提升。针对农业生产中可能出现的环境污染问题，陆川县县委制定了多环节、多样化的清洁技术方案，统一规模养殖场建设标准。施用化肥是土地污染的主要来源之一，为此陆川县积极推广有机肥，建设有机化肥厂，鼓励农户使用长效肥、控释肥等低碳农业生产技术，并通过补贴农户进一步改善生态环境、推动低碳经济长效发展①。

典型案例三：

罗城仫佬族自治县四把镇龙马村勇山屯积极响应"美丽广西·清洁乡村"活动的号召，切实推进"清洁家园、清洁水源、清洁田园"三项活动。首先，该屯开创性地制定了《村规民约》和《文明公约》，为其他乡村制定村约提供了良好示范。《村规民约》张贴在村前宣传栏上，内容涉及大力提倡本屯村民积极保护田园、田地，及时清理田园内的垃圾杂物等，时刻保持田园整洁；同时村民的生活垃圾也要按规定放到指定位置，不得随意堆放，不得将生活污水排到路面，不得随意抛撒任何垃圾，还有其他有损村容和环境卫生的行为。《村规民约》条理清晰，考虑全面，为村民养成良好的生活生产习惯提供了基本遵循。沼气池是现在农村大力推广的清洁技术之一，为保护生态环境，勇山屯几乎家家户户都建有沼气池，以汽代柴、以汽代电，节约了大量的电力和林木资源，在一定程度上缓解了燃煤、烧柴引起的大气污染②。

还有石头厂村、石井村等开发出治理农村垃圾的一整套完整体系，兴建了生活垃圾综合处理中心，让"垃圾围村"变为"清洁乡村"。其他多数自然村还积极组建了保洁员队伍，成立了清洁乡村自治组织，制定了清洁乡村村规民约。清洁家园、水源、田园，已经成为广大农村群众的自觉行动。此次活动不仅从理论上为强化生态文明建设奠定了坚实基础，更重要的是为全区村民营造了清洁美丽的生活、生产氛围，改善了乡村环境，提高了人民的生活质量。2014年底，清洁乡村活动完美收官。

---

① 张冠中．陆川九洲江流域养殖污染治理出成效［EB/OL］．玉林新闻网，2016-1-21．

② 林婉．罗城勇山屯：生态建设绘就美丽家园［EB/OL］．人民网广西频道，2016-1-8．

二、建设生态乡村，保障民生民心

党的十八大把生态文明建设作为一项历史任务，纳入了中国特色社会主义事业"五位一体"的总布局。建设生态文明是关系人民福祉、关乎民族未来的大计，是实现中华民族伟大复兴中国梦的重要内容。我们要按照尊重自然、顺应自然、保护自然的理念，贯彻节约资源和保护环境的基本国策，把生态文明建设融入经济建设、政治建设、文化建设、社会建设各方面和全过程，建设"美丽中国"。建设生态乡村是广西贯彻落实中央建设"美丽中国"的重要体现。

2015年1月起，"美丽广西"乡村建设活动转入第二个阶段——生态乡村建设。生态乡村建设是连接农业生产和农民生活的重要桥梁。它强调人与自然和谐共生，经济与生态统筹发展，既是一项民生工程，又是一项民心工程。该阶段以实施"村屯绿化""饮水净化""道路硬化"三大活动为主要任务，旨在改善农村人居环境，盘活农村资金，引导民间资本更多地向农村聚集，带动农村新业态发展，实现农民脱贫致富。

"村屯绿化"是整个生态乡村建设中最具决定性意义的环节。绿化覆盖面极为广泛，包括村庄道路、房屋前后绿化，建立防护林、护路林等，将生态绿化深入农村经济中，与特色小镇、农家乐等相结合，建设一批具有生态涵养功能的特色旅游庭院。"村屯绿化"在实践过程中形成了独有的运行机制（见图4-6）：

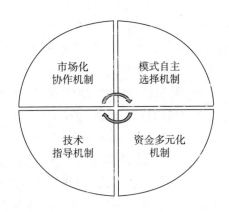

图4-6　"村屯绿化"运行机制

（1）市场化协作机制。自治区党委根据不同乡村的实际情况，遵循具体问题具体分析的方法论，针对各个村庄采取了各具特色的防护林、护路林的产权规划方案和绿化林管理协议。引入多类市场主体参与绿化林的建设，增加农民收入；同时在产权、林权明晰的前提下，按户明确绿化地、护宅林的责任分配和利益分配，激发了广大农民参与村屯绿化建设的积极性，也为绿化的永续发展奠定了良好基础。

（2）模式自主选择机制。各个村庄自然地理、历史文化等条件千差万别，政府鼓励各个村庄按照自身特色，打造量身定制的专属绿化模式。对于旅游资源相对丰富的乡村，适合将绿化和开发特色旅游项目相结合；对于历史文化底蕴深厚的乡村，应大力开发文化旅游项目，同时建设绿道、休闲步道等生态项目；对于绿化已相对较好的村庄，政府鼓励村民继续坚持走生态兴村的发展道路，创新绿化模式，完善现有模式不足。各地乡村借力优良的自然生态环境推出乡村生态游。以东兰县为例，2015 年接待游客 89.47 万人次，同比增长 17.86%；实现旅游收入 8.62 亿元，同比增长 18.9%（见图 4-7）。桂林市恭城瑶族自治县莲花镇红岩新村成为富裕生态家园新村示范点，马山县古寨瑶族乡本立村从"脏乱差"的贫困村变为一个"绿色村屯"。

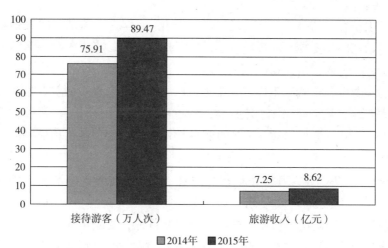

图 4-7 东兰县建设"生态乡村"旅游发展成效

资料来源：白玉俊. 河池旅游业发展提速 上半年接待上千万国内外游客［N］. 河池日报，2016-7-28.

（3）资金多元化机制。绿化不仅需要人力的支持，同时也离不开资金的支持，且是一项耗资巨大的工程，因此解决绿化资金来源问题是深入推进村屯绿化工作的重要之举。自治区政府开辟多元化的绿化资金筹措渠道，采用政府补助、村民自助筹款、银行贷款、民间投资等多种方式，引导社会力量参与到村屯绿化建设过程中，在鼓励村民积极踊跃投身绿化建设、增加农民收入、注入市场活力方面发挥巨大作用。

（4）技术指导机制。绿化技术指导包括前期栽培、后期养护两部分，为方便村民熟悉各项技术，自治区为各个村庄下发一系列技术指导相关文件和手册，并派专业人员下乡，对树苗的选择、种植、施工建设、绿化管理等方面进行系统培训，实地指导村民，为村民答疑解惑。例如，南宁、来宾等市举办了村屯绿化活动培训班，提供了针对性强、操作性强的技术指导。与此同时，自治区积极鼓励绿化工作中涌现出来的技术能手对当地村民进行培训，充分利用村民的地缘优势、人脉优势，提高技术推广实际效率。

目前，南宁市已认定 31 个市级生态综合示范村、32 个市级民俗民居示范村屯、13 个市级乡土特色示范村屯和 53 个市级示范性村史室，培育打造市级示范村屯最多。另外，2015 年以来，南宁市培育创建了 300 个市级"绿色村屯"，其中有 110 个村屯被评为广西"绿色村屯"。目前，南宁市创建的自治区级和市级"绿色村屯"在全区最多[①]。

建设生态乡村的第二大任务是"饮水净化"。作为"清洁水源"活动的延续和升级，饮水净化专项活动提出了明确的目标、任务，将力争通过 2 年左右的时间，让全区所有农村居民都能喝上干净水，让广大乡村群众过上富裕文明的美好生活。切实做好饮水安全工作，是维护最广大人民群众根本利益、落实科学发展观的基本要求，是全面建成小康社会、构建社会主义和谐社会的重要内容。保障饮水安全、净化自来水是建设生态乡村的题中之义。为保证工程顺利实施并取得明显成效，广西根据实际情况适当增加地方投资，共下达 2015 年农村饮水安全项目总投资 23.7 亿元，其中中央预算内资金 15.08 亿元、自治区本级配套资金 3.23 亿元、市县投资 5.39 亿元[②]（见图 4 - 8）。

"道路硬化"是农村基础设施建设的重要目标，要致富先修路，道路硬化活动是改善民生、凝聚民心的工程。首先，农村道路硬化可以改善村容村貌，方便村民出行；其次，整洁的农村道路也为当地农产品的运输提供了条件，加速道路基础设施建设，有利于农业生产的发展。绿色理念、生态理念始终贯穿每条道路的硬化建设。村庄道路建设非常注重保护原有生态环境，在选线时尽量依山就势，减少填挖和对山体的破坏。政府还鼓励有条件的村屯可结合"村屯绿化"活

①　熊春艳. 南宁：努力建设"城里人向往的农村"［J］. 当代广西，2018（9）：42 - 43.

②　陈露露，庞冠华. 生命之水：从"清洁"到"净化"［EB/OL］. 人民网，http：//gx. people. com. cn/n2/2017/1127/c384000 - 30968555. html，2017 - 11 - 27.

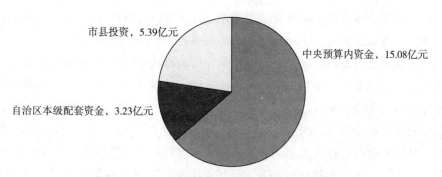

图4-8　2015年广西农村饮水安全项目投资组成

动，沿道路两旁种植既有观赏价值又有经济效益的林木果树，"绿属公共、果属群众"；既有效加固路基、保护路肩，又为道路沿线增加绿色。通过引入生态概念，将道路和自然环境有机结合，把道路建成行车安全、运输便利、路景相融的乡村生态路①。

典型案例一：

武鸣县在秸秆再利用方面形成了一套绿色生产体系。秸秆作为农作物废弃物，不仅有很高的经济价值，也有很高的生态价值，综合利用秸秆，使秸秆变废为宝是当下发展生态农业的重要途径。武鸣县城厢镇在当地建立了小皇后食用菌生产基地，并采取大棚养殖的方式，该生产基地还自创了一套专属的"秸秆—蘑菇—菇渣—蚯蚓"生态循环模式，使不起眼的农业废弃物垃圾——秸秆变成村民增收的法宝。据了解，玉米芯、甘蔗秆等都是小皇后食用菌生产基地的重要原料，该基地每年消耗的秸秆数量达数百吨，大大解决了秸秆回收再利用问题，减少了农民焚烧秸秆对大气造成的污染。小皇后食用菌基地仍在积极探索开发新的环保、绿色原料，废菇渣成为近年来该基地的新原料之一，还引进了蚯蚓种进行养殖。废弃秸秆其实是放错地方的资源。秸秆不仅可以拿来变废为宝发展相关养殖业，最常见的方式就是秸秆还田，能够增加土壤有机物含量，改善土层结构，提高土壤肥力。武鸣县农业生产较为发达，主要种植甘蔗等农作物，因此会产生大量甘蔗秆、茎叶，如果就地焚烧，会对大气、环境产生非常大的污染，探索创新低碳生产方式、采用低碳技术成为武鸣县发展农业的重要举措②。

---

①　邱宜钢. 美丽广西·生态乡村之道路硬化［EB/OL］. 广西新闻网—广西日报，http：//www. gx-news. com. cn/staticpages/20141115/newgx54668828 - 11606594. shtml，2014 - 11 - 15.

②　陈露露，庞冠华. 武鸣县清洁田园有妙方小小秸秆找"钱途"［EB/OL］. 人民网广西频道，ht-tp：//gx. people. com. cn/n/2015/1103/c353671 - 27005591. html，2015 - 11 - 3.

对于秸秆综合利用，除秸秆还田外，还可以利用粉碎机作为饲料，为推进秸秆饲料化，武鸣县将秸秆粉碎处理技术列入农业生产新技术的重点推广项目，组织专业人员专门研制粉碎机器，为推广蔗叶还田机械化综合利用技术，还建立了重点示范区，对提高蔗叶利用率和秸秆粉碎技术的推广产生巨大影响。针对村民可能存在由于粉碎机成本过高而不愿采纳的问题，该县广泛开展农机具购机补贴，鼓励农户蔗叶还田，从事低碳农业生产。农忙季节，武鸣县还派大量技术人员下乡对农户进行现场激素指导和技术培训，这使农业生产效率和废弃物再利用率大大提高，大量甘蔗秸秆归田对土壤增肥有利，同时可以提高甘蔗产量质量，既降低了农业生产成本，又增加了农民收入。

典型案例二：

六妙村是苍梧县点、线、面结合统筹推进生态乡村建设取得显著成效的一个缩影。自生态乡村建设以来，苍梧县以"因地制宜，突出重点，抓好全局，点、线、面整体发力"为指导思想，全面、深入推进生态乡村。在此过程中，苍梧县积极打造"生态乡村"精品示范点、示范镇，针对"道路硬化、村屯绿化、饮水净化"专项活动，六妙村还鼓励各个村庄成立自己的专属生态示范区。

各乡镇积极响应，组织集中处理垃圾，改善村容村貌，在村庄道路两旁、村民房前屋后种植绿化林、护宅林，道路改造、厕所革命等有序推进，建立排水、排污渠道，成立村民文化活动中心，丰富村民的精神生活，使该村成为环境优美、生态文明村庄的精品示范村，为其他村庄建设生态乡村提供了重要借鉴。发展生态旅游也是六妙村带领村民致富的一条新路。例如，六堡特色生态名镇和木双生态旅游精品小城镇发展日趋成熟，形成了独具特色的生态旅游路线。此外，苍梧县还划分了生态建设重点推进区域，包括辖区范围内的浔江、桂江、东安江沿岸和梧信公路、梧太公路、益湛铁路沿线，大力推进沿线公路、流域的环境污染治理，配备完善的垃圾处理设施，以发展农家乐为特色产业，促进生态与经济深度融合。该县的其他村镇，如旺甫镇、六堡镇、梨埠镇、木双镇、石桥镇、沙头镇沿线开辟了特色产业、六堡茶文化、农家乐乡村旅游和观光农业的新型发展模式；而岭脚镇、京南镇、狮寨镇沿线则根据当地实际情况重点发展生态农业①。

目前，各乡镇精品示范点纷纷建立，沿线特色产业与生态旅游观光也正在蓬勃发展，不断扩大辐射范围，苍梧县初步形成点、线、面三层立体经济生态体系，生态创新建设取得了傲人成绩。

---

① 苏梦椿. 苍梧县点线面结合推进生态乡村建设［EB/OL］. 人民网广西频道，http：//gx. people. com. cn/n2/2016/0108/c353645 - 27500134. html，2016 - 3 - 9.

典型案例三：

前文提到的勇山屯的绿化工作也做得相当出色。该屯积极响应"建设绿色村屯"行动，在屯道路两边、篮球场旁边、文化室旁边、河道两旁和村民的房前屋后随处可见绿树成荫，屯里还种植了桂花、洋紫荆、木棉等绿化大苗80株以及铁树、满天星等绿化花草。村支书还积极发动群众在本屯后山和村头种植桃树7000多株，让村屯周围的生态环境变得更加美丽宜人。此外，屯里还种了葡萄、核桃，既能美化环境，又能增加村民经济收入。勇山屯群众在追求绿色环境的同时，更注重追求绿色生活。农业生产方面，村民们常常自觉学习绿色生产低碳技术，减少化肥使用量，尽量使用农家肥、绿肥、粪肥，保护土地不受化学物质污染；同时，村民意识到农药的危害后积极推广病虫害综合防治技术，降低农药残留，做到绿色生产。勇山屯村民还有丰富多彩的业余生活，每到重大节日，该屯都会在文化室组织相关活动，不仅加强了村民之间的凝聚力，还丰富了村民的精神生活，让村民享受物质生活和精神生活的同步提高①。

广西生态乡村建设指标情况对比如图4-9所示。

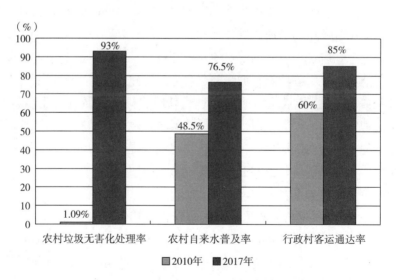

图4-9　广西生态乡村建设指标情况对比

董振国，何伟．广西：生态乡村建设让人"看得见美丽　记得住乡愁"[EB/OL]．人民网广西频道，http：//env.people.com.cn/n1/2017/0110/c1010-29011405.html，2017-1-9.

---

① 韦婕．勇山屯：建设生态村　绘就"桃花园"[EB/OL]．河池网，http：//news.hcwang.cn/news/2016111/news3877131452.html，2016-1-11.

三、建设宜居乡村，完善公共服务

宜居乡村活动是"美丽广西"乡村建设重大活动的第三阶段。2016 年 12 月以来，广西各地各部门认真贯彻落实习近平总书记视察广西重要讲话精神，在巩固提升清洁乡村、生态乡村活动基础上，全面推进宜居乡村建设，以"产业富民""服务惠民""基础便民"为主要内容，推动农村产业发展、提升农村公共服务水平、改善农村人居环境。

产业兴旺是乡村经济发展的不竭动力之源。要提高村民的生活水平和质量，最重要的还是发展产业，带动乡村经济。产业兴旺最大最直接的意义是解决就业和收入两大问题。产业兴旺发展了，农民收入提高了，就会更加重视生态环境问题，就能更好地保护和提升生态环境质量，促进生态宜居。全区各地在加快"宜居乡村"建设中，谋划以产业融合推动乡村振兴，走出了一条共建宜居乡村、推进产业致富的发展路子。广西积极响应中央供给侧结构性改革号召，改革农业产业结构，培育、催生新产业新业态，以农旅融合带动乡村旅游蓬勃发展，涌现出一批以南宁"美丽南方"、玉林"五彩田园"为代表的广西休闲农业与乡村旅游精品，实现农民收入持续增加。

在推进生态宜居过程中，不仅要使村民富裕起来，还要使农民享受高质量服务，为此，提高基层服务功能，加强基层服务机构建设显得尤为重要。推进乡村基本公共服务均等化、普惠化、便捷化，是新时代提高、保障和改善民生水平、推进国家治理体系和治理能力现代化的必然要求；也是坚持社会主义性质、走共同富裕道路的主要体现。加强乡村服务机构建设，提高农村服务水平，改革和完善相关制度，如社保制度、公共卫生制度、相关财政制度，有利于有效缩小城乡差距，使改革发展成果惠及全体人民。

"服务惠民"包括完善乡村医疗卫生、教育机构、社保、文化体育、政务服务中心等多个方面，经过一系列整改，村级就业、社保经办、教育助学、卫生健康、群众文化体育、法律六项服务覆盖率明显提高。例如，梧州市苍梧县梨埠镇华映村、防城港市港口区等建成了村民综合服务中心，所有涉农政务服务窗口全部前移到村，基本实现一指点通，行政办事效率大大提高。

建设宜居乡村，"基础便民"是关键一环，基础设施完善了，村民的生活质量提高了。持续统筹推进农村垃圾治理、道路通行、饮水安全、村屯特色、住房安全、能源利用六项工程（见图 4－10），大力改善农村生产生活条件。截至2018 年，宜居乡村活动在农村公路隐患整治、农村改厕改厨改圈、农村无害化卫生厕所普及方面基本完成目标任务。此外,农村饮水安全的不断巩固给更多村民的生产生活带来了极大便利;对于危房改造,自治区政府积极组织有关人员妥善安置贫困群众,满足村民的住房安全需求;全区村庄生活垃圾、生产废水、污水也得到有效治理。

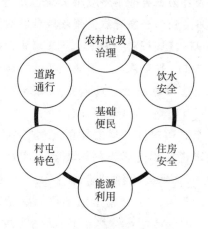

图 4-10 基础便民六大工程

当前网络技术迅速发展,农村普及互联网是国家推进农业、农村现代化的重要举措。为更好地便民利民,统筹推进数字乡村发展,让村民享受网络服务,广西积极实行农村互联网宽带普及政策,不仅为村民带来生活上的便利,畅游网络世界,同时还能为农业产业的发展提供更好的资源环境。通过网络,村民可以搜索最前沿的技术指导并应用于农业生产中,生活上的疑问也可得到有效解决。截至 2017 年 12 月底,全区 98% 的行政村实现了家家通宽带。

典型案例一:

合浦县石康镇在"美丽广西·宜居乡村"活动中的某些举措给其他村镇树立了先锋模范的榜样。该镇紧密围绕"产业富民、基础便民、服务惠民"三个主题,将合作社作为发展农村产业的纽带,鼓励村民积极加入合作社,发展集体经济,全村上下团结一致,为实现共同富裕目标努力;拓宽产业资金融资渠道,发动民间力量和社会力量广泛投资农村产业,并在争取上级资金和村民筹资上下功夫,以此带动农村产业的蓬勃发展,逐渐完善相关基础设施建设,如村庄道路、生产机器设备等。石康镇还努力为村民提供全面、细致的多种服务,通过开展帮扶、社保服务、医院进村义诊等便农活动,让村民感受到真真切切、近在身边的服务便利。为大力推动农村产业兴旺,带领村民致富,该镇发展了乡村特色景点和示范区，以水车村委老水车作为一大亮点发展生态旅游，不仅增加了村民收入，也改善了景点周围的环境卫生状况，原先的脏、乱、差现象已不复存在，村庄规划布局更加合理，通过在房前屋后建设特色小庭院，该镇独特的风土人情崭露无遗，人文建筑风格与村中自然环境风貌遥相呼应。小花园、小广场、路灯、街亭、灯光篮球场等作为配套设施也建设起来了，整个村庄风貌焕然一新。在发展农村经济方面，石康镇结合当地农业发展现状，成立农民专业合作社，团结群众发展经济，通过建果蔬大棚引领农业生产逐步走向规模化道路；该镇还努力发展绿色农业、低碳农业、循环农业，有效利用每一块土地，减少农药化肥使用量，推广有机肥等无公害绿色技术，既保护了生态环境又带动了农村经济的发展①。

　　1984 年，合浦县政府将豹狸村"缸瓦窑遗址"确定为合浦县文物保护单位。据考古研究，豹狸村龙窑遗址作为北海丝绸之路遗址的古村落之一，距今已有 1200 多年的历史。为进一步开发豹狸村旅游资源，县政府决定建设"龙窑古镇＋豹狸村新时代田园综合体"，在中房金石集团的融资帮扶下，以"党总支部＋合作社＋公司＋农户"的经济发展模式运作，大力发展产业经济，实现人与自然和谐共生，在发展生态旅游的同时带领全村发家致富，向摆脱贫困村迈向小康社会目标继续努力。对于古村落的文化挖掘，合浦县制定了以下方面的发展规划：一是尽量保留古屋结构牢固及外貌完整的装饰构件，还原原始风貌；二是修葺已经损毁或比较危险的房屋建筑；三是采用同时代其他建筑拆除下来的完整旧料替换损毁构件；四是保持该建筑原有的结构和体制；五是以豹狸村革命根据地历史文化为依托，大力弘扬传统文化，发挥文化对经济发展的积极推动作用，并完善道路交通等基础设施和修缮地下交通站旧址，通过建立革命纪念馆，弘扬爱国主义精神，将豹狸村打造成红色文化教育基地。同时，豹狸村 13 世纪古村落还可修缮成精品美丽乡村，体现其丰富的历史文化内涵，让更多游客了解并体会清隐士文化，感受传统文化的魅力②。

　　除豹狸村发扬红色文化建设美丽乡村外，大庄江村也通过开展环境卫生整治行动调动村民建设美丽村庄的积极性。通过开展土地平整项目、村屯绿化项目、服务惠民项目，美化环境，建设文化便民服务社和休闲娱乐平台，更好地为村民提供完善的公共服务，改善村民生活质量，同时该村也大力发展种植业带动相关产业发展，增加农民收入。村民在专家的免费技术指导与培训下，树苗种植技能

---

　　①② 陆威. 石康镇建设美丽宜居乡村初显成效［EB/OL］. 广西农业信息网，http：//www. gxny. gov. cn/xwdt/gxlb/bh/201812/t20181207_536116. html，2018－12－3.

得到显著提高，为解决树木市场销路狭窄问题，县政府为村民提供报价回收政策，维护农民的经济利益；合作社作为农业生产的重要角色，在种植发财树的种子、病虫防治、产品销售、信息服务等方面为群众提供全程服务，为大庄江村花卉业发展做出了巨大贡献。据悉，北海市已建成了最大的发财树种植基地，加入花卉合作社的农户超数十万，为农民带来相当可观的收入。全村的年收入位居全镇前列，使该村成为著名的"发财村"。

典型案例二：

2018 年以来，武鸣区积极贯彻落实"美丽武鸣·宜居乡村"活动精神，合理组织、精心安排三大专项活动的开展，在巩固提升"清洁乡村"和"生态乡村"的基础上，农村产业、基本公共服务水平、基础设施、自然和人文环境等方面的发展能力显著增强，使农民的生活幸福感指数不断提高。"美丽武鸣"建设过程取得了丰硕成果，广大乡村地区呈现出一片清洁美丽、合理布局、和谐统一、风景宜人的欣欣向荣景象。村里新建的文体活动中心常常挤满了村民，大家共同话家常、唱歌跳舞，日子过得幸福和美。各个村庄的生态环境和生活环境得到极大提升，生态宜居氛围浓厚①。

四、建设幸福乡村，实现共同富裕

幸福乡村是"美丽广西"乡村建设八年规划安排的第四阶段。2019 年以来，广西以"环境秀美""生活甜美""乡村和美"为主要任务，全面推进幸福乡村建设，稳定农民收入，改善农民生活水平，保持农村社会稳定，促进文化繁荣。本次活动以习近平新时代中国特色社会主义思想为指导，全面贯彻党的十九大和十九届二中、三中全会精神，深入贯彻习近平总书记关于广西工作的重要指示精神，坚持新发展理念，落实高质量发展要求，坚持"三农"工作"重中之重"地位，坚持农业农村优先发展，以实施乡村振兴战略为统领，统筹衔接脱贫攻坚、农村人居环境整治三年行动、乡村风貌提升三年行动、生态环境保护基础设施建设三年作战等重大工作，抓重点、补短板、强弱项，持续深入开展"美丽广西"乡村建设，切实推动广西农业强优、农村美丽、农民富裕成为当务之急，要确保广大农村地区到 2020 年与全国、全区同步全面建成小康社会②。

---

① 黄敬隆. 建设美丽生态乡村共享宜居幸福家园——武鸣区乡村建设成效显著［EB/OL］. 武鸣区人民政府门户网站，http：//wuming. nanning. gov. cn/yw/wmyw/t1608337. html，2019 – 2 – 18.

② "美丽广西·幸福乡村"活动指导意见［EB/OL］. 广西日报，http：//www. gxzf. gov. cn/sytt/20190121 – 732169. shtml，2019 – 1 – 21.

（1）开展"环境秀美"专项活动。广西在巩固清洁乡村、生态乡村、宜居乡村活动成果的基础上，重点推进"三治理"，即农村垃圾治理、农村污水治理、乡村风貌治理，并积极探索垃圾分类机制和资源再利用方案；政府组织相关村庄结合自身实际，积极开展农村生活垃圾分类处理机制和生产垃圾再利用机制；鼓励农村生活垃圾、畜禽养殖废弃物等资源化再利用，加大科研创新力度，深入推进农业低碳生产技术。同时建设一批回收网点，用积分、换购、以旧换新等方式对村民进行补贴，群众参与垃圾分类收集的积极性大大提高。改善农村人居环境，建设秀美乡村是一项艰巨的任务，需要乡村团结各种力量，充分调动全村上下积极性，发挥村民主体作用，发挥党员先锋模范作用，还要注重落实整治工作任务。2019年1月，广西与相关牵头单位梳理了农村人居环境整治三年行动、乡村风貌提升三年行动、"美丽广西·幸福乡村"活动三年工作方案，进一步明确责任单位，并向全区印发工作任务清单，落实全区农村人居环境整治2019年度项目计划和资金安排。

（2）开展"生活甜美"专项活动。产业兴旺、产业富民在前期取得重大成果进展，在此基础上，政府通过引入多类市场主体，大力推动农村资源变资产、资金变股金、农民变股东改革试点，盘活农村"三资"（资源、资产、资金），激活农民"三权"（土地承包经营权、住房财产权、集体收益分配权）（见图4-11），进一步推动农村产业结构调整，解放和发展农村生产力，开辟农业强、农村美、农民富的新路径。目前，"生活甜美"专项活动清产核资工作顺利展开并取得初步成效，截至2019年3月底，全区累计20余万个单位完成清产核资工作。自治区级试点迈向新台阶，14个自治区级试点单位已全部完成村组资产清产核资工作，已进入集体组织成员登记确认阶段。

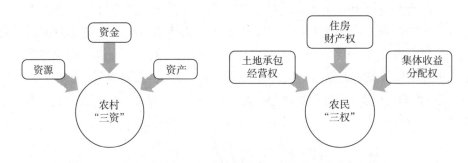

图4-11　"生活甜美"改革农村示意图

（3）开展"乡村和美"专项活动。在宜居乡村阶段，农村基本公共服务水平得到极大提高与改善,在此基础上,各个乡村重点开展"三创建",即文明村镇创建、公共文化创建、平安乡村创建(见图4-12)。当前建立村级公共服务中心是继续深入推进乡村文明建设的重要体现,村组服务能力增强有利于乡村其他各项活动的顺利开展。发展乡村除体现在经济繁荣、生活富裕上,在满足人民物质需求的同时,大力发展文化事业、文化产业,建设文明乡村成为丰富人民精神生活的重要组成部分。自治区委积极组织文化下乡活动,坚持以人民为中心的创作导向,并鼓励不同乡村结合自身特色文化,弘扬农村地方深厚历史文化,将文化与旅游相融合,发挥文化对经济的积极推动作用。针对乡村安全问题,广西通过制定、出台相关条例和政策,组织乡村组建治安管理队伍,时刻巡查乡村情况,保证村民人身安全以及财产安全。目前农村老年人留守问题亟待解决,为加强对老年人的深度关怀,各村成立了专门的慰问小组,定期看望、照顾留守老人,提供精神慰藉,同时在硬件方面,组织乡村完善养老服务机构设施,进一步增强服务能力。乡村贫困是建设乡村和美道路上的绊脚石,为帮助村民摆脱贫困,广西设立专项资金,对全区的深度贫困县进行帮扶、补贴,关爱留守儿童,贯彻国家坚决消除绝对贫困的政策。

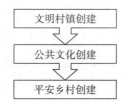

图4-12　乡村和美"三创建"

典型案例:

那阳镇坚持一切从实际出发,从"创新亮点、以点带面,多措并举、稳步提升"入手,建设美丽那阳、宜居那阳,经过一系列整改措施,那阳镇的生态、生活、生产环境显著改善,人民的生活质量更上一层楼。为加强"幸福乡村"宣传力度,那阳县运用板报、横额、电子荧屏、发放宣传单、文艺演出等多种形式向群众传达其深刻含义,人民群众的积极性得到很好的调动。

由于当前那阳镇环境污染问题较突出,各村委(社区)在收到上级命令后全力整治乡村污染,严令禁止随意倾倒垃圾、焚烧垃圾、乱排生活污水废水,集中管理农贸市场秩序。为更好地处理农村生活污水,那阳镇区通过了污水厂、上茶村委、宝华村委三个农村生活污水处理项目，以科学方式促进生活污水的处理和整治。秸秆有极高的再利用价值，为提升村民的环保意识，科学合理综合利用秸秆，那阳镇村干部不断加大秸秆焚烧的巡查和惩罚力度，杜绝秸秆焚烧乱象，在道路配合开展抑尘作业，切实保护大气环境、防治大气污染。通过制定"河长制"落实镇级和村级河长常态化巡查，进一步加强水体污染管理体系建设。对于秸秆等农业废弃物，那阳镇出台了废旧农资回收利用政策，减少由于随意丢弃农业废弃物引起的垃圾污染。2019 年上半年，人居环境大整治行动累计次数达八次，生活、生产垃圾、农业废弃物等达百吨，建成指定砾石堆放场所 20 多个。通过河道环境专项大整治等行动，河道垃圾得到全面治理，河道环境不再脏、乱、差。建设美丽乡村的主体是广大人民群众，该镇在各个村庄进行前期调查的基础上，倾听来自多方的群众声音，从而使群众积极主动地融入乡村风貌的建设和提升活动中来，切实解决实际问题，切实做到令广大人民群众满意。2019 年那阳镇共建成 10 个基本整治型村屯，其中设施完善型 7 个。上茶村、九吉岭屯为试点典型代表，其他试点也在稳步建设中。那阳通过开发试点、以点带线、以现代化推进幸福乡村建设，在乡村风貌上形成了独具特色的"那阳样板"，为其他地区提供了宝贵的借鉴经验①。

"美丽广西"乡村建设活动自始至终贯穿强烈的绿色发展理念，而且已经实实在在走出一条建设社会主义生态型新农村成功之路，抓住了乡村建设中几个关键点——产业、环境和农民。抓住这三点的同时又进行制度创新，建立资金保障机制，完善法律保障机制，创新管理方法，从而在短时间内实现多重效益。广西全面贯彻落实党的十九大精神和习近平总书记对广西工作的重要指示精神，牢固树立"绿水青山就是金山银山""广西生态优势金不换"的理念，坚持农业农村优先发展，按照产业兴旺、生态宜居、乡风文明、治理有效、生活富裕的总要求，大力实施乡村振兴战略，持续深入推进"美丽广西"乡村建设，不断拓展内容和丰富内涵，大力打造"美丽广西"乡村建设升级版②。

---

① 陈欢，陈小琼. 横县那阳镇：掀起环境整治高潮，夯实乡村振兴基础 [EB/OL]. 新浪广西，http：//gx. sina. com. cn/city/2018 - 04 - 27/city - ifztkpip2619449. shtml，2018 - 4 - 27.

② 曾业松. 贯穿绿色发展理念 [EB/OL]. 光明日报，http：//www. xinhuanet. com/politics/2015 - 10/31/c_128377946. htm，2015 - 10 - 31.

第五节　创新生态立法，保障绿色发展

为提高人民幸福指数和综合整治环境污染、生态破坏，党的十八大以来，我国制定出台了推进生态文明建设的"组合拳"：修订实施被称为"有牙齿"的史上最严《环境保护法》，制定印发《中共中央国务院关于加快推进生态文明建设的意见》，正式把习近平总书记提出的"绿水青山就是金山银山"的"两山"理念作为加快推进生态文明建设的重要指导思想，贯彻我国"节约资源""保护环境"基本国策，把环境保护和生态文明建设纳入法治化、制度化、系统化、常态化的轨道。

良法善治，立法先行。党的十八大以来，自治区常委会深度贯彻中央精神，把生态文明建设立法作为地方立法的重点领域，充分发挥人大在立法工作中的主导作用，在已有环保立法的基础之上，抓紧制定和完善与国家法律相配套、与生态文明建设实践相适应、具有广西特点的地方性法规。自生态文明建设提出以来，广西相继出台了一系列凸显绿色发展理念的地方性法规和条例，内容覆盖全面，积极调动社会各方力量参与生态文明建设，对不合理、非法排污企业和单位实行严厉处罚，加大执法力度，为经济社会可持续发展提供了有力的法制保障。

回顾广西生态文明建设立法之路，不难归纳出以下特点：

一、以立法守护蓝天绿水青山

广西工业制造企业众多，环境污染始终是人民群众最关切的问题，是制约绿色发展、低碳发展、循环发展的短板。2015 年，自治区人大常委会确定生态立法计划，其中环境保护方面的法规占了相当大的比重。在这些法规当中，《广西壮族自治区巴马盘阳河流域生态环境保护条例》是一部重头戏，尤为引人注目。广西为巴马长寿乡的母亲河——盘阳河流域立法，是为生态文明建设提供严密法律保障的重要举措，这是广西具有标杆性意义的一部保护生态环境的地方性法规。根据 2015 年 3 月新修订的《立法法》规定，广西除了原有的自治区一级和首府南宁市一级有制定地方性法规和规章的立法权，以及民族自治县可制定自治条例和单行条例，各个设区的市也享有立法权，可以制定地方性法规和规章，其中包括环境保护方面的规章。地方立法，可参考该法的相关规定，结合本地实际情况，加强地方立法对保护当地生态的针对性、可操作性、地域性、民族性（见图 4 – 13），推进科学立法、民主立法，提高立法质量，做到"一河一条例，一山一法规"，使广西的生态环境依法管理更加精细化、特色化①。

图 4 – 13 地方立法的特性

在建设"清洁乡村"过程中，2016 年 7 月 1 日起，《广西乡村清洁条例》（以下简称《条例》）正式实施。这是广西首次启动乡村清洁立法工作，标志着广西的乡村建设开始迈入法制化轨道。《条例》实施后，对农村生产、生活废弃物、垃圾污水废水的处理，对田园环境的治理统统纳入执法部门的检查范围内，使城乡清洁工作初见成效。

二、以立法推进资源节约利用

随着自治区经济的快速发展，能源资源的负面影响越来越突出。减少化石能源使用量，推广清洁能源，开发可再生能源，不仅关系到生态文明的建设与保护，而且对促进自治区经济可持续发展具有重要意义。广西水资源总量丰富，但由于降水季节分配不均，节水问题依然存在。2017 年 1 月 18 日，广西壮族自治区第十二届人民代表大会第四次会议审议通过了《广西壮族自治区饮用水水源保护条例》，将饮水安全、节约用水纳入法制化、规范化轨道。条例旨在全面落实最严格的水资源管理制度，对用水总量以及水源质量进行严格监督与管理，同时完善水价制定机制，多措并举，深入推进节水型社会建设。随着城镇化进程加快，城市建设占用了大量土地资源，发展绿色城市、合理使用土地成为大势所趋。自治区先后出台了一系列关于土地资源利用、农村土地流转规定等法律和条

---

① 成言. 地方法规呵护生态广西 ［EB/OL］. 广西日报, http：//opinion. gxnews. com. cn/staticpages/20150724/newgx55b16aea – 13243879. shtml？pcview＝1，2015 – 7 – 27.

例,将管理土地提升到法律层面,加大非法占用耕地、土地污染等行为的处罚力度;同时,为促进农村经济发展,政府鼓励村民积极参与土地流转,增加土地规模效益,大力推广农业低碳技术,减少农业生产过程中的土地污染,如禁止焚烧秸秆,将秸秆发酵化为沼气,增强秸秆再利用率;减少化肥使用量,科学施肥,推广测土配方肥、长效肥、控释肥等,使用农家肥、绿肥提高土壤肥力,减少化学物质对土壤的污染。开发利用太阳能、风能等新能源,是解决广西能源资源造成的环境问题的有效途径。自治区政府为促进区域能源结构调整和新能源产业的健康有序发展,在"十二五"规划、"十三五"规划中多次提及能源资源合理使用问题,提倡合理开发有色金属、矿产资源,积极研发无污染新能源,提高资源使用率,摒弃"先污染,后治理"老路,将生态文明建设融合到经济发展中,继续推广清洁能源的使用。

为更好地开发和合理使用资源,自治区人大常委会主任会议提出:发展新型墙体材料可以节约能源、保护土地和生态环境,改善居住条件,有利于解决产业层次低下粗放,耗能、毁地、污染环境的突出矛盾和问题。此外,自治区人民政府 2007 年颁布实施《广西实施〈中华人民共和国节约能源法〉办法》,对广西实现资源节约型和环境友好型发展起到积极的规范和引导作用。

三、以立法促进循环经济发展

发展循环经济是缓解资源约束矛盾的根本出路,是从根本上减轻环境污染的有效途径,是转变经济增长方式和提高经济效益的重要措施。近年来,广西在重点企业、重点行业以及相关工业园区,积极推进发展循环经济项目,借助这些示范项目的经验,以点带面地指导和推动其他行业的循环经济发展。自治区积极探索新经济发展模式,在循环经济发展和推广新能源、节约资源等方面取得初步成效,但也存在着根深蒂固的不足与缺陷,亟待通过地方立法、规范生产活动,解决发展中遇到的一系列难题。广西是中国西南地区人口众多、资源丰富的省份,但经济发展水平并不高,没有完全发挥资源优势,农业、工业等仍有很大的发展空间,尤其在发展循环经济方面有巨大潜力。但如果仅靠国家层面的《循环经济促进法》在广西的实施很难促进广西结合自身特色发展循环经济,因此我们需要一部明确的、操作性强的地方性法律,如《广西壮族自治区循环经济促进条例》等类似的地方性法律。

为促进循环经济发展,广西根据《中华人民共和国清洁生产促进法》及国家发改委、环保总局发布的《清洁生产审核暂行办法》,结合本区实际情况先后制定了《广西壮族自治区清洁生产审核实施细则（暂行）》《清洁生产验收办法》（见图4-14），全面审核全区生产工作。清洁生产在减少环境污染、降低生产成本、增加竞争力方面发挥巨大效应，部分企业已经享受到清洁生产带来的红利。如桂林燕京漓泉啤酒有限公司通过采取调整工艺、改造提升设备水平、强化管理等清洁生产措施，生产效率得到提高，降低煤炭资源消耗，大大减少了生产过程中污染排放，使公司每年降低生产成本1.37亿元，公司市场竞争力增强。此外，广西还鼓励有色金属冶炼、化工等有关企业采用清洁技术进行生产，贯彻"两山"理念，为广西发展低碳经济、循环经济做贡献。

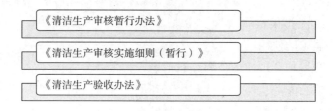

图4-14 广西生态立法部分法律示意

法律是红线，法治是底线。生态环境是我们及子子孙孙赖以生存和发展的依托，也是广西发展的核心竞争力。注重广西区情，注重广西边疆民族特色，加强地方生态法规的立法执法，将对广西生态文明起到重要推动作用，通过实施"生态立区、生态兴区、生态强区"战略，广西开创一条独具壮乡特色的绿色发展之路。

第六节 打造"绿色银行"，助力精准扶贫

广西是林业大省，是全国重要的木材生产基地，素有"八山一水一分田"之称，自然条件优越、森林资源丰富、生态环境优良，发展林业有资源、有优势、有基础、有潜力、有后劲（见图4-15）。近年来，广西深入实施"绿满八桂"造林绿化工程、村屯绿化专项行动等一系列重点造林工程，森林资源快速增长。但是，位于云桂黔三省接壤处、云贵高原与广西丘陵的接壤地带，是桂西北石漠化山区，该地区有较多的贫困县。同时大山深处是森林发育的绝佳地带，这

些地区有着丰富的林业资源,森林面积广阔,拥有发展林业的先天优势。要助力广西壮族自治区脱贫,可以因地制宜地进行开发,坚持林业产业扶贫与林业生态扶贫有机结合,坚持林业生态效益、经济效益和社会效益协调发展。大力推进广西壮族自治区林业发展。

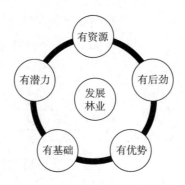

图4-15 广西发展林业的特点

精准脱贫是相对粗放脱贫而言的,它结合不同地区的实际情况,制定适合科学合理的方案,对帮扶对象实施精准脱贫。发展林业产业对带动当地经济发展有重要作用,林业产业有覆盖范围广、产业链长、增加就业等重要作用。林业还包括花草树木的培育工作,能极大带动就业,解决贫困区村民生活收入问题。林木加工、造纸和森林食品加工等是林业发展的附加产业,有很大的延伸性和拓展性,因此,林业产业的发展有利于带动经济发展,为精准扶贫贡献力量。所以,广西精准脱贫可以发挥当地林业资源优势,大力发展林业,打造"绿色银行",将林业与助力精准脱贫融合,共同促进广西经济发展。

一、科学指导脱贫工作,助力精准扶贫

自治区各部门全面贯彻落实党中央、国务院和省委、省政府关于坚决打赢脱贫攻坚战的决策部署,牢固树立创新、协调、绿色、开放、共享的发展理念,坚持发展林业带动当地经济发展,发挥林业在精准扶贫过程中的重要作用,培育特色产业,在保护生态环境的同时,发展生态经济,解决贫困难题。

广西不断加大生态保护扶贫力度,落实项目扶持政策,增加就业岗位,让有条件的贫困村和贫困户都能从产业发展和生态保护中获益。广西的植树造林面积、森林覆盖率、林业产业总产值都位居全国前列。以林业带动贫困人口脱贫成为全国林业生态扶贫、全区行业扶贫的先进典型，且效果显著。在发展林业的同时，"十三五"期间，政府重点组织开展林业科技成果转移转化、林业科技扶贫开发攻坚示范点创建、林业科技特派员创业、乡土技术能手培养、林业优势产业壮大、林业科技服务水平提升六大专项行动（见图4-16）。由于贫困区村民对林业相关技术不熟悉，组派技术人员下乡对深入推动林业带动就业有重要意义，能够增强村民对树木培育的了解；开设的技术培训班向村民宣传森林知识，发放有关资料，培育了一批乡土专家和技术能手，以村为单位组建林业专业队，承接林业有关项目，发展地方特色经济、林下经济和其他多种经营项目。

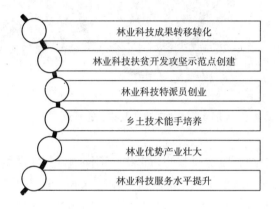

图4-16　发展林业六项行动

二、增加村民就业收入，拉动经济发展

自治区林业部门长期以来积极推广生态经济兼优树种，扩大种植规模，提倡形成具有区域优势的生态经济型林业产业，如以桉树、松树、任豆、竹子等为主的速丰林产业，以八角、板栗、核桃等为主的经济林产业。同时，政府鼓励大力发展林纸、林浆、林化等林产工业，以退耕还林工程为契机扩建或新建林产工业企业，为退耕还林生产出的原料产品提供了更为广阔的加工市场。

政府还积极鼓励发展良种经济林，鼓励新品种、优良树种的培育，扶贫项目优先采用良种树种，促进良种培育的同时提高单位面积产量，提升产品品质，带动贫困户增收。支持贫困村建立特色经济林基地，发展特色林产品系列加工；发展林下经济，通过积极提供优良的经济作物、中药材、食用菌和技术服务，鼓励有条件的贫困村和贫困户结合森林经营管护和抚育，发展林下特色种植、养殖和食用、药用菌类培植。充分利用林下条件和林间多种生物资源，开展森林食品、保健品的采集业，多方面增收脱贫。通过开展一系列林业产业活动，贫困县农户收入明显增加，生活质量得到改善，生活水平明显提高。

三、加快发展森林旅游，激发村民创新

森林旅游是广西产业融合发展的一个成功例子，为推进广西现代林业发展和旅游业升级转型提供了强劲动力。发展森林旅游，可以增加农民就业机会，促进农民增收，让村民不离乡、不离土便可发家致富，具有"一业兴百业旺"的效果。近年来，自治区政府不断加强乡村旅游精准扶贫，加快旅游产业发展，通过规划引导、资金投入、金融支持、培训宣传力度稳步推进森林旅游业快速发展，并完善相关配套设施，带动贫困人口就业创业，引领村民走向共同富裕。在大力发展森林生态旅游的大背景下，创新森林资源生态化保护开发富民新模式。实现经济与生态深度融合，建立生态示范点和生态区。借鉴自然保护区、森林公园、湿地公园、旅游漫步道建设等森林景观，鼓励贫困村和贫困户开展休闲和健康养生旅游活动，并通过整合优势资源、挖掘文化内涵、完善基础设施、发展形式多样的森林生态旅游，不断推动林特产品旅游化（见图4-17）。

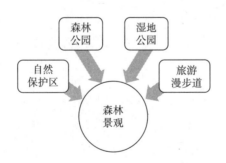

图4-17　林特产品旅游化开发图

经过近几年的发展，广西森林旅游已取得初步成效。有上林县大丰镇下水源庄、南宁凤凰谷景区、钦州市三十六曲森林公园林湖休闲世界、阳朔县大源林场、贺州市月湾茶园五家单位被列入"森林人家"试点单位，以上试点充分利用森林生态资源和乡土特色产品优势，将生态森林资源与乡村特色相融合，为游客提供吃、住、娱等服务的健康休闲型旅游产品。

"山清水秀生态美"是广西名扬四海的"金字招牌"。习近平总书记在广西视察时指出，"广西生态优势金不换"。全区林业部门不断加大贫困地区生态旅游项目和旅游基础设施建设投入力度，积极推进旅游扶贫示范村建设，组织培训生态旅游产业从业人员，以生态林业发展助力精准脱贫，有效地促进了农村贫困人口参加林业建设，增加了村民收入。

第五章 新时代广西践行"两山"理念的典型案例

第一节 精准扶贫篇——以扶贫助力改善村民生活

一、背景

（一）背景简介

广西壮族自治区位于中国的西部，位于中国华南地区，东临广东，南靠北部湾并与海南隔海相望，西与云南接壤，西南与越南接壤。由于广西位处我国边境地带，并受到历史因素制约，其经济状况一直处于我国中下游阶段。由于广西经济实力不强，且伴随着区域经济发展不平衡、城乡收入差距等情况，因此广西拥有大量的贫困人口。党的十八大以来，脱贫攻坚作为全面建成小康社会的底线目标和标志性指标，被纳入"五位一体"的总体布局和"四个全面"战略布局，确立了到2020年现行标准下的贫困人口实现脱贫，贫困县全部"摘帽"，消除区域性整体贫困的目标。由此，广西必须实施精准扶贫战略。精准扶贫战略与粗放式扶贫相对，指的是针对不同的区域、不同的环境、不同的农户情况，运用科学有效的方式精准识别、精确帮扶、精确管理的一种新型扶贫方式。精准扶贫可以精确识别出贫困户并给予其适当的帮助，是极其适合广西的一种扶贫方式。

贫困是一种综合的、复杂的社会经济状况，是广西、我国乃至全世界发展所面临的一项巨大难题。广西壮族自治区党委、区政府一直以来都将解决贫困这项工作，作为政府的一项重大议程。时经多年，广西探索出了一条属于自己的扶贫路线，在不同的时期，采取不同的措施。

（二）历史发展轨迹

第一阶段是改革推动式扶贫阶段（1978～1985年）。这一阶段的目标是在包产到户、包干到户的基础上逐步实施家庭年产责任制，不断刺激农村的经济发展，不断加强农村经济活力，推动乡镇企业的发展，加大对贫困地区的资金投放力度。1984年广西下发了《关于支援最贫困公社发展生产的通知》，对以往扶贫工作中不管贫困地区差异、统一分配使用扶贫资金和扶贫物资的不当做法及时进行了纠正，彻底抛弃传统平均分配的低效举措，对重点贫困地区和贫困人口采取重点扶持和优先扶持举措①。在扶贫策略的推动下，广西区内尚未解决温饱问题的贫困人口从2000万下降至1500万，农村贫困发生率从70%下降至44%②。

第二阶段是规模开发式扶贫阶段（1986～1993年）。该阶段的主要工作包括：一是根据市场需求，结合贫困地区的经营能力，基于种植业和养殖业，辐射带动发展其他产业，根据农户特征进行统一管理服务，秉承互助互惠的发展理念，建立了一批以林、果、蔗为主的多种经营基地。二是以种养为主要原料，投入扶贫资金兴办工业项目和乡镇企业项目。三是集中力量抓好扶贫地区基础设施建设，改善贫困地区群众的生产生活条件。四是以扶贫为责任，积极兴办扶贫经济实体。五是以科技项目为载体，积极推广良种良法。六是加大专项扶贫资金投入力度③。

第三阶段是重点突破式扶贫阶段（1994～2000年）。该阶段的目标是明确力量攻坚扶贫。根据1994年国家颁布的"国家八七扶贫攻坚计划"，明确提出集中力量进行扶贫攻坚，到20世纪末基本解决我国农村群众的温饱问题。因此，广西也采取了一系列有利于贫困地区发展的重要举措，这些举措很好地处理了当时的贫困问题。一是通过组织贫困地区劳务输出，对石山地区部分贫困群众进行异地安置，加快贫困地区特别是石山地区贫困群众解决温饱问题的进程。二是在进行深入调查和广泛征求意见的基础上，在广西全区范围内集中力量对28个国家级贫困县制定扶贫攻坚项目规划，建立扶贫项目库，并根据当时的扶贫攻坚情况严格落实扶贫攻坚责任制。三是不断增加对贫困地区扶贫开发的资金投入，同时积极引进外资扶贫。四是进入扶贫攻坚阶段以后，广西积极开展社会扶贫，组织广西区内一些先富发达地区和区外一些相对富裕的省区对口支援贫困地区发展，

---

① 参见广西壮族自治区人民政府办公厅1984年发布的《关于支援最贫困公社发展生产的通知》。

②③ 中国农村扶贫开发概要［EB/OL］. 中央政府门户网站，http://www.gov.cn/zwhd/ft2/20061117/content_447141.htm, 2006 – 11 – 19.

广泛动员社会各界力量参与扶贫，并严格按照中央扶贫办对扶贫开发工作的相关决策部署，积极、主动配合广东做好帮扶广西的工作。1993～2000年，广西全区未解决温饱问题的农村贫困人口由800万减少到150万，贫困发生率也从1993年的21.3%降低到2000年的3.8%①。

第四阶段是多元参与式扶贫阶段（2001～2013年）。该阶段国家的扶贫重心从贫困县到贫困村，广西壮族自治区党委、区政府制定了新时期广西扶贫开发工作的目标任务；确定了扶贫开发对象，包括未解决温饱问题的农村人口150万和农村低收入人群650万。针对区内贫困人口大分散、小集中的实际，自治区党委、区政府对扶贫方式及时进行了调整，把扶贫工作重心下移到村一级，确立了4060个扶贫开发重点村，以整村推进的方式进行科学规划、分批推进，同时把异地安置作为广西全区扶贫开发工作的重点区域。总的来说，2001～2013年，广西把28个国家扶贫开发重点县和4060个贫困村作为广西全区扶贫开发的主战场，以农村未解决温饱问题的贫困人口和低收入相对贫困人口为扶贫对象，以贫困村规划为基础，以产业开发、基础设施建设和提高劳动者素质为重点，不断加大资金投入力度，出台优惠政策，创新扶贫工作机制，使广西扶贫工作取得显著成效。

第五阶段是新时代精准扶贫阶段（2014年至今）。2013年11月，习近平在湘西自治州调研扶贫首次明确提出精准扶贫的战略思想。2014年1月，中共中央办公厅、国务院办公厅印发了《关于创新机制扎实推进农村扶贫开发工作的意见》，明确提出要建立精准扶贫工作机制。2014年5月，国务院扶贫开发领导小组办公室等部门下发了《关于印发〈建立精准扶贫工作机制实施方案〉的通知》，进一步明确了精准扶贫工作的目标任务。2014年，广西开始在全区开展精准扶贫开发工作。在广西全区上下的共同努力下，扶贫开发工作取得了很大的成效。但是也应清醒地看到，截至2015年底，在广西111个县（市、区）中，有105个县（市、区）有扶贫开发工作任务，其中有54个贫困县——国家扶贫开发工作重点县、33个滇桂黔石漠化片区县，而在这33个滇桂黔石漠化片区县中，又有20个属于广西深度贫困县。针对这种情况，广西壮族自治区党委、区政府强调新时代的扶贫开发工作务必做到精准识别、精准帮扶、精准管理、精准考核。2016年广西实现贫困人口脱贫111万，脱贫人数排全国第一位；减贫速度为25%，排全国第二位；全年实现943个贫困村、4个贫困县脱贫摘帽。2017年，

———————————
①　中国农村扶贫开发概要［EB/OL］. 中央政府门户网站，http://www.gov.cn/zwhd/ft2/20061117/content_447141.htm，2006－11－19.

广西新增脱贫人口 95 万，实现 1056 个贫困村、7 个贫困县脱贫摘帽。2018 年，全区实现 116 万建档立卡贫困人口脱贫、1452 个贫困村出列、14 个贫困县脱贫摘帽，农村贫困发生率降至 3.7%[①]。

（三）践行"两山"理念之前面临的问题

虽说改革开放以来，广西区内扶贫取得了巨大的成就，而精准扶贫的政策更使广西区内贫困人数再次大幅减少，但由于广西经济基础较差，生态环境较为薄弱，高素质人才较少等宏观因素，广西区内的扶贫压力仍然很大。同时，广西扶贫也面临着许多问题：

（1）贫困村集体经济十分薄弱，完成集体脱贫的难度相当大。广西区内许多贫困的村落由于地理生态环境薄弱，如河池市的罗城仫佬族自治县，耕地稀缺，缺乏水源，可耕旱地极其稀少，集体经济完全空白。

（2）贫困县财政收入趋于紧张，地方债务规模大，这主要是由于当地缺乏实体经济的支撑，缺乏大型企业的税收支撑，且房地产产业受到国家宏观政策管控，因此贫困县出让土地的收入不断减少，进一步导致了当地财政收入的紧张。在此背景下中央将进一步减税降费、全面清理规范政府性基金、大幅降低企业税费负担。在此背景下，非税收入占比过高会使县财政可能继续吃紧，进而影响精准扶贫的持续投入。如百色市的田阳县，近两年财政收入同比增速下降较快，2016 年仅为 0.53%，且非税收入占比居高不下，2016 年达 49.43%[②]，其中，政府性基金收入约占非税收入的 3/4。

（3）扶贫支撑产业带动性还不强。广西区内许多贫困县、贫困村的主要脱贫方式是外出劳务，但由于自身缺乏专业的技术，以及当今宏观经济增速的放缓、外出劳务的机会减少、收入不稳定等因素，并不利于贫困户脱贫。因此贫困户参加培训的愿望强烈，很多都希望学有一技之长，但现有培训项目覆盖面不宽、针对性不强，促进就业的效果不明显。如崇左市的龙州县，坚果加工业、特色种养业、旅游扶贫产业普遍规模较小，缺少有影响力、带动作用强的龙头企业，对贫困户脱贫致富的支撑作用有限。

（4）贫困户自身脱贫意识不强，过度依赖社会保障制度。现如今我国社保制度较为完善，基本可以满足贫困人口最基本的生活支出，但同时有许多贫困户自身劳作意识不强，安于现状，坐等干部的帮扶，认为国家扶贫力度的增大可以获得更多补助、更大的实惠而不愿意发挥自身的主观能动性，摆脱贫困的内生动

① 广西改革发展研究编委会. 广西改革发展研究［M］. 南宁：广西人民出版社，2016.

② 皮小明. 广西实施精准扶贫中存在的问题和对策建议［J］. 市场论坛，2018，170（5）：8 – 10.

力不足。

（5）基层干部队伍建设有待进一步加强，投身于农民脱贫致富的精力有限。区内大多数基层干部都是兢兢业业、任劳任怨地做好贫困村、贫困县的脱贫工作。但仍存在一些干部年龄偏高，学历不高，没有很好地贯彻为人民服务的意识，因此将扶贫工作停留在表面的层次，不能深入研究如何才能真正改变当前的状况，帮助贫困户脱贫致富。

二、"两山"理念践行之路

为了更好地实施精准扶贫的战略，改善区内精准扶贫之路的不足，更好地帮助贫困人口脱贫致富，应在精准扶贫的基础上结合"绿水青山就是金山银山"理念。"两山"理念从生态和经济发展的双重角度阐述了两者之间的辩证关系，也体现了绿色减贫的内在机制。"既要绿水青山，也要金山银山"阐明了当今精准扶贫的道路上，在促进经济增长的同时必须顾及生态环境的建设，不能以牺牲长期的生态来谋求短期的发展。这句话给予了精准扶贫一个新的思路——这一思路指导广西在制定精准扶贫的措施时，必须注重生态环境的保护。兼顾经济增长与生态环境保护的理念突破了以往以国内生产总值增速为标尺的单维度发展思路，开始正视生态维度对于整体发展的重要性。因此，在实施精准扶贫的手段时，不可以大兴高污染、高排放的产业以追求利益。"宁要绿水青山，不要金山银山"则阐明了生态环境的保护从某种意义上来说比经济发展更为重要，因为经济发展的最终目的是提高人民的生活水平，精准扶贫的最终目的是脱贫致富。如果以牺牲环境为代价，换取经济利润，人民的生活水平不可能会提高，人民群众生活环境受损，身心受损，那么以这种手段发展经济，则是毫无作用的，这样的经济发展方式与经济发展的初衷背道而驰，那么这样的经济不发展也罢。"绿水青山就是金山银山"的理念则给广西精准扶贫、脱贫致富提供了新思路。因此精准扶贫应将绿水青山合理转化为金山银山，适度开发绿水青山，在保护环境的基础上发展经济。将"两山"理念结合精准扶贫的战略，才是广西应当实施的战略。

（一）理念创新

（1）扶贫产业绿色化理论。由于扶贫最主要的手段是通过产业扶贫，通过发展生产帮助贫困地区的人口提高收入水平或者是为贫困地区的人口提供就业机会，在绿色扶贫的概念提出之前，我国在探索扶贫的道路上走了许多弯路，虽然解决了很多贫困人口的温饱问题，可是一味以经济增速为导向，对引进贫困地区的产业没有很好的甄别。很多产业对当地的生态环境破坏十分巨大，甚至后续补救所花费的资金已经远远大于这些企业的产出。在"两山"理念指导下的绿色精准扶贫，即在扶贫的过程中，通过包容可循环的机制，使产业发展限制在生态环境承载力范围内，是一种在不损害生态进程的前提下，能够给社会和经济利益做出贡献、对环境或生态系统无害的可以长期承受的产业发展模式。对于传统产业而言，积极采用绿色环保的生产技术，实现低碳或无碳排放，使用低害或无害的新工艺、新技术，大力降低原材料的消耗，实现低投入、高产出、低排放、无污染，将生产对生态的影响降至最低。

（2）引进环境友好型企业促进贫困地区的经济发展，实现绿色、经济、社会三种效应的统一。由此可见，扶贫产业的绿色化理论，是一种结合了绿色生态理念的扶贫方式，其巧妙地将精准扶贫与"两山"理念结合在一起。第二种新型理论则是绿色产业化扶贫理论。该理论体现了其将绿色资源视作一种可以发展的要素，通过体制制度的创新和商业模式的创新将绿色资源进行转化和利用，实现环境保护和经济发展的统一。绿色资源相对其他资源来说的特殊性在于，其具有可持续性、可循环利用及共享性。绿色资源的经济属性体现在两方面：一是绿色资源具有一定的观赏价值，利用绿色资源的观赏价值，可以发展旅游等产业，如对于农业来说，可以通过拓宽农业产品的消费属性，结合生态环境、地理条件、现代信息科技等因素，形成具有休闲性质的观光体验农业等模式。第一、二、三产业融合，使农产品突破仅靠第一产业带来的经济效益，扩大第二、三产业在农产品中的适用性，增加当地贫困人口的经济来源。二是绿色资源具有一定的实用价值，将绿色资源作为一种生产要素投入生产或延长其产业链，可以开发出绿色产品，如对农业来说，可以通过农产品深加工延长农业产业链，提升农产品经济效益。绿色产业化扶贫理论的本质是完成"绿水青山"向"金山银山"的转化，同时又注重对绿水青山的保护①。

（二）践行路径

1. "生态保护＋产业发展"的绿色扶贫新模式

近些年来，广西区内有许多贫困地区实施了该种绿色扶贫，并取得了良好的收益。

东兰县的永模村实施绿色旅游扶贫战略。永模村位于素有"中国长寿之乡"著称的东兰县，为永模村的绿色养生旅游和乡村植物旅游奠定了基础。在开展绿

①　皮小明. 广西实施精准扶贫中存在的问题和对策建议［J］. 市场论坛，2018，170（5）：8－10.

色生态扶贫之前,永模村的经济源自种植业和畜牧业,其中桑蚕种植和水稻种植是该村的主要产业,除此之外,永模村在养殖业上主要是依靠本土黑山羊、黑山猪、麻鸭等方向进行发力。总体来说,永模村产业仅为传统的种植业和畜牧业,产业较为单一,且没有集中化管理和生产,产业的规模较小。居民受教育程度低,扶贫观念落后,劳动力流出严重。由于永模村居民居住地处于山区,信息较为闭塞,文化教育相对落后,村民基本满足于目前成本小、风险小、来钱快的传统的桑蚕种养扶贫产业,概念较为直观。人员素质偏低,对于新思想、新观念、新科技、新事物、新产业的认识和接受较慢,对于新概念的扶贫模式和扶贫对策较难理解,相对排斥。又因为文化教育的层次和科技普及率低,居民自我发展能力弱,导致教育改变落后面貌的意识较为薄弱。村中青壮年多外出打工,劳动力流出严重。这一系列原因造成了该村的贫困情况。与此同时,该村拥有十分多的天然植被,绿色植物覆盖面积十分高,气候宜人且空气中有丰富的负氧离子,该村主要用水来源于坡豪湖水库,其水质常年达到Ⅱ级以上。位于永模村的坡豪湖国家湿地公园为典型的喀斯特地貌类型,会聚了峰丛、洼地、溶洞等典型的喀斯特地貌类型。同时,湿地公园喀斯特地貌内的森林、溶洞、农耕地、库塘和河流形成了独特的复合生态系统景观。此外,以蚂拐节为代表的地方文化资源极其丰富,独具东兰地方特色。这为永模村发展乡村绿色生态民俗旅游提供了资源基础,为绿色户外拓展旅游提供了环境基础。并且,永模村具有天然良好的区位优势,可依托其长寿文化知名度来进行自身发展①。同时,旅游资源的集中能在一定程度上增强旅游业发展的吸引力。2015 年,香港一企业对永模村山水资源进行考察后,决定注资 7 亿元将永模村巴社山打造成养生旅游区,把坡豪湖及周边建成湿地公园。项目计划征地 2200 多亩,租期 30 年,周边村民除获得租金外,还可解决 600 人的就业问题。永模村苏仙屯共有村民 80 人,景区征用土地 380 亩,仅此一项,全屯人均收入 3500 多元②。这一例子充分说明了永模村在保护环境的前提下,引进了生态旅游资源产业,不仅增加了村民的收入,而且增加了当地的就业机会,减少了劳动力的外流,丰富了当地的产业。在原有的种植业、畜牧业的基础之上又新增了旅游业,有利于产业的多样化。永模村切实践行了精准扶贫与绿色生态的相结合。

---

① 刘静静,蓝振兴.珠江—西江经济带乡村旅游绿色扶贫研究——以广西东兰县永模村为例 [J]. 美与时代·城市,2017(8).

② 韦立标.记东兰县长乐镇永模村驻村干部龙梅 [EB/OL].广西日报,http://news. gx-news. cn/static pages/20170103/newgx586b0b63-15833759. shtml,2017-1-3.

对于百色田东县而言，绿色精准扶贫之路走出了另一条途径。百色田东县位于广西西部，地处右江河谷腹部，地处右江盆地腹部，右江河从西至东贯穿其中，东连平果县，南与德保、天等县相邻，西与田阳县接壤，北与巴马瑶族自治县相连。全县总面积2816平方公里，辖10镇1乡167个行政村（街道、社区），总人口43万人，是一个以壮族为主体的多民族聚居县。境域版图颇似一只巨大的芒果，恰与被命名为"中国芒果之乡"巧合，物华天成。

　　但与此同时，田东县也是国家级贫困县，由于田东县位处石漠化片区，加之在精准扶贫，绿色扶贫概念提出前，田东县采取的是粗放式扶贫，以大肆破坏生态环境的代价换取经济利润，抑或是在将企业引进贫困地区时没有仔细甄别该类企业是否会对当地生态环境做出破坏等。由于没能在一开始很好地意识到环境保护的重要性，没有意识到"宁要绿水青山，不要金山银山"的道理，造成了不可磨灭的损失。与此同时，田东县也是有名的红色革命旅游区。于是，相关政府部门巧妙地利用了田东县的特征制定了相关的精准扶贫战略。当地政府采取了退耕还林工程，一是为了缓解当地石漠化的程度，二是致力于发展当地特色农业——芒果（田东县右江河谷，土地肥沃、光热充足、雨热同季，是我国芒果栽培最适宜的地区之一）。发展林业是实现生态扶贫、精准脱贫的生态基础、必然选择和优势所在。林业既是改善生态的公益事业，又是改善民生的基础产业，是生态效益、经济效益、社会效益有机统一的绿色产业。因此，田东县退耕还林，大力发展林业，种植芒果，是一项顺应民心，顺应时代特征的举动。据资料显示21世纪以来的退耕还林、"绿满八桂"造林绿化工程建设，使田东县全县森林覆盖率大幅度提高，现在的民族村到处已是茂林修竹、流水潺潺。林逢镇民族村自2015年以来实施2241.6亩退耕还林，全部发展种植芒果，涉及223户，人均增收2760元。2015～2016年，田东县全县完成新一轮退耕还林共25000亩。按照生态建设、产业打造与脱贫攻坚相结合的思路，重点打造以芒果、油茶、柑桔为主的特色经济林，以杉木、松木为主的速生丰产林，既可以增加群众近期经济收入，又可以为群众可持续增收提供产业保障，实现改善生态与群众脱贫致富互利共赢的局面。

　　"生态保护＋产业发展"是扶贫的新模式和新方向。自田东县大力开展生态建设扶贫行动以来，在退耕还林脱贫方面，涉及全县建档立卡贫困户1577.1亩，每亩补助1100元，211户，覆盖1055人，人均增收822.18元。在生态治理脱贫方面，全县组建油茶专业合作社5家，涉及1000户，其中建档立卡贫困人口2000人。在生态保护脱贫方面，全县现有建档立卡贫困生态护林员900人，涉及贫困人口 2895 人，人均增收 1865 元，实现了生态与脱贫的有机结合①。

与此同时，当地政府为提高果农的种植技术和水平以建设全国农村改革试验区、国家现代农业示范区为契机，推动芒果产业向优质、安全和可持续的方向发展。每年举办无公害芒果技术培训班，推广芒果种植高新技术。加大低产芒果园改造力度，提高坐果率。中国热带农业科学院热带作物品种资源研究所与田东县签约，联袂打造国家级芒果种质资源圃，这是广西首个国家级的芒果科研平台。目前，全县芒果总面积 32.6 万亩，其中投产面积 20 万亩，有桂七芒（田东香芒）、玉文 6 号、台农一号、金煌芒、凯特芒等 40 多个品种。2018 年总产量 21 万吨，总产值 12 亿元②。

得益于各级政府的持续重视，田东芒果有了科技含量，形成了芒果产业文化。芒果不但丰收，品质也不断提高。同时，该县大力发展电商，销售芒果的淘宝店铺 3000 多个，网络覆盖全国。搭上互联网现代物流的快车，2018 年，全县实现芒果线上销售额 1.3 亿元③。

绿色，是大自然的本色，也是发展的底色。贫困山区脱贫致富，潜力在山，希望在林。下一步，田东县将围绕退耕还林任务，重点推进田东县北部山区生态脆弱区治理和重点示范村屯绿化工作，不断提升全县林业工程水平，实现扶贫攻坚与改善生态、产业发展的互利共赢。

2. 深度挖掘红色旅游资源

田东县是百色起义的策源地和右江苏维埃政府所在地，1929 年邓小平、张云逸等老一辈无产阶级革命家领导和发动了威震南疆的百色起义，建立了广西第一个红色革命政权——右江苏维埃政府，具有很高的知名度和影响力，在全国备受关注。右江工农民主政府旧址于 2005 年被中宣部确定为全国爱国主义教育示范基地，是中央确定的国家 12 个红色旅游重点景区之一。

因为田东县具有丰富的红色旅游资源，这是取之不尽用之不竭的精神源泉，因此当地政府打算建立具有当地特色的红色旅游革命区，建立红色小镇。红色小镇设有两个片区，即核心片区和拓展片区，核心区一期范围为西起平马镇边界，向东至平马镇古城社区红军码头，总面积约 1.65 平方公里，建成区约 1490 亩。拓展区由红军码头经那恒沿龙须河向南至作登乡训信村。项目投资概算 23 亿元，主要建设内容为百谷红军村红色文化与壮族风情街、古城社

① 为山披绿　助民增收——广西壮族自治区田东县"绿色"扶贫纪实［EB/OL］. 国家林业和草原局政府网，http：//www.forestry.gov.cn/main/437/content-990021.html，2017.6.21.

②③ 数据来源于田东县 2019 年政府工作报告。

区红军码头至百谷村片区旧城改造、锦江总部港、龙须河景区开发等。依托田东当地有利的资源，打造独一无二的生态旅游，不仅丰富了当地的产业，还提供了脱贫致富的新思路。更重要的是依托当地历史文化进行合理开发，不仅可以弘扬红色文化，为社会提供正能量，更可以为当地提供经济效益，起到精准脱贫的效果。

现如今田东县依靠当地特色农业，专业化、集群化的生产，以及对红色旅游资源的充分利用，依托精准扶贫战略的实施和"两山"理念的支持，2015 年底通过入户精准识别，认定贫困村 53 个，建档立卡贫困户 13276 户共 52109 人，贫困发生率 15.01%。通过三年的努力，全县累计减贫 10984 户共 44143 人，40 个贫困村脱贫摘帽，贫困发生率降至 2.16%，顺利实现了县级脱贫摘帽目标。党建扶贫、宣传、易地扶贫搬迁、健康扶贫、民政扶贫等获中央有关部委肯定和表扬，并荣获 2019 年全国脱贫攻坚奖组织创新奖。

3."村企合作"平台进一步发展

2018 年以来，荔浦市通过开展企业与贫困村结对子，进一步补齐贫困村基础设施短板，发展壮大贫困村原有优势产业，全市 14 个预脱贫村面貌焕然一新，生产生活环境大为改善。对照贫困人口"八有一超"、贫困村"十一有一低于"的脱贫摘帽标准，完成了 14 个预脱贫贫困村、贫困户脱贫摘帽"双认定"990 户共 2887 人的认定工作①，脱贫攻坚取得显著成效。为解决贫困村、贫困户就业增收，荔浦市利用民营经济活跃、民营企业资源丰富的优势，推进村企"联姻"，组织近百家衣架厂在结对村建起"成品初加工合作车间"，把车间设置在农村，让农户在家门口就业，形成了村企互促共进的局面。

同时，该市还制定了《民营企业走进贫困村共建新农村活动实施方案》，出台企业发展优惠政策，进一步激发村企结对活力，推动企业与贫困村"认亲""联姻"。鼓励企业采取"企业＋合作社＋贫困户"发展模式，在贫困村建立农业专业合作社，探索兴万家柑桔核心示范区"企业＋合作社＋基地＋贫困户"产业带动等模式。此外，该市还建立了 84 个具有一定规模和示范带动作用的生产基地，让贫困户通过加入基地种植农作物，发展产业脱贫。目前，该市共有 140 多家企业与 144 个村（社区）结对子，通过开办劳动力转移就业培训，为结对村的富余劳动力提供 1 万多个就业岗位。企业捐资捐物超过 1000 万元，并参与建设贫困村的基础设施建设，助力贫困户增收。为推进贫困村与市场对接，荔

① 周俊远. 荔浦因地施策推进精准扶贫［EB/OL］. 广西日报，http://gxrb. gxrb. com. cn/html/2019/04/22/content_1591134. htm，2019 – 4 –22.

浦市进一步补齐贫困村基础设施短板。2018年，该市用于脱贫攻坚基础设施建设资金1亿多元，全市34个贫困村通村道路硬化率达100%，20户以上自然村道路硬化率达98%以上，贫困人口安全饮水率达100%，100%贫困村开通通信网络。在此基础上，该市进一步依托广西现代特色农业砂糖桔（核心）示范区、荔浦花卉苗木示范区等17个现代特色农业示范区，辐射带动贫困户发展特色农业、休闲观光、特色餐饮、加工销售、商贸物流等第三产业，促进贫困户增收致富①。

"双江兰花马岭苗，大塘桔海联青山，花箐香菇香又香，新坪芋头飘四方"。在荔浦，这一老少随口而出的顺口溜将该市乡镇的品牌农业、集体经济作了生动的诠释。

村集体经济是贫困村实现脱贫增收的重要载体，但对于"如何把村集体经济产业做大"，荔浦给出的答案是：通过组织帮扶、入股分红、引技招商、跨地联动，打造"多种形式并存，多条腿走路"的扶贫模式，发展壮大贫困村原有优势产业，激发村集体经济内生动力，推动贫困村集体经济由单一的"输血救助"向多元化"造血自生"转变。目前，该市379个示范种养基地使扶贫产业不断壮大，村集体经济呈现喜人态势。

该市花箐镇南源村历来有种植香菇的传统，但由于没有"造血"资金，香菇没有形成产业发展。通过深挖"香菇之乡"传统产业底蕴，该村争取到财政资金210万元，创设"南源菌业"电子商务品牌，建立20亩现代化香菇种植示范基地，不断拓展"香菇采摘体验""香菇宴"等南源村生态旅游产业，将农村电商、龙头企业、特色产业示范基地有机结合起来，实现村民致富、集体增收的双赢局面②。

三、践行"两山"理念的剖析

第一，"绿色扶贫"与"精准扶贫"理念的高度融合。目前广西作为我国西部的欠发展地区，处于全面建设小康社会和生态环境友好型社会发展的历史交会点，同时也是深入落实党中央和国务院新型精准扶贫理念的忠实实践者，实现了"绿色"与"精准"在扶贫过程中的完美结合，尤其是绿色产业化扶贫理论和扶贫产业绿色化理论两大理论的创新，将广西地区精准脱贫推向了生态化路径，是"两山"理念在广西精准扶贫方面的重要理念创新。

①② 周俊远.荔浦因地施策推进精准扶贫［EB/OL］.广西日报，http://gxrb. gxrb. com. cn/html/2019－04/22/content_1591134. htm，2019－4－22.

第二，新型生态扶贫模式创新发展。在广西精准扶贫过程中，"生态保护＋产业发展"和红色旅游资源进一步创新发展的田东县，以及"组织帮扶、入股分红、引技招商、跨地联动"，打造"多种形式并存，多条腿走路"的荔浦模式，这些均是立足于"两山"理念和广西扶贫实践基础的巨大创新，为广西践行"两山"理念提供了现实路径。

四、结束语

就上述案例所述，广西区内多个区域依托自身地区的资源优势将当地自然资源、人文资源等天然优势转化成为当地特有的经济优势。在尊重自然环保，不破坏生态环境的前提下，建立起了具有区域特色的农业集群或生态旅游。因此，广西区内其他地方可以借鉴上述成功案例，借助绿水青山的优势，在不破坏绿水青山的前提下转化成自身的经济优势。广西是全国屈指可数的极具绿色资源的地区，但也存在极多的贫困地区，因此更应该将精准扶贫和生态环保相结合。

第二节　乡村振兴篇——全面推进乡村综合治理与发展

一、背景

（一）背景介绍

乡村振兴战略是习近平同志于 2017 年 10 月 18 日在党的十九大报告中所提及的，党的十九大报告指出，农业、农村、农民问题是关系民生的根本性问题，必须始终把解决好"三农"问题作为全党工作的重中之重。

乡村兴则国家兴，乡村衰则国家衰。我国人民日益增长的美好生活需要和不平衡不充分的发展之间的矛盾在乡村最为突出，我国仍处于并将长期处于社会主义初级阶段的特征很大程度上表现在乡村。全面建成小康社会和全面建设社会主义现代化强国，最艰巨最繁重的任务在农村，最广泛最深厚的基础在农村，最大的潜力和后劲也在农村。实施乡村振兴战略，是解决新时代我国社会主要矛盾、实现"两个一百年"奋斗目标和中华民族伟大复兴中国梦的必然要求，具有重大现实意义和深远历史意义。实施乡村振兴战略是建设现代化经济体系的重要基础。实施乡村振兴战略是建设美丽中国的关键举措。实施乡村振兴战略是传承中华优秀传统文化的有效途径。实施乡村振兴战略是健全现代社会治理格局的固本之策。实施乡村振兴战略是实现全体人民共同富裕的必然选择。

要发展乡村振兴战略就必须做到坚持农业农村优先发展,按照产业兴旺、生态宜居、乡风文明、治理有效、生活富裕的总要求,建立健全城乡融合发展体制机制和政策体系,统筹推进农村经济建设、政治建设、文化建设、社会建设、生态文明建设和党的建设,加快推进乡村治理体系和治理能力现代化,加快推进农业农村现代化,走中国特色社会主义乡村振兴道路,让农业成为有奔头的产业,让农民成为有吸引力的职业,让农村成为安居乐业的美丽家园。

(二)"两山"理念的践行成就

广西自设区以来一直是乡村振兴战略和"两山"理念相融合的先行者和践行者,尤其是改革开放这40多年,广西一直把乡村发展和生态环境保护作为广西发展的基础和前提,并且取得了巨大成就。尤其是党的十八大以来,广西经济年均增长8.3%,明显高于全国平均水平;人均地区生产总值突破4万元,总体迈入中等收入行列。农村脱贫攻坚战取得决定性进展,每年100多万人摆脱贫困,贫困发生率由18%下降至5.7%,1700多万农村人口喝上了放心水,10多万特困群众告别了茅草树皮屋。

在此期间,广西壮族自治区坚持农业农村优先发展,实施乡村振兴战略,全区农业经济发展成就显著,农业综合实力明显提高,经济结构发生了深刻变化,为扎实推进富民兴桂、奋力谱写新时代广西发展新篇章奠定了坚实基础。广西成立60年来农业农村经济各个方面均取得了重大的成就。

二、"两山"理念践行之路

(一)规划先行

广西壮族自治区很好地贯彻了中央的号召,努力实施乡村振兴战略,并制定了相应的目标,广西为贯彻落实《中共中央、国务院关于实施乡村振兴战略的意见》精神,结合广西实际情况,定下目标:到2020年,乡村振兴取得重要进展,制度框架和政策体系基本形成。农业综合生产能力稳步提升,高标准农田和"双高"糖料蔗基地建设任务全面完成,农业供给侧结构性改革取得积极进展,现代特色农业示范区建设增点、扩面、提质、升级目标全面实现,主要农产品初加工转化率力争达到全国平均水平,农村第一、二、三产业融合发展水平进一步提升，县域经济加快发展。城乡居民生活水平差距持续缩小，农村居民人均可支配收入比2010年翻一番以上，现行标准下农村贫困人口实现脱贫，贫困县全部摘帽，与全国同步全面建成小康社会。农村基础设施水平明显改善，基本实现乡乡通二级（或三级）路，农村集中供水、宽带网络覆盖面、供电可靠性和质量显著提高。城乡融合发展体制机制初步建立，城乡基本公共服务均等化水平进一步提高，城乡教育、医疗卫生、社会保障水平的差距不断缩小。"美丽广西"乡村建设四个阶段目标任务全面完成，农村生活垃圾处理率、无害化卫生厕所普及率、农村生活污水治理率明显提高，村庄规划管理实现全覆盖，农村人居环境明显改善。农村发展环境进一步优化，农村对人才吸引力逐步增强。乡村优秀传统文化得到传承发展，农民精神文化需求基本得到满足。以党组织为核心的农村基层组织建设进一步加强，乡村治理体系进一步完善。党的农村工作领导体制机制进一步健全。各地各部门推进乡村振兴的思路举措得以确立。

到2035年，乡村振兴取得决定性进展，农业农村现代化基本实现。农业发展质量得到显著提升，基本建成农业强区，县域综合实力明显增强；农村生态环境和人居环境质量大幅提升，美丽宜居乡村基本实现；乡风文明达到新高度，乡村治理体系更加完善；城乡基本公共服务均等化基本实现，城乡融合发展体制机制更加完善，农村创业就业环境根本改善，农村居民人均可支配收入达到全国平均水平，共同富裕迈出坚实步伐。到2050年，乡村全面振兴，与全国同步实现农业强、农村美、农民富。

（二）各种模式"百花齐放"

根据自治区政府的目标，各市县积极开展关于乡村振兴战略的工作，至今，已有许多典型案例值得我们学习。

1. 横县的"茉莉花"模式

广西壮族自治区南宁市横县特产茉莉花，其种植茉莉相传已有六七百年历史，以花期早、花期长、花蕾大、产量高、质量好而闻名。

茉莉具有良好的经济价值：①茉莉作为观赏性花卉，是花卉市场重要的组成部分，同时更可以将其花卉加工成花环等饰品。②茉莉花所制成的茉莉油，是制造香精的重要原料。并且茉莉油的价格很高，几乎能和黄金平起平坐。③茉莉花具有一定的食用价值，茉莉花茶的制作是在绿茶的基础上加工得来的，因此茉莉花茶除了具有普通绿茶的特性外，还具有一些绿茶没有的保健功用。茉莉花茶"去寒邪、助理郁"，是春季饮茶之上品。根据茶叶独特的吸附性能和茉莉花的吐香特性，经过一系列工艺流程加工而成的茉莉花茶，既保持了绿茶浓郁爽口的天然茶味,又饱含茉莉花的鲜灵芳香。因此,茉莉花茶的市场十分广阔。④茉莉的根、叶、花均可入药,因此茉莉具有一定的药用价值。横县得益于其得天独厚的地理优势,位于中国亚热带季风气候区域,日照时间长,降水量充沛,土壤有机质含量高,十分有利于茉莉花的生长,因此横县被称为"中国茉莉花之乡"。

横县政府结合当地情况,开展建立了中华茉莉花产业园,并重点建设"一带两区三园三镇一化"。其中,"一带"指茉莉花标准化种植带;"两区"指产品加工区、创新创业区;"三园"指中华茉莉园、电商产业园、商贸物流园;"三镇"指校椅镇、横州镇(县城)、"茉莉小镇";"一化"指"横州镇—校椅镇"同城化。产业园区秉承着第一、二、三产业深度融合发展的发展理念。一是一朵地理标志之花,市场倒逼,农民绿色种植。创新种植技术,顺应市场导向,开展大规模茉莉花低产改造,推广标准化种植。此外,园区内的龙头茶企还出资为花田进行水肥一体化改造,实现每年花期延长40天。二是一朵三产融合之花,花田建厂,花田变公园。花田建工厂,推动了第一、二、三产业融合发展,形成茉莉花茶产业集群,缩短了从鲜花到花茶的经度;花田变公园:横县深度挖掘茉莉特色产品,以茉莉花风情游为主线的"茉莉之旅"蓬勃兴起。整合优势资源,推进茉莉花(茶)产业精深加工,延伸全产业链,提升产业附加值;深度挖掘茉莉花文化内涵,打造茉莉特色小镇,加快农旅结合、文旅融合。三是一朵品牌引领之花,"有形之手"引导产业升级。横县茉莉花和茉莉花茶均成为中国与欧盟互认的地理标志产品,已有20多家花茶企业获得该地理标志使用资质。品牌化横县茉莉花,品牌化横县现代农业产业园,180亿元综合品牌价值造就巨大的发展空间。与此同时,当地政府整合创建农业示范区、示范县的多项扶持政策,出台园区电商发展、创业创新等相关政策,为入驻孵化中心的年轻创业团队提供免租金、免水电、免网络,免费创业指导、管理咨询、法律援助等专业化服务。自2015年孵化中心成立以来,先后吸引50多家初创企业入驻①。

2014年起,横县共投入2.5亿元支持园区建设。成立全国唯一的茉莉花产业管理局,引导和推动茉莉花标准化、规模化种植。以农业供给侧结构性改革政策为依据,出台创建国家现代农业产业园工作方案和相应配套政策,建立园区长效投入保障机制,依据园区茉莉花产业发展现状,从土地使用、政策补助、项目扶

---

① 胡佳丽,马原驰."中国茉莉之乡"散发丰收的香味〔EB/OL〕.新华网,https://baijiahao. baidu. com/s? id = 1612219250024037544&wfr = spider&for = pc,2018 - 9 - 21.

持、招商引资、品牌培育及人才引进等方面给予重点扶持①。

2016 年中国品牌价值评价信息权威发布："横县茉莉花（茶）"区域品牌价值为 180.53 亿元，是广西最具价值的农产品品牌，并成功入选中国茶叶类地理标志产品品牌榜；产业园是在 2014 年启动创建的自治区级现代特色农业（核心）示范区基础上开展创建的，2016 年产业园内主导产业年产值达 31.9 亿元，占产业园总产值的 90% 以上；农村居民人均可支配收入 15562 元，高于当地的34.88% 以上②。

毫无疑问，乡村振兴战略在横县得到了很好的开展，横县利用自身独特的自然资源优势，结合乡村振兴战略，合理引进渠道，将产品顺利销售出去，提高了当地居民的收入，优化了当地产业。

2. 凌云县的"百花"模式

百色市的凌云县则是通过各种手段开展乡村振兴战略。凌云县有四条河流纵横交错会聚于城中，是一个近千年的文化古城。凌云县海拔在 210 ~ 2062 米。凌云县百岁以上寿星有 365 人，占人口的比例高过世界长寿区认定标准，是中国首个"全国异地长寿养老养生基地"，享有"山上水乡、古府凌云、宜居天堂"的美誉。与此同时，凌云县是广西西部青龙山脉长寿带上的长寿宜居县、中国异地长寿养老养生基地，主要景区有水源洞天纳灵福地长寿养生都会景区（水源洞和纳灵洞两个景区）。旅游资料有独具神韵的珠江水系源头祈福寻源旅游、880 多年的水源洞问心寺佛文化养心祈福体验旅游，水源洞天吸氧长寿养生区旅游，纳灵洞的 680 多年道教文化养生区旅游等。凌云旅游资源具备长寿养生文化、佛文化、道教文化、儒家文化，具有乡土性、体验性，古特性、奇异性和美感性。县境内旅游景点星罗棋布，有文庙、博物馆、茶山绿色金字塔、岩流瑶寨、逻楼新寨、中山纪念堂、石钟山、云台山、五指山、弄福公路等旅游景点。依托于凌云县优良的天然资源，凌云县大力开展了"景区＋村集体＋农户"的共建模式。大力引导贫困区域的农户通过建造民俗旅游等产业，多渠道促进营收。其中凌云县浩坤村的浩坤湖近年来已成为广西乃至全国生态旅游圈的"网红"：景区获评"中国体育旅游精品景区"；北岸徒步线路获"中国体育旅游精品线路"；百色国际山地户外挑战赛在这里举行。浩坤村的成功并不

① 文彩云，杨波. 横县现代农业产业园：一朵花的农业供给侧改革［EB/OL］. 广西日报，http：//www.gxzf.gov.cn/gxyw/20170727 - 635753.shtml，2017 - 7 - 27.

② 广西壮族自治区横县现代农业产业园［EB/OL］. 中国城乡规划网，https：//www.sohu.com/a/251090115_457412，2018 - 8 - 31.

是一蹴而就的，浩坤村地处浩坤湖腹地，被重重大山包围，之前村民出行必须徒步坡度超过 80 度的"猪笼洞"。凌云是国家扶贫开发重点县，浩坤村是该县最穷的村。但浩坤村里有着景色宜人的浩坤湖，依托浩坤湖，全村发展农家乐、客栈、民宿等达 40 多家，全村年人均纯收入超过 7000 元①。瞄准全域旅游助力脱贫目标，该县主动融入巴马长寿养生国际旅游区，推进农业观光、休闲养生游，为大山脱贫开具"良方"。县长莫庸表示，近年来该县筹集了近 20 亿元资金用于推进全域旅游建设，打造养生度假胜地。整合古城、水源洞、纳灵洞、民族博物馆、泗城文庙、中山纪念堂等景区景点，建设古城沿河沿路旅游休闲度假景观带，打造休闲慢生活街区；建设泗水河十里画廊、登山步道亮化工程、体育文化公园、县城沿河沿路水生态园林景观带，一幅"古榕、古泉、小桥、流水、人家"的诗意画卷徐徐铺开②。

（1）推进运动天堂建设的"长寿花"模式。以浩坤湖为依托，建成环岛垂钓基地和 7000 米骑行栈道、观光型酒店，开发了景区露营、天坑探险等休闲运动项目，全力打造异地养老、养生度假、康体运动等旅游综合体。茶山金字塔 4A 级景区的采茶体验中心、民族风情街、观光酒店、环山有氧运动骑行道初具规模，景区也以新形象亮相。凌云处处景，串珠即成链。该县打造了金保、浩坤、巴林农庄等休闲养生村屯；创建了南里湾五星级农家乐和金泉湾、九燕沟等四星级农家乐，发展 10 多个特色农业观光园，在建的还有 4 个乡村旅游区和 14 家农家乐；全力发展体育旅游和文化旅游，满足游客个性化需求。一组数据诠释了全域旅游的利好：2018 年 1～10 月，该县共接待游客 157.71 万人次，旅游综合消费 13.41 亿元，同比分别增长 20% 和 30%，参与旅游业致富家庭达 8521 户，其中涉及贫困户 2975 户③。但同时，凌云县也是广西严重的石漠化片区之一。大量的水土流失导致凌云县耕种面积缩小，作物质量不高。因此，凌云县当地政府用茶叶、油茶、桑叶"三片叶子"在石漠化片区间筑起生态防线，建设绿水青山，又将"三片叶子"做成富民支柱产业。万崇尚是广西凌春投资集团董事长，又是凌云县泗城镇陇照村的党支部书记。"种茶能够涵养水源、提升植被覆盖率，而且凌春有机茶园将杂草除掉放在茶树根部做肥料，最大程度保护了生态环境"。

（2）凌云县的"茶花"模式。凌云县围绕"茶业强县"发展思路，通过技术培训、资金扶持、茶旅融合、茶叶低产改造等方式，大力培植壮大茶叶产业，

---

①②③ 祝有慧，冯文友．凌云县深度贫困地区脱贫攻坚工作纪实［EB/OL］．右江日报，http：//www.bsyjrb.com/content/2019－08/12/content_148756.htm，2019－8－21.

带动当地群众增收。据统计，截至 2018 年，凌云县种植茶叶 11.2 万亩，产干茶 5500 吨，产值近 5 亿元。全县近 5 万人从事茶叶产业，占全县人口的 1/4，已有 1.5 万贫困人口通过茶产业实现脱贫。走进下甲镇平怀村，6000 多亩桑树沿公路两边连片种植，满眼翠绿，这便是凌云县生态致富的另一片"叶子"——桑叶。平怀村里 200 多栋三四层的洋楼都是村民种桑养蚕赚回的"桑蚕楼"。远远望去，只见不少人家屋顶上都围着黑色网纱、盖着铁棚。村党支部书记郁再俭告诉记者："这是养蚕房，平怀村几乎人人家里都养蚕，我们村卖鲜茧年收入近 600 万元，养蚕户人均收入可达 7000 元①。"平怀村位于大石山深处，2002 年以前，该村村民只能在石头窝窝里种植一点玉米、水稻，靠天吃饭，雨多饱一年，雨少饥一年。如今，依托一片桑叶，村民过上了幸福日子。

（3）平怀村的"蚕花"模式。"平怀的光温条件适合种桑养蚕，既可增加农民收入，种桑树还可改善生态环境。"郁再俭说。平怀村产业发展没有水可以依赖，种桑养蚕给贫瘠的大石山区开辟了一条新路。经过 10 多年的发展，平怀村从"光棍村"变成了名副其实的富裕村，带动了全县种桑养蚕业的发展，并于 2011 年被授予"百色桑蚕村"称号，2013 年被评为自治区级生态村。"这条路当地农民把它叫作'产业道路'，长 19 公里，有 10 多条分支路，延伸到油茶林的深处。"逻楼镇党委书记游本文告诉记者。在逻楼镇林塘村，一条条产业道路盘桓在山间，使该村油茶产业发展马力强劲。"林塘村有油茶 7000 余亩，户均近 20 亩。但多年来油茶树老化低产，目前我们正在组织村民合作社对茶树进行低产改造，改造后一亩能增收 800 ~ 1000 元②。"过去，凌云县的油茶种植属于粗放式管理，不少茶树因老化而产量低。为了打造好油茶这片致富"金叶子"，该县坚持"规模与质量并重，新造与低改结合，产业与扶贫相融，生态与经济效益兼顾"，鼓励企业、农民合作社投资和农民筹资筹劳参与油茶基地建设。油茶产业正加速成为凌云的优势主导产业。目前，全县油茶林面积达 27.1 万亩，年产值近 4 亿元。

凌云县通过改善原有的石漠化片区，种植经济类作物，一方面，改善了当地石漠化的现象；另一方面，可以帮助当地村民获取一定的经济利益。凌云县依托自身的自然资源，大力开展生态旅游业，在不破坏当地环境的情况下，让村民脱贫致富。

---

①② 祝有慧，冯文友．凌云县深度贫困地区脱贫攻坚工作纪实［EB/OL］．右江日报，http：// www. bsyjrb. com/content/2019 – 08/12/content_148756. htm，2019 – 8 – 21.

三、践行"两山"理念的剖析

（一）坚持"矛盾论"施政哲学的成就

"两山"理念和乡村振兴战略是处于矛盾统一体的两大发展战略，虽然两者有着相互排斥的一面，但两者又是相互统一的有机组合体。广西在数十年的先行和实践中，找到了两者相互协调的现实发展路径，既实现了以农业农村经济为主的乡村振兴战略的发展，又实现了以保护生态环境为基础的"两山"理念的实施，化互斥为相互统一。

（二）因地制宜的发展思维

广西各级政府在实施两大战略理念的同时，坚持了因地制宜的发展思维。因地制宜发展思维在农业农村经济发展过程中展现得淋漓尽致，如自治区政府合理、高效的规划，"茉莉花"模式、"长寿花"模式、"茶花"模式和"蚕花"模式等基层实践的"百花齐放"，就是广西践行乡村战略理念的现实成就，也是"两山"理念的重要推动力。

四、结束语

党的十八大以来广西大力开展乡村振兴战略，并在上述试点中取得了优异的成绩。目前广西正在依托自身良好的环境生态优势，开展乡村振兴战略，"两山"理念实践也在如火如荼地展开，相信在不久的将来，广西农村农业经济能实现由"百花齐放"到"百花争鸣"的转变。

第三节　产业高质量发展篇——循环经济助力广西糖业"二次创业"

一、背景

（一）情况简介

广西得天独厚的地理区位优势和良好适宜的气候条件，使其成为全球最适合甘蔗生长的地区之一。广西共有 56 个县（区）种植甘蔗，甘蔗种植人口超过 1200 万，约占广西农村人口的 1/3，与糖业相关的产业和部门有 40 多个，糖业是广西重要的支柱产业，也是广西在全国为数不多的具有重要影响力的优势产业[①]。广西糖业年报显示，截至 2012 年底，广西共有制糖企业 31 家，拥有糖厂103 间，总日榨能力 66.7 万吨，占全国总产糖量的 60.28%[②]。经过数年发展，2016 年时广西糖企达到 100 余家，2018 年经过重组之后也有 60 余家，位居全国第一[③]。甘蔗是广西种植面积最大的经济作物，近年来广西甘蔗种植面积维持在100 万公顷左右（2011～2012 年榨季种植面积 103.73 万公顷），约占广西耕地面积总量的 20%。从 1992 年开始，广西食糖产量已经连续二十余年居全国首位，产糖量也基本稳定在全国总产量的 60% 左右[④]。蔗糖产业已经成为广西农业经济的支柱，对整个广西农业经济乃至工业经济都起着举足轻重的作用，同时对保证我国食糖的供应和食糖市场的稳定有着积极的意义。

图 5 - 1　广西糖料种植业

（二）历史发展轨迹或者经历

自 1988 年国务院把广西作为全国重点糖业生产基地开发建设以来，在国家

① 詹鹏举. 全球背景下的广西糖业发展现状及对策 [D]. 广西大学硕士学位论文，2013.
②④ 段维兴. 广西蔗糖产业发展现状及对策 [J]. 中国糖料，2016，38（1）：65 - 72.
③ 2018 年广西糖业发展的成效 [J]. 广西糖业，2019（1）：49.

图 5 - 2 广西糖料种植业和加工厂

专项资金的扶持下,广西蔗糖产业的开发建设取得了显著成效,明显改善了生产条件,提高了综合生产能力,扩大了生产规模,促进了蔗糖业的快速发展,糖料蔗和食糖产量均占全国总产量的 60% 以上,1992 年以来稳居全国首位,使广西稳固地成为我国最大糖业生产基地,并为我国食糖的有效供给作出了重大贡献①。糖业也一直是广西最为重要的产业,广西壮族自治区政府为促进广西糖业发展出台了一系列的文件,2010 年 12 月,连续 16 个榨季居全国首位的崇左市被中国轻工业联合会、中国糖业协会授予"中国糖都"的称号②。2012 ~ 2014 年食糖价格连续下降,广西蔗糖产业受到严重冲击,糖蔗和蔗糖发展水平低、生产成本高、产业链条短、制糖企业规模小、制糖技术水平不高等问题凸显出来,迫切需要在转型升级中生存、发展与壮大。2015 年,广西糖业再次迎来发展的春天。这一年,国家制定实施《糖料蔗主产区生产发展规划(2015 ~ 2020 年)》,全国规划建设 700 万亩高产高糖糖料蔗基地,其中广西规划建设 500 万亩,广西蔗糖业发展上升为国家战略。广西出台《关于促进广西糖业可持续发展的意见》等

---

① 参见《广西蔗糖产业优先发展规划大纲(2011 ~ 2015 年)》。

② 崇左市蔗糖产量连续 14 个榨季全国首位 [EB/OL]. 经济参考报,http: // dz. jjckb. cn/www/pages/webpage2009/html/2017 - 06/14/content_32784. htm,2017 - 6 - 14.

支持糖业发展的一系列文件，加快推动转型升级，努力实现高质量发展。

根据数据显示，与"九五"期末相比，"十五"期间种植面积增加353万亩，增加41.16%；总产量增加了2161万吨，增产了77.23%；亩产增加0.75吨。2005~2006年榨季蔗农收入127亿元，比2000年增加70.73亿元；产糖量占全国总产量的61.03%，比"九五"期末占全国总产量提高16.36个百分点。其中，2003年产糖达到588万吨，糖业生产创历史最高水平[①]。"十一五"期间，广西蔗糖产业稳定发展，规模全国第一。2007年，全区糖料蔗种植面积1479万亩，总产8223万吨；2008年因冻害等原因，糖料蔗种植面积1600万亩，总产下降到8008万吨；2009年，全区糖料蔗种植面积1556万亩，总产6398万吨，比2000~2001年榨季分别增长1.12倍、1.29倍，比2005~2006年榨季分别增长0.43倍、0.29倍；2010年受极端天气等的影响，全区种植面积1567万亩，总产6880万吨[②]。"十二五""十三五"时期以来，广西糖业开始步入"二次创业"时期，在糖业开始向高端产业发展的同时，引入一系列循环技术、生态技术等，建设"青山绿水"广西，经过多年的打造与发展，广西的糖业产量依然占到国内产量的60%以上，依然是全国最重要的战略糖业产地。

（三）践行"两山"理念面临的问题

第一，产业随蔗糖市场价格波动，且周期较大。虽然广西蔗糖产业属于全国第一，但是产业竞争力不强，企业品牌价值不高，受市场价格影响较大。再加上对蔗糖产业发展计划性不强，特别是对糖料蔗非优势区域调控不力，蔗糖生产几乎是随糖价高低来调整。糖价高，蔗农、制糖企业效益好，糖料蔗种植面积扩大，投入增加，产糖量增加；反之，调减面积，减少投入，产糖量下降。产业依然处于中低端产业链，受到一般市场影响较大。

第二，综合利用和精深加工有待提高。蔗糖业产业链不长，综合利用不足，蔗糖产品只作为原料出售，附加值低，蔗糖深加工水平低，蔗叶综合利用率低，甘蔗乙醇酒精计划没有启动，既制约产业发展，又影响企业经济效益和农民增收。

第三，新品种选育研发滞后。科研投入不足，品种研发严重滞后。科研与生产的结合不够，后续品种缺乏。近十年来新台糖系列品种仍占主导地位，其中新台糖22号占总种植面积的68%，导致广西糖料蔗品种单一，糖料蔗病虫害日趋

① 林影，钟健，张江华，刘炳清. 浅谈"十五"期间广西蔗糖生产发展及"十一五"的展望［C］. 中国作物学会甘蔗专业委员会第十二次学术讨论会论文集，2006.
② 参见《广西蔗糖产业优先发展规划大纲（2011~2015年）》。

严重，单产不稳定，生产风险加大①。

第四，机械化水平低。广西糖料蔗生产机械化水平低、用工多、效率低、成本高，成为制约农民增收和蔗业持续健康发展的瓶颈。特别是甘蔗采收机械化应用没有重大突破，收获成本高，严重影响种蔗积极性。

第五，蔗区基础设施薄弱。蔗区建设尚未形成完善的投入机制，基础设施建设投入不足，抵御自然风险能力较弱，严重制约糖料蔗综合生产能力的提高。广西90%的甘蔗种植在旱坡地上，干旱成为制约单产提高的最大障碍，全区现有灌溉能力的甘蔗面积不足15%②。

第六，食糖进口压力增加。我国加入WTO以来，年均进口食糖100万~120万吨，仅为承诺数的60%，占年均产糖量的11%，进口糖占我国食糖消费量的比重每年下降1个百分点，2008年仅为8%。我国加入WTO，中澳、中国—东盟自由贸易区建立以及汇率降低（人民币对美元汇率每升值0.1元相当于进口糖价降低40.24元/吨）仍将增大食糖进口压力，对广西糖料蔗产业带来深刻影响③。

二、"两山"理念践行之路

党的十八大以来，为帮助制糖产业兴利除弊，早日实现转型升级，广西出台了一系列支持糖业振兴发展的政策措施。自治区党委、区政府组合出拳，进一步助推广西从糖业大区向糖业强区迈进：出台《关于促进广西糖业可持续发展的意见》《广西糖业二次创业总体方案（2015~2020年）》《广西糖业发展"十三五"规划》等政策，推动糖业转型升级；下大力气大规模调整农业产业结构，稳定甘蔗种植面积；大力推动经营规模化、种植良种化、生产机械化和水利现代化，实施优质高产高糖"双高"糖料蔗基地，提高糖料蔗产量和蔗农种植收益。其中最具纲领性的文件是《广西糖业二次创业总体方案（2015~2020年）》，首次提出广西蔗糖"二次创业"概念，科学的决策、有力的举措、实惠的政策，让广西糖业获得前所未有的大发展。截至目前，广西糖料蔗种植面积和产糖量已连续20多个榨季占全国60%左右，糖业已成为自治区重要支柱产业和广大蔗农增收的重要渠道，为我国食糖安全和有效供给做出了重要贡献④。然而，在所有的众多措施中，广西糖业结合中央及自治区政府"青山绿水就是金山银山"的生态理念，开辟了一条适合自己的以"循环经济"为核心的生态发展之路。

（一）思想创新

第一，多样化发展思维。目前在国内各地区的糖业均是较为单一的产业，

---

①②③④　参见《广西蔗糖产业优先发展规划大纲（2011~2015年）》。

均有延伸产业链的发展意愿，但并无可操作性的路径，广西糖业则提出"探索甘蔗产业多样性发展新路径"①，提出广西糖业应该积极探索甘蔗产业向生物化工、生物质能源、朗姆酒、饮料等相关领域发展，开拓甘蔗产业发展新路径，这一思想具有极为开拓的精神，促进广西产业由轻工业产业发展向重工业产业推进。

第二，提出"高产、高效、集约、生态、安全"的发展思路。广西现阶段的发展思路已经由原来的一味追求"高""快"的发展思路开始向高效、生态、安全等方向发展，不仅对于过去广西糖业的发展而言具有较大的创新，就是从全国的糖业发展现状来看更是具有前瞻性的创新，是目前广西糖业"二次创业"立于不败之地的理念创新。

（二）制度创新

糖业作为广西的主要支柱产业之一，在全国处于最为先进的地位，自"二次创业"以来，广西积极引进先进的管理理论以及管理模式，助力广西糖业走向更高更强。

第一，创新"渠芦合作社模式"，从源头提高质量。在"二次创业"过程中，扶绥县渠黎镇渠芦现代农业合作社作为最具创新性的典范，进行了一场被渠芦人称为"新土地革命"的改革，即将土地合并实现规模化，渠芦村民选择现代农业合作社的组织形式，统一经营管理，社员以土地和资金形式入股，集中力量办大事，有力地推进了基地的机械化和水肥一体化，解决了"小农户和大市场"的对接、适应问题。2016～2017年榨季，实施水肥一体化滴灌的"双高"基地，亩产7吨，比实施前提高了2～3吨，而且机收率达到80%，成为全区乃至全国糖业种植的典范②。

第二，创新生产思维，细化生产专业分工，开创区内企业"二步法"生产工艺改造。原来广西区内制糖企业基本都是"一步法"加工白糖为主，产品单一。经过投入大量资金，通过企业并购重组和资源整合，逐步推行"二步法"工艺，实现了原糖生产与精炼糖生产分离，使广西糖业生产技术等处于全国先进地位。

第三，构造新的利益联结机制，推动三产业融合。目前广西进行的三产融合仅步入初级阶段，但效果显著。例如，广西南糖推行的糖料蔗种植收购合同，开创了广西糖业三产融合，是广西三产融合的典范；东亚集团自筹资金补助蔗农，

---

① ② 参见广西壮族自治区人民政府2013年发布的《关于促进我区糖业可持续发展的意见》。

调动蔗农积极性，确保糖料蔗种植面积。目前三产融合在广西仅属于初级阶段，三产之间的利益联结机制尚未形成，需要进一步的理论创新。

（三）发展经验介绍

1. 实行循环经济初期的经验探析

（1）引进先进技术设备开展精制糖深加工。

1）制糖。21 世纪初开始实施精制糖深加工技术引进，2008 年，广西日榨蔗能力达到 63.5 万吨，平均单厂日榨能力 6162 吨。以制糖为主的食品产业销售收入突破 1000 亿元大关，成为广西首个超千亿元的产业。2009～2010 年榨季，原料蔗入榨总量 5560 万吨，产混合糖 712 万吨，实现销售收入 338 亿元，同比增长 67.8%；实现利税总额 89 亿元，同比增长 1.9 倍①。

2）食糖精深加工。近年来，广西食糖精深加工得到快速发展，在传统产品白砂糖、赤砂糖的基础上，拓展了精制糖、原糖、绵糖、低聚糖和低甜度糖等产品。在 2010 年左右，全区精制糖生产能力已达 100 万吨，广西农垦糖业、广西东亚糖业等大型制糖企业集团率先进军精制糖领域，产品质量达到国内先进水平，其中广西农垦防城糖业的产品质量达到世界先进水平。

（2）利用蔗渣燃烧发电和制浆造纸。

蔗渣是糖业综合利用的重点，主要利用途径为燃料、制浆造纸、饲料、糖醛、木糖醇、羧甲基纤维素等。目前，广西糖厂的蔗渣全部用于锅炉燃料和制浆造纸，蔗渣综合利用率达 100%，为全国领先水平②。

蔗渣不含硫，且灰分很少，是可再生的清洁型燃料。全区糖厂均以蔗渣作为锅炉燃料，基本不烧煤，在供热供汽的同时，还可实现热电联产。目前所有糖厂均有自备电厂，均配备用于蔗渣发电的锅炉、发电机组等设备，产生的间接效益达到数十亿美元。在制浆造纸方面，目前全区制浆能力达到百万吨以上，蔗渣制浆实现销售收入 50 亿元。利用部分蔗渣浆可造纸 90 万吨，增加销售收入 40 亿元。

（3）利用糖蜜生产酒精和酵母。

糖蜜可用于生产酒精、酵母、燃料乙醇和化工原料等。目前，广西糖蜜主要用于生产酒精和酵母，综合利用率超过 50%，其中糖蜜酒精生产能力 3200 千升/日（约 2560 吨/日），糖蜜生产酵母能力 5.5 万吨、酵母抽取物 1.6 万吨。2010 年，

---

① 参见《广西蔗糖产业优先发展规划大纲（2011～2015 年）》。

② 广西食糖产量占据全国总产量大半壁江山［EB/OL］. 前瞻网，https：//www. qianzhan. com/re-gieconomy/detail/142/20120329 - 8fa22e7a1a59d48d. html，2012 - 3 - 29.

全区产生糖蜜 200 万吨。以此生产酒精约 25 万千升（约 20 万吨）、酵母约 5 万吨，共消耗糖蜜总量的 54%，实现销售收入 35 亿元。其余 46% 的糖蜜销往区外，实现销售收入 10 亿元[①]。

（4）利用滤泥生产有机复合肥和生物肥。

亚硫酸法制糖产生的滤泥由于含有丰富的有机质和微量元素如钙、镁、铁、磷等，可提高土地肥力，促进农作物生产，因此广西制糖产生的滤泥主要用于生产有机复合肥、生物肥等各种复混肥，产能超过 50 万吨。此外，滤泥也可直接还田种蔗。全区滤泥利用率达 90% 以上，约占 10% 的碳酸法制糖产生的滤泥因碱性大而无法全部利用。2010 年，广西滤泥产量 120 万吨（含水 70%），利用滤泥 60 万吨生产复合肥 30 万吨，实现销售收入 3 亿元。

（5）利用蔗叶、蔗梢燃烧发电和养牛。

蔗叶约占甘蔗重量的 20% 左右，含有大量的纤维，可用于生物质发电。蔗梢含有糖分、蛋白质、20 多种氨基酸、硫胺素、核黄素、叶酸等营养物质，可用于牲畜喂养。目前，广西蔗叶和蔗梢的工业化利用还处于起步阶段，除部分用于养牛外，其余大部分直接还田。第一家以蔗叶为原料进行发电的柳州鑫能生物发电有限公司已于 2010 年建成投产，每年可消耗蔗叶 25 万吨，年发电量 1.8 亿千瓦时，实现销售收入 1.2 亿元，减少二氧化硫排放 400 吨。广西糖业循环经济产生的综合效益十分可观，同时为节能减排做出了巨大贡献，也为经济发展腾出了宝贵的环境容量。经过循环经济的发展，经济效益明显增加。2009~2010 年榨季，全区制糖及综合利用实现销售收入 478 亿元，其中，制糖销售收入 338 亿元，糖业综合利用销售收入 140 亿元，占制糖销售收入的 41.4%。此外，蔗渣发电还产生间接经济效益数十亿元。全行业实现达标排放。全区糖业建设污水处理设施、开展水循环利用、污水达标排放的企业均为 100%，名列全国同行业第一；主要污染物指标达到国家制糖业二级以上清洁生产水平，成为全区工业第一个实现污染高度治理的行业。全区糖业利用蔗渣供热发电，每年减少二氧化硫排放 2.85 吨，也减少了二氧化碳排放，还有蔗叶、蔗渣、糖蜜、滤泥等固体废弃物的排放减少上千万吨，极大地降低了固体废弃物的处理压力和成本，美化了生产生活环境。同时，有效缓解煤炭供应紧张问题。广西煤炭资源匮乏，用蔗渣作燃料供热发电节约了大量煤炭，对广西的煤炭安全具有重大意义。目前全区蔗渣的 75% 用于燃烧发电，按 3.68 吨蔗渣发热量等于 1 吨标准煤

---

① 参见《广西蔗糖产业优先发展规划大纲（2011~2015 年）》。

计，可节约标准煤 300 万吨①。

2. 循环经济措施

目前的循环经济措施最主要的是指《广西糖业二次创业总体方案（2015～2020 年）》中正在进行的措施，主要包括种植、加工和综合利用两大方面：

（1）甘蔗种植方面。在崇左、来宾、南宁、柳州等食糖主产市，通过制糖企业大力参与，采取企业自营、糖—蔗一体化、公司+农户、合作社、专业户等模式，推动 500 万亩"双高"基地建设。突出制糖企业及科研院所的示范带动作用，重点建设一批"双高"基地项目和糖料蔗良种育繁推广项目，总投资约 80 亿元②。

（2）加工与综合利用方面。重点在南宁、柳州、钦州、崇左、来宾等市布局 16 个甘蔗生产全程机械化种植、管护、收获、运输、清洗机械及机械转运车辆等项目。实施一批甘蔗机械化收获—压榨一体化技术改造项目。

（3）甘蔗多样性产业。甘蔗酒项目：在来宾市布局 1 个朗姆酒项目和 2 个甘蔗低度酒项目，形成 10 万吨/年朗姆酒（甘蔗低度酒）生产能力；在防城港市布局 1 个 5 万吨/年朗姆酒项目。生物化工项目：在河池市布局 20 万吨/年聚乙烯醇项目；在贵港市布局 3 万吨/年焦糖色素项目；在崇左市布局 10 万吨/年谷氨酸、2 万吨/年黄原胶、10 万吨/年乙醇、10 万吨/年 L–乳酸项目各 1 个；在南宁市布局 10 万吨/年 L–乳酸项目。蔗汁饮料项目：在北海市布局 2 个甘蔗浓缩汁项目，形成 8 万吨/年浓缩汁生产能力，配套建设 1 个 30 万吨/年蔗汁饮料项目；在钦州市布局 20 万吨/年蔗汁饮料项目；在崇左市布局 5 万吨/年甘蔗醋项目③。

（4）循环经济与综合利用。一是拓展循环经济与综合利用新领域。加强产学研用合作，加快科研成果产业化。蔗渣利用，除继续推进蔗渣生物质发电外，重点探索生产糠醛、木糖、木糖醇、阿拉伯糖等高附加值产品；糖蜜利用，以酒精为基础，深入开发高附加值化工产品；滤泥利用，着重加强滤泥环保处理，实现肥料还田。二是提高蔗叶、蔗梢综合利用水平。重点推进以养牛业为纽带，食用菌、乳品、肉品加工、饲料加工等多个产业共同发展的生态农业循环经济产业链发展，促进农民增收。目前正在推行的循环经济与综合利用布局项目共 21 个，主要包括崇左中粮生物科技产业园及各食糖主产市县蔗渣浆纸及纸制品、活性酵

---

① 参见《广西蔗糖产业优先发展规划大纲（2011～2015 年）》。

②③ 数据来源于广西壮族自治区人民政府办公厅发布的《广西糖业二次创业总体方案（2015～2020）》。

母、乙烯、生物肥、酒精、生物质（蔗渣）发电、饲料等产品领域。

（5）生产智能化、自动化、信息化。在柳州、南宁、桂林等市布局 11 个制糖智能化、自动化、信息化装备项目，主要包括制糖生产过程智能化、自动化机械控制装备及包装、码垛、装车、卸车机器人。在糖厂开展应用智能化、自动化、信息化装备技术改造，提升生产过程控制水平和效益。

除此之外，原糖、精炼糖以及食糖深加工生产方面近年来实现精心布局。在桂南主产区和桂西潜力区布局 9 个原糖生产项目，形成 270 万吨/年原糖生产能力；在广西北部湾经济区、桂中经济区和西江—珠江经济带（广西）投资约 33 亿元，布局若干个大型精炼糖项目，新增 220 万吨/年精炼糖生产能力，形成 350 万吨/年精炼糖生产能力；在崇左市布局 2 个食糖深加工项目，在桂林市、柳州市、南宁市、来宾市各布局 1 个食糖深加工项目，形成糖果 15 万吨/年、巧克力 5 万吨/年、异麦芽酮糖 7 万吨/年的生产能力[①]。

3. 其他配套措施

（1）推进制糖生产专业化分工。结合自治区 500 万亩"双高"基地建设布局，在南宁、崇左、来宾、柳州、百色、河池等市糖料蔗种植优势区域，推进原糖、精炼糖生产和综合利用专业化，进一步提高产业集中度和资源配置效率；实施制糖"二步法"生产工艺改造，逐步实现原糖生产与精炼糖生产分离；引导制糖企业联合建设大型精炼糖项目，增强广西食糖调控能力；积极构建广西制糖生产专业化分工格局。

（2）推动企业战略重组。坚持市场原则，充分发挥企业主体作用，加强产业政策引导，完善财税政策激励，加快推进制糖企业战略重组。重点支持实力雄厚、技术装备先进、管理水平好的区内八大制糖企业集团，以及国内外年主营业务收入超过百亿元的其他企业集团通过参股、控股、资产收购等多种方式兼并重组广西制糖企业，促进资源向优势企业集中，进一步提高产业规模化和集约化水平。引导企业利用国内国际两个市场、两种资源，加强广西糖业国际合作，重点在食糖精深加工、技术合作与市场开发等方面寻求新的突破。同时，支持制糖企业在境内外上市融资，筹集发展资金，这些措施对广西糖业发展具有极为重要的意义。

（3）推进甘蔗多样性产业发展。引导和鼓励企业加强产学研用合作，推进甘蔗多样性产品研发和生产。探索甘蔗多样性产业发展新途径，引导甘蔗转向生

---

① 数据来源于广西壮族自治区人民政府办公厅发布的《广西糖业二次创业总体方案（2015～2020）》。

产其他高附加值产品，进一步拓宽产业带、延伸产业链，按市场需求实现甘蔗制糖和相关高附加值产品可调可控的产业技术格局。一是发展生物化工产业，包括醇及醇的衍生物：乙醇、丁醇、丙二酮等；有机酸及其衍生物：苹果酸、L-乳酸等；酯类及衍生物：乙酸乙酯等；高分子化合物及其他生物基化学品：聚氯乙烯、聚乙烯醇、高分子材料、黄原胶、凝胶等。二是发展食品工业，包括功能性糖：低聚果糖，异麦芽酮糖及异麦芽酮糖醇等；酒类：朗姆酒、果酒等；饮料：蔗汁浓缩液、蔗汁饮料等；食品添加剂：焦糖色素、酵母提取物等。三是发展发酵工业，如氨基酸产业（赖氨酸、谷氨酸），多糖产业（黄原胶、凝胶多糖）等。

（4）建设糖业大数据服务、电子商务平台。一是运用信息技术促进甘蔗农业生产现代化。在选种、育种和推广，以及蔗地种植管理、机械化、病虫害防治、运输车辆识别、糖分测定等方面广泛采用信息技术，改造传统甘蔗种植、砍运、收购和运输模式，切实打造甘蔗生产全程机械化信息服务平台，降低糖业"第一车间"生产成本和物流成本。二是利用互联网推动信息资源共享，优势互补。探索运用云计算或云服务模式对糖业农、工、商等大数据进行处理，在制糖行业全链建立资源共享平台，服务糖业一体化发展。构建广西与国内大型商品交易所战略合作伙伴关系，建立食糖期货市场发展协作、信息交流等机制，实现合作共赢；完善食糖网上现货交易规则，规避市场风险，引导和规范现货交易市场健康发展；加强广西网上现货市场与国内期货市场合作，实现优势互补，构建多层次的食糖网上交易市场体系，降低制糖企业交易成本，促进了食糖网上交易平台繁荣和稳定发展。

三、践行"两山"理念的剖析

（一）取得成效

1. "鱼和熊掌兼得"的循环经济

世界大多数国家的发展路径显示，环境和经济如同"鱼和熊掌"，不可兼得，尤其是作为第一产业而言，自从循环经济、生态经济出现以来，虽然循环经济和生态品牌层出不穷，但是因其巨大的经济负担和难以确定性的市场收益无法在整个地区和整个产业链进行循环经济改造，而广西举全区之力进行整个产业的循环经济布局，使循环经济、全产业链生态化在整个行业实行变成可能，并且取得了优异的成绩。

2. 创新助力循环经济跨越式发展

在广西糖业的"二次创业"过程中，循环经济成为可能，最主要是因为广西糖业巨大的创新力。这不仅体现在循环经济科技的创新，还体现在管理体制、法治环境的创新之上。在糖业"二次创业"中，一系列循环技术——"二步法"生产工艺改造以及其他大批量新型循环技术——大规模研发或应用，一系列机构开始改革或设立，针对糖业的法律法规——《广西壮族自治区糖业条例（征求意见稿)》——开始征求意见，这些都是广西糖业成为全国典范的重要原因。

（二）践行经验总结

在新时代"两山"理念的指导下，广西糖业作为广西的支柱型产业之一，过去曾经面临着生产低效、糖料利用率不高等生产问题，以及市场价格影响大、管理等众多问题。目前进入"二次创业"时期，在"绿水青山"理念的指引下，广西找到了自己的循环经济模式，通过延伸产业链、循环产业生产以及一系列管理措施创新，广西糖业逐步开始向高端产业迈进，这不仅是广西糖业自身的经验成果，更为全国其他地区各产业提供了打造循环经济和发展生态产业的典型样本。

四、结束语

广西糖业经历了"农业种植为主体的生产—粗放式的生产—精细化生产"的这几个阶段，这不仅是广西糖业的发展之路，更是改革开放以来全国各地各个产业的发展之路，但是目前已经进入中国特色社会主义新时代，过去的粗放式生产已不再是时代的要求，也已不是各行各业追求的生产模式。广西在糖业数十年发展过程中，一直是全国最主要的糖业生产基地，在种植技术、提炼技术、生产技术以及市场化程度等各个方面均处于全国前列，虽然进入 21 世纪初期面临了一系列瓶颈问题，相信"二次创业"将会给广西糖业插上循环经济的翅膀，助力广西糖业走出国门、唱响世界。

第四节　对外全面开放篇——"产业与美景同在"的北部湾经济区

一、背景

（一）情况简介

广西北部湾经济区地处我国沿海西南端，由南宁、北海、钦州、防城港和玉林、崇左所辖行政区域组成。陆地国土面积 4.25 万平方公里，2013 年末总人口 1350 万人。广西北部湾经济区发展规划依据党的十七大精神和《中华人民共和国国民经济和社会发展第十一个五年规划纲要》、国家《西部大开发"十一五"规划》编制。北部湾是我国南海西北部的一个半封闭海湾，主要地域为一湾相连的"两国四方"：北部为广西壮族自治区，东部为广东省雷州半岛，东南为海南岛，西部为越南北部。从经济区位上看，该地区处于中国—东盟自由贸易区、泛北部湾经济合作、大湄公河次区域合作、中越"两廊一圈"、泛珠三角合作、西部大开发等多区域合作的交会点，是具有沿海、沿边、沿江三重叠加独特区位优势的西南出海大通道，国家地缘政治地位重要，对外开放开始全面发力，发展潜力巨大。当前，在北部湾地区朝着新的增长极而快速发展的同时，其独特的发展历程与发展经验也成为各方关注的热点。由于北部湾较好的区位优势，加之又为广西生态环境的重要地区，近年来以"产业与美景同在"的建设发展思路开启了新的章程。

（二）历史发展轨迹

北部湾区域发展构想早在孙中山的《实业计划》中就被提出过。他倡导以广州、钦州港为龙头，把广州改良为南方大港和世界大港，在钦州设二等港，在汕头、电白、海口建三等港，以发达的海上交通为纽带，从而形成系统的南方港口体系。南方港口建设思想体现了孙中山对北部湾地区发展的重视，并为北部湾地区构想奠定了初步基础。之后，由于政治、历史原因，关于北部湾地区的发展研究和实践便停滞不前了。

1988 年，广西社科院研究员周中坚首次阐述了建设北部湾经济圈的构想，这也是改革开放以来"北部湾经济圈"这一概念被首次正式提出。周中坚从地理、历史和现实三方面阐述了北部湾经济圈的形成条件，并从交通、港口、产业、合作四方面初步设想北部湾发展方向，提出"两国四方"概念。2000 年 10月，北海、湛江与海口三市人民政府共同发起的北部湾经济合作组织在广东湛江成立。2004 年 9 月，"广西发展论坛"第 4 期会议于玉林市召开，会议提出把该地区建设成为中国—东盟乃至全球性的制造业基地，并以环北部湾地区各港口城市为通道和窗口联合面向海外发展。2004 年 10 月，温家宝同志访问越南，双方也就此问题进行磋商并达成共识，并提出了具体实施规划。

2006 年 3 月，广西北部湾经济区规划建设管理委员会在南宁成立，将南宁与北海、钦州、防城港三个沿海港口城市列入经济区，随后又把玉林、崇左两市列入其中。2006 年 7 月，"共建中国—东盟新增长极"为主题的首届环北部湾经济合作论坛在南宁举行。此次论坛围绕环北部湾区域合作的未来发展、环北部湾区域合作机制的建立与路径和环北部湾区域合作的启动与实施三个议题达成广泛共识。时任广西壮族自治区党委书记的刘奇葆首次提出了"泛北部湾"概念，倡议促进中国—东盟"一轴两翼"区域经济合作新格局。2006年8月，胡锦涛同志听取广西工作汇报时，突出强调广西北部湾地区发展应形成"新的一极"。

2008年2月，《广西北部湾经济区发展规划》正式获得国务院批准实施，中央政府赋予其功能定位为立足北部湾、服务"三南"（西南、华南和中南）、沟通东中西、面向东南亚，充分发挥连接多区域的重要通道、交流桥梁和合作平台作用，以开放合作促开发建设，努力建成中国—东盟开放合作的物流基地、商贸基地、加工制造基地和信息交流中心。北部湾经济区开放开发正式上升为国家战略。

2008年5月，国务院正式批准设立广西钦州保税港区，这是继上海洋山、天津东疆、大连大窑湾、海南洋浦、宁波梅山之后的全国第六个保税港区，也是我国中西部地区第一个保税港区；2008年12月，国务院正式批准设立广西凭祥综合保税区，这是大陆继苏州工业园、天津滨海新区、北京天竺之后的第四个综合保税区，也是中国当前批准设在陆地边境线上的唯一综合保税区；2009年1月，海关总署同意北海出口加工区拓展保税物流功能；2009年2月，国家海关总署、财政部、外汇管理局联合下文批准设立南宁保税物流中心（B型）；2012年，国务院批复同意设立中国—马来西亚钦州产业园区，中马钦州产业园是第三个中外两国政府合作建设的园区；2013年，马来西亚马中关丹产业园正式开园，在中国双方的共同努力下，开建了"两国双园"的合作新模式。所有这些开放举措和政策充分体现了中央对北部湾经济区的重视，给北部经济区发展注入了强调动能。

2010年3月19日，国家住房和城乡建设部正式批复《广西北部湾经济区城镇群规划纲要》。这是继《广西北部湾经济区发展规划》之后，国家批准支持北部湾经济区加快发展的又一战略性宏观规划。2015年"两会"期间，习近平总书记参加广西代表团审议时要求：发挥广西与东盟国家陆海相连的独特优势，加快北部湾经济区和珠江—西江经济带开放开发，构建面向东盟的国际大通道，打造西南中南地区开放发展新的战略支点，形成21世纪海上丝绸之路和丝绸之路经济带有机衔接的重要门户。

2018年国务院正式批复成立中国（广西）自由贸易试验区，广西南宁、钦州、崇左三大片区成为自贸区的三大片区。这也是国家首次在沿边地区布局的自贸试验区，是新时代广西全面深化改革开放进程中一件具有里程碑、标志性意义的大事，对于全面落实"三大定位"新使命、加快构建"南向、北联、东融、西合"全方位开放发展新格局具有重大意义，这一决定将会推动广西成为对外开放的新高地。自此，广西对外开放布局全面展开，开始进入加速发展时期。

（三）践行"两山"理念面临的问题

北部湾建设以来，其发展成就、发展速度受到质疑，但是，客观而言，北部湾经济区作为广西经济、生态对外开放的先行区，其取得的成就仍不可小觑，但在过去的对外开放过程中存在着一系列的问题，这些也是我们必须要正视的问题，这些问题主要表现在：工业结构不合理、对外开放水平低、环境污染较为严重。

1. 工业结构状况

2010年之前，广西北部湾经济区工业建设基本都集中在重工业以及一些高污染、高能耗的企业，不仅对生态环境污染较大，而且对经济拉动作用不高。重工业作为过去北部湾经济开发区的污染源泉，从过去的工业结构就可以看出其污染问题所在。以下是北部湾经济开发区的几个核心城市的工业结构：

（1）南宁市。在南宁的发展过程中，重工业一直伴随着南宁同步发展，从20世纪80年代开始，南宁有四大工业区，即北湖工业区、西郊工业区、江南工业区和旱塘工业区。西郊工业区产业以机械、橡胶、制药、食品等行业为主；北湖工业区以机械、建材、食品工业为主；江南工业区以化工、皮革、铝厂、糖厂、绢纺厂、水电厂等产业为主；旱塘工业区以建材、机械和饲料工业为主。此时的产业结构均为重工业或污染较重的轻工业为主，即便是对外开放中合作的外资企业也是以重工业和污染较重的轻工业为主。

（2）北海市。从起步发展到后期的对外全面开放，北海市最主要的工业区即为北海铁山港工业区，其中产业主要为能源、化工、林浆纸、集装箱制造、港口机械、海洋产业及其他配套或关联产业，而在2014年仍然签约了火电厂、中石化1000万吨炼油等项目，这些项目将会对当地环境和生态产生难以恢复的影响。

（3）钦州市。钦州港工业区从1999年的第一家工业企业——广西明鑫磷化工有限公司——引入以来，短短两年便形成了第一个工业集群——磷化工基地，之后，钦州港工业区开始积极对外开放，到目前已经形成了以石化、能源、磷化工、林浆纸及其他配套或关联产业为主的产业集群。目前钦州港仍有100万吨/年乙烯项目、70万吨/年对苯二甲酸项目、中石油1000万吨炼化等在建项目，这些化学项目对环境的影响似乎是可预见的。

（4）防城港市。防城港企沙工业区主要发展钢铁、重型机械、能源、粮油加工、修造船及其他配套或关联产业。在防城港码头，堆满了在此中转的铁矿石、煤、硫磺，延伸到海港中央20万吨级码头港口，2007年9月坐落于港口另一侧的中华电力也已经并网发电，这对于海水质量和空气质量都会产生一定的影响。

2. 基础设施建设落后

进入21世纪之后，广西北部湾经过数年的发展，虽然其基础设施取得了较大的进步，但是相比其他地区而言，北部湾经济开发区的基础设施建设仍然较为滞后，基础设施条件限制带来污染，以及污染处理设施不先进导致生态环境恢复能力不足。

（1）交通基础设施。

1）港口规划与开发建设缺乏协同性。广西北部湾经济区沿海港口和内河西江干线港口是连接西南与港澳、中国与东盟最便捷的水路通道，在带动沿海、沿江工业产业发展方面的作用不断增强。然而，该经济区的港口结构不甚合理，浅水港和深水港尚未得到合理配置。在广西1600多公里的海岸线中，适合建万吨以上码头泊位的深水岸线只有约200公里；在6000多公里内河航道中，适合建千吨级以上码头的深水岸线只有500多公里①。

2）港口服务水平建设滞后，总体水平较低。港口物流与客流的集结、引导与市场开发，港口物流和客流的接收与处理，港口物流与客流的分流和疏散等相关服务缺乏。目前广西北部湾经济区港口服务业市场发育程度较低，服务企业较少。同时，该经济区港口服务网络的建设处于起步阶段，仅实现了与东南亚区域国家的港口对接，缺乏与国际港口服务网络的良好对接。另外，在港口服务费用方面，虽然广西港口装卸和堆存费用较低，但其他各种费用繁杂，且服务水平低，这些方面远不如湛江港、海口港等港口。

3）交通基础设施分布不平衡，不利于区域协调发展。在一段时期内，广西北部湾经济区各地交通基础设施发展水平参差不齐，部分地区处于滞后状态，运输网络密度与周边省份基础设施的发展不协调，在对外开放方面更为闭塞。整体来看，路网规模总量不足，分布不均，主要通道能力紧张，缺乏连接区域内中心城市与多区域合作的快速大能力通道。例如，铁路运输方面，铁路的点线能力不

---

① 张孟君. "广西港口条例"出台项目两年未开工将被吊销许可［EB/OL］. 广西新闻网，https：//www. qianzhan. com/regieconomy/detail/142/20120329－8fa22e7a1a59d48d. html，2010－11－29.

协调，向内地铁路运输的能力不足，集疏能力差；同时，铁路与其他运输方式的衔接不畅，尤其跟不上沿海港口发展需要。由于交通运输不畅，大量货物滞留海面或港口码头，不能顺利运往国内各省区；此外，国内各省区通过北部湾港运往各国的货物也不能顺利进入港口，装船出运。

4）交通等硬件设施技术装备水平较低，与中国—东盟自由贸易区的发展要求不相符。在客运高速、货运重载、自动化管理等方面，北部湾一度较为落后。2012 年之前，广西境内还没有时速 200 公里的快速铁路，最高时速为每小时 120公里，即使是 2012 年建成通车的南广铁路，最高设计时速也只有 250 公里，广西的西南铁路大通道年输送能力不到 3000 万吨，与规划 2020 年年输送能力 2 亿吨的目标还相差很远。港口基础设施方面，目前广西港口群相对于环北部湾的湛江港和海口港而言，还有明显的差距。由此导致的矿资源露天污染等增多①。

5）交通基础设施建设与东盟国家基础设施建设还未达到良好的协同性。在铁路建设方面，虽然 2015 年建成的泛亚铁路将云南、广西及东盟国家联结起来，但是，广西北部湾经济区目前与泛亚铁路之间连接的网络尚未形成。同时，与国外多区域合作的其他交通基础设施网络也还没有形成，尤其在航空运输基础设施建设方面，面向东盟的国际航线还较少，不能完全跟上中国—东盟国际贸易迅速发展的步伐。

6）交通基础设施管理体系不健全，导致资源浪费，影响了广西北部湾经济区交通基础设施的协同发展和综合运输体系的形成。长期以来，各地交通运输体系处于多头管理、条块分割的状态，如港口属于交通部门管理，而与港口相连接的铁路属于铁路部门管理。管理机构按行政区域划分职能范围，造成资源浪费和效率低下。实践中，交通管理权限分为交通、铁路、民航等，此外，涉及交通运输管理的还有海关、商贸等部门，各种职能彼此孤立，没有一个统一的部门或机构来统筹协调，给广西北部湾经济区交通基础设施的协同发展及综合运输体系的形成造成了较大的障碍。

（2）能源基础设施。

1）油管道基础设施重复建设。目前在广西北部湾经济区能源基础设施工程中，南宁—柳州成品油管道工程、钦州—南宁成品油管道工程、北海—南宁成品油管道工程等是典型的工程项目，这些基础设施工程在该经济区的生产和生活中具有重要地位，然而，这些基础设施工程之间存在重复建设问题，这表明广西北

---

①　胡丽华．广西北部湾经济区交通基础设施建设协同发展研究［J］．特区经济，2011（7）：226 - 228.

部湾经济区基础设施工程的规划与建设缺乏统一性与协调性，直接导致资源的浪费。

2）煤炭储运配送基地建设不足，运输污染较多。据统计，目前广西煤炭产量为每年735万吨左右，然而，未来5年的需求量为8000万吨，供需存在较大缺口，虽然已建有年吞吐量为1500万吨的钦州港果子山煤炭储运配送基地，但仍不能满足煤炭储运的巨大需求[①]。近年来，广西计划在北海、防城港建设煤炭储运配送中心，但由于各种原因仍未建成。

3）生物质能、风能、潮汐能、太阳能、沼气、非粮燃料乙醇等清洁能源和可再生能源基础设施建设滞后，大多处于起步阶段甚至空白状态。选址于广西防城港市防城区江山半岛南端的广西白龙核电项目酝酿动工多年，但仍未建成。

（3）水利基础设施。

1）沿海标准化海堤工程建设滞后。该经济区目前的海堤工程大部分还是原来建设的低水平工程，如钦州市钦南区的海河堤大部分只属于5年一遇的堤围。由于原有旧堤围建设标准低，大多是土石结构，水土流失严重，堤防堤身低矮、单薄，防御能力差，防御能力达不到10年一遇防洪（潮）标准，当地居民常受台风、暴潮的侵袭，通常损失惨重。即使是目前拟建和在建的标准化海堤，最多也只是按20年一遇洪（潮）标准设计，防潮排涝闸按20年一遇年最大24小时暴雨洪水设计，这种设计虽说是广西目前的最高标准，但是，由于现在气候及自然环境的变化，自然灾害中50年一遇甚至100年一遇的现象时有发生，因此，广西北部湾经济区标准化海堤工程的规划设计与建设应该更具有预见性。

2）农村居民生活用水和农业用水保证率低，与该经济区农业人口的比例不协调。虽然广西近年加快了城镇化建设步伐，但是，通过对南宁、北海、钦州、防城港四市2009年国民经济和社会发展统计公报所公布的数据分析可知，广西北部湾经济区农业人口仍然超过60%，因此，加强有关农村居民生活用水和农业用水的基础设施建设是该经济区的重要任务，而在这一点上，该经济区还有较大差距，以北海为例，北海农村自来水普及率只有34%，短板问题突出。

3）海水淡化基础设施建设滞后，与该经济区的沿海区位优势不协调。在淡水资源较缺乏的背景下，该经济区尚未对丰富的海水资源和匮乏的淡水资源形成协调开发和优化利用。随着广西北部湾经济区建设与发展进程的加快，该经济区的生产、生活对水资源的需求将会有较大幅度的增加，用水问题尤其是海水淡化

① 胡丽华．广西北部湾经济区交通基础设施建设协同发展研究［J］．特区经济，2011（7）：226 - 228.

问题急需解决。

4）污水处理基础设施建设滞后，不能很好地满足地区经济快速发展的要求。在南宁的工业园区中，只有南宁六景工业园开始建设比较先进的污水处理厂，与工业园区的发展要求不相匹配。另外，污水处理工程在促进污水资源化方面水平有待大力提高，尤其在农村，这方面的工程建设才刚刚开始。

3. 生态环境破坏较为严重

（1）海洋生态环境压力增大。自北部湾经济区成立以来，北部湾地区发展迅速，工业废水、废渣和城市中有害物大量排入海洋，使沿岸水质遭到不同程度的污染。20 世纪 50 年代，海南全岛有红树林面积 1 万多公顷，而 2002 年统计，全岛红树林减少了 60.07%[①]。这几年特别是中越北部湾划界后，北部湾渔业资源枯竭与过度捕捞形成了互为因果的恶性循环，使生态系统日趋衰落，生物多样性明显降低，海洋生物不断减少。城市污水处理设施建设滞后，大量的城市污水不经处理直排入海，严重污染了纳污海域的水质；海水养殖处于失控、无序发展状态，海水养殖面积过大，养殖密度高，滥用药物，污染严重；海洋环境保护、监测研究投入少，海洋环境质量监测设备简陋落后、经费紧张、人员缺乏，以至于很多重要的生态分析项目无法开展，海洋环境监测监视系统和环境预警系统没有建立和完善，预测、应急措施的决策信息支援系统等效用仍未得到充分发挥；涉海管理部门之间缺乏统一协调的管理机制，交通、渔政、海事等部门各自为政，部门、地区和行业之间的不协调日渐明显，各海洋产业之间用海矛盾突出，海洋的综合优势未能充分发挥；海洋防灾、减灾能力薄弱，防灾减灾体系不完善，现有护岸工程抵挡台风和其他自然灾害袭击的能力不足。

（2）城市生态环境建设面临挑战。北部湾地区主要污染物的总量减排任务艰巨，主要环保设施不完善。污水处理厂日处理量不到污水总量的 1/5，工业企业中水污染排放大户能耗高、技术含量低、规模较小，结构性污染严重。城市生活垃圾填埋处理过于简单，造成处理场周围的环境污染，尤其是地下水质污染严重。海洋生物品种急剧下降，生态受到严重破坏。

（3）农村生态环境面临失控。随着农业产业结构调整，养殖业快速发展，规模化畜禽养殖粪便的直接排放，成为北部湾次级河流被污染的主要污染源，加重了地表水和次级河流的污染，畜禽养殖专业户及企业逐步成为新的污染大户。尤其是水产养殖快速发展，由于大量投放富含氮、磷的饲料、化肥及畜禽粪便进行肥水养鱼，池塘、水库、河道污染面积呈高速发展之势，地表水富营养化问题日益严重。

二、"两山"理念践行之路

（一）思想创新

北部湾经济区设立之初便定位为生态优先的对外开放经济区，广西壮族自治区政府也将生态作为优先发展方向，不再是以"先污染，后治理"的模式进行发展，而是进行产业经济发展与生态环境保护同步进行的先行示范区，这在全国来说属于对外开放的典范，可以说，北部湾经济开发区是新型经济开发区的代表，是"产业与美景同在"思想的重要先行示范区。

（二）制度创新

行政管理制度创新助力北部湾发展迅速。自从北部湾经济开发区挂牌成立以来，北部湾管理制度、模式进行了一系列创新，在很大程度上助推了北部湾经济又好又快的发展。

在企业管理方面，三港整合推动作用显著。2007 年 2 月 14 日，广西北部湾国际港务集团挂牌成立，开创了全国沿海港口跨行政区域整合的先河。集团公司通过北海公司重组，实现了三港主要码头泊位等资产整体上市，并统一规划、建设和经营主体，统一北部湾名称，成为港口行业成功整合的示范企业，自此北部湾经济区三大港口——防城港、钦州港和北海港依靠优越的自然条件，破除了长期各自为政、恶性竞争，发展阻碍条件不复存在。2015 年的数据显示，北部湾港完成货物吞吐量 2.04 亿吨，其中完成集装箱吞吐量 141.5 万标箱，分别比2006 年增长 3.1 倍、5.8 倍[①]。

在行政管理方面，北部湾多项措施位居全国前列。成立北部湾（广西）经济区规划建设管理委员会及其办公室，这是全国首创跨行政区协调管理模式，自此，北部湾实现统一规划、统一组织建设和管理；成立广西第一个行政审批局——南宁经济技术开发区行政审批局，经开区各战略自此有了统一的执行机构；全区率先实施土地"只征不转"改革等用地新模式，确保开放开发顺利推进等。北部湾多项举措走在了全区甚至全国前列，在北部湾经济开发区的实践中具有极大的推动作用。

---

① 华政. 碧海春潮逐浪高——广西北部湾经济区十年发展记事［EB/OL］. 新华网，http：//www. xin huan et. com/politics/2016 − 05/05/c_128957864. htm，2016 − 5 − 5.

（三）发展经验介绍

"广阔的海面上，身姿娇美的白海豚不时跃出水面嬉戏；湛蓝的海水中，美丽的珊瑚清晰可见；松软的滩涂上，成片的红树林随风摇曳……"① 这是近年来广西北部湾临海地区时常见到的画卷景象。近年来，广西北部湾经济区在加快经济发展的同时，始终把环境保护放在首位，让经济区内森林覆盖率不仅高达49.5%，而且红树林、白海豚、白鹭等"标志性"生态物种得到有效保护，生动演绎了生态保护与开发建设和谐共融的"绿色发展"理念。

1. 经济发展，规划先行

广西北部湾经济区是后发展地区，从一开始就坚持以规划为先导，严格按照科学的规划来进行。首先，争取国家发改委的大力支持，联合编制了《广西北部湾经济区发展规划》，获得国家批准实施，把广西北部湾经济区开放开发上升为国家战略。然后，根据国家批准的《广西北部湾经济区发展规划》，制定和完善了北部湾经济区城镇群规划、沿海港口布局规划、"三基地一中心"建设规划等50 多个专项规划，调整和修编了经济区各市的城市总体规划、土地利用总体规划，统筹五大功能组团和经济区各市的一体化发展。

广西壮族自治区党委、区政府高度重视广西北部湾经济区开放开发，提出北部湾经济区全面开放开发的战略构想后，立即于 2006 年 3 月 22 日成立了广西北部湾经济区规划建设管理委员会，管委会下设办公室，为自治区人民政府派出机构（正厅级行政单位），由自治区副主席兼任管委会主任和办公室主任，代表自治区人民政府行使有关北部湾经济区开发建设的管理权，统筹发展规划的制定和实施、重大基础设施建设、重大产业布局、功能区开发、相关政策制定、岸线资源的开发利用以及其他重大事项。国家批准实施《广西北部湾经济区发展规划》后，自治区党委、区政府即提出"产业优先发展、交通优先发展、广西北部湾经济区优先发展"的决策部署，明确把广西北部湾经济区开放开发作为发展的战略重点和龙头，加强领导、强化措施，全力推进开发建设的各项工作，明确把《广西北部湾经济区发展规划》作为引领北部湾经济区开放开发的纲领，成立了加快广西北部湾经济区开放开发领导小组，由自治区党政主要领导担任组长，自治区主要经济部门为成员单位，加强对实施规划的领导。领导小组下设办公室，设在自治区北部湾办公室。制定出台了《自治区党委政府关于实施〈广西北部湾经济区发展规划〉的工作方案》和《自治区党委政府关于全面实施〈广西北部湾

<hr />

① 北部湾经济区如何实现产业与美景同在？［EB/OL］. 搜狐网，https：//www.sohu.com/a/128559800_402008.htm，2017－3.

经济区发展规划〉的决定》，分解落实各项任务，由自治区 40 多位领导和 60 多个厅局、地市领导牵头负责，定任务、定目标、定人员，有效地推动了各项工作的落实。2010 年以来，自治区党委、区政府认真分析了广西北部湾经济区开放开发面临的新形势，决定采取大动作、大手笔，集中全区人力、物力、财力，用超常规举措推进广西北部湾经济区加快发展，在短期内打开局面，提出"做强大产业，建设大港口，完善大交通，构筑大物流，推进大城建，发展大旅游，实施大招商，发展大文化"的具体部署，掀起了广西北部湾经济区开放开发的新高潮。

绿色发展已成为当今世界经济的一股新潮流，而中国与部分东盟国家同属泛北部湾海域，且又属于新型工业化国家，在环境发展领域，面临着许多共同的挑战。在此背景下，推动区域经济社会环境相互协调、融合，实现泛北部湾区域可持续发展，一直是中国—东盟对话与合作的主旋律。

2017 年 1 月 20 日，中国国务院正式批复的《北部湾城市群发展规划》强调：优良的生态环境是北部湾城市群发展的核心竞争力，必须把保住一泓清水作为不可突破的底线和红线，坚持陆海联动、生态共建、环境共治，以打造面向东盟开放高地为重点，构建环境友好型产业体系为基础，发展美丽经济的宜居城市和蓝色海湾城市群。

2009 年 4 月通过的《广西北部湾经济区发展规划环评报告书》中也制定了经济区总体环境保护目标：坚持"生态优先"的基本原则，全面实施"海陆统筹""优化环境""协调发展"的区域发展与环境保护策略，高标准、高水平、高起点地开展经济区的环境保护和生态建设，将广西北部湾经济区建设成为科学发展、生态良好的重要国际区域经济合作区和中国区域合作和对外开放的"绿色窗口"。

2008 年，《广西北部湾经济区发展规划》为了避免走上"先污染，后治理"的老路，把 4.25 万平方公里的经济区划分为城市、农村和生态三类地区，其中 1/3 的地域规划建成生态屏障。

在这些发展规划和精准定位下，北部湾经济区各市也制定了与本市生态环境相协调的发展路线，齐心打造"绿色经济区"。

作为北部湾经济区的核心城市，南宁市一方面把过去"绿在城中，城在绿中"转变为"山水森林在城中，城在山水森林中"，另一方面则积极推进特色污染减排，将污染防治由被动应对转向主动防控，实现了全市制浆、造纸、制糖、淀粉、酒精重点行业环保治理设施的升级换代。北海市则还滩于大海、于自然，并将 78 平方公里市区确定为空气质量一类功能区，严格控制大气、水、噪声污染，建设最宜人居住的"中华濒海后花园"。钦州市为了保护中华白海豚，专门划定一段生态海岸线，不准布局工业项目，同时提高环保门槛，从"招商引资"到"招商选资"。防城港市把原本规划用于建设物流园区的东湾岸城市红树林区，改为建设红树林生态实验园，并在加快港口和临港工业建设过程中，走现代新型工业化道路，保护好红树林等。

得益于这些发展规划和防范措施，如今北部湾经济区内的红树林面积已增加到 7300 多公顷；空气质量优良率稳居中国前列；北部湾海域白海豚的数量不仅没有下降，反而在不断增加……坚守着绿色发展理念的北部湾经济区，天更蓝，水更净，而"既要金山银山，又要绿水青山，更要碧海银滩"也日益成为人们的共识[①]。

2. 产业"生态化"，生态"产业化"

北部湾发展的未来归根结底靠的是产业。目前，北部湾通过各种各样的措施推动与东盟国家在产业上实现可持续发展，在积极发展石油、钢铁、化工、核电等大批产业项目的同时，通过一系列措施保护"碧海蓝天"。

（1）发挥政府"看得见的手"的作用，多管齐下实现北部湾美景再现。"绿水青山就是金山银山"和"既要金山银山，又要绿水青山，更要碧海银滩"理念提出以来，广西壮族自治区政府提高环保门槛，引进新科技企业，淘汰落后产能，控制沿海岸线使用，这正是北部湾经济区在发展产业时严守的底线。"北部湾经济区要坚持走科学发展之路，上下一致解决生态环境'老大难'问题，保持区内碧海蓝天与经济发展同在。钦州、北海、防城港沿海三市要继续增强责任感和紧迫感，立行立改，坚决按时保质保量完成整改任务；要举一反三，全面排查风险隐患，针对中央环保督察组反馈意见逐一排查整改，做到每条反馈意见有回复、有结论；要按照产品结构和地区结构进行沿海产业布局调整，整合优化，控增量、调结构，推动产业转型升级；要健全制度，强化产业准入监管，未开工的落后产能项目一律不准开工"[②]。

（2）积极引进环保新技术，"鱼和熊掌兼得"。在中国石油广西石化钦州千万吨炼油基地，炼塔林立、管廊交错，但却只见海水碧波荡漾，看不到污染，也闻不到异味。公司采用世界先进技术，引入国际领先设计，借鉴国际工程管理，

① 唐广生. 广西红树林面积已达到 7300 多公顷居全国首位［EB/OL］. 广西新闻网, http://www. gxnews. com. cn/staticpages/20170616/newgx59430c9a－16277627. shtml, 2017－6－16.

② 陈丽冰. "绿色北部湾"：产业与美景同在［J］. 中国—东盟博览, 2017（5）：45.

建设世界一流炼厂。炼油基地投入了10亿多元强化环保建设，使污水排放达到国家一级标准；投资4500多万元完成了厂区绿化建设。如今，炼油厂的安全环保管理实现了"零事故、零伤害、零污染"目标。这样的场景在北部湾随处可见。北海诚德不锈钢有限公司冷轧厂以电力、天然气为能源，实现绿色环保生产；防城港金川有色金属加工项目用废气制造硫酸，用国际最先进的技术实现废水"零排放"；北京碧水源科技股份有限公司与广西北部湾投资集团有限公司联姻，通过开展城市供排水、市政污水与工业废水处理、中水回用及河流治理等水务环保产业的投资、建设、运营，加快完善广西水务环保基础设施建设①。

（3）对外开放助力北部湾产业与生态融合。为了契合当前东盟国家重点发展环保产业的引入标准，促进未来经济区更顺利、更主动地与东盟国家开展产业合作，经济区各市当前也在积极培育和发展海洋、生物、制药、动漫、清洁能源等绿色环保产业。例如，南宁正加快推进新能源汽车、生物医药、电子信息等产业集聚区；钦州则在重点发展滨海旅游业、海洋生物医药产业、海洋服务业、海产品深加工等蓝色产业；而在北海，中电集团、冠捷科技、惠科电子等一批知名企业纷至沓来，曾经的电子产业"荒漠"已摇身变成"北部湾硅谷"。

3. 以人为本，打造对外开放宜居城市

（1）南宁市。近年来，南宁市深入贯彻习近平生态文明思想，按照"治水、建城、为民"城市工作主线，创新推进一大批海绵城市建设、黑臭水体整治、城市地下综合管廊建设等重点项目，基础设施日臻完善，彰显了天蓝水净、地绿山青、城市整洁、道路通畅、人和业兴的宜居城市风貌。在黑臭水体改造方面，南宁市适时启动了12个新建改扩建污水处理项目的建设，这将进一步提高南宁市城市污水处理能力和处理标准，改善城市水环境和人居环境，不断满足人民群众日益增长的对良好生态环境的需求。在海绵城市建设方面，南宁市全面贯彻全流域治理理念，将海绵城市建设要求与黑臭水体治理措施进行有机结合，成功探索出"控源截污、源头减排、内源治理、生态修复"相结合的水环境综合治理模式。

（2）北海市。北海在最近几年根据生态宜居理念，依靠先天优良的自然生态资源、文化资源和地域特色，正将北海市建设成为"国际度假胜地、生态休闲智城、特色文化名城、开放宜居珠城"。未来几年，北海将会成为、以休闲度假为主的国际滨海旅游目的地和区域性国际旅游集散服务中心；我国西南地区重要

① 陈丽冰. "绿色北部湾"：产业与美景同在 [J]. 中国—东盟博览，2017（5）：45.

的高新技术产业、临港产业及海洋产业基地；面向东盟、连接我国西南的区域性商贸物流中心，21世纪"海上丝绸之路"的重要门户；以服务区域性商贸、清洁型物资运输以及国际旅游为主的地区性重要港口；广西重要的科教文化基地。这些定位将促使北海市成为我国南部的新型开放高地。

（3）钦州市。钦州市自2010年启动了"园林生活十年计划"，提出"十年三级跳"创建园林城市的工作目标并在2011年获得"广西园林城市"称号，2012年正式启动实施创建国家园林城市工作。2015年钦州市启动了"四城联创"工作，统筹协调创建全国文明城市、国家园林城市、国家卫生城市和广西食品安全城市，增强创建活动的整体合力，初步形成了具有"岭南风格、滨海风光、东南亚风情"园林城市特色，五年创园硕果累累。成了广西对外开放的一朵亮丽的"园林名片"。近年来，更是积极实施生态宜居规划，正在打造园林新城。

（4）防城港市。防城港是广西的一座滨海城市，境内森林公园、自然保护区众多。近年来，防城港秉承"绿水青山就是金山银山"的发展理念，坚持走科学发展、生态发展、绿色发展之路，突出海湾、门户、生态城市特色，着力打造生态宜居新名片。目前，防城港市正按照《防城港市城市总体规划（2008～2025年）》进行城市建设，防城港市这座新型的海湾新城正在崛起。

三、践行"两山"理念的剖析

（一）取得成效

第一，立足生态，有序开发经济。广西北部湾经济开发区的发展建设路径与世界上其他国家甚至是国内其他城市发展也是不一样的，其他地方均是以"先发展，后治理"的路径进行建设，而北部湾经济开发区则是以"发展经济和生态保护同时进行"，以"立足生态、有序开发经济"的路径进行建设。从"十一五"时期开始，广西开放开发的重心就在北部湾，但环境保护的重心也在北部湾。

第二，注重规划，生态环境保护与经济发展并行。改革开放以来，全国各地发展均是以"先发展，后治理"的模式进行发展，而北部湾经济开发区则开辟了一条不同的发展道路，即产业经济发展与生态环境保护并行的发展新道路。自挂牌成立以来，北部湾始终把生态和经济放在同等重要的发展位置上，不仅改变了以前各地区各自为政带来的重复规划以及生态环境问题，还使广西对外开放出现质的增长，成为我国对东盟开放的崭新的高质量平台。

（二）经验总结

北部湾经济开发区自建设以来，从生态环保为导向的产业布局，到"以人为本"宜居城市的打造,北部湾经济区走出了一条生态与工业共处的和谐新路。在这一过程中,北部湾通过深思熟虑的规划、"生态和产业同步发展"的超前发展理念等,"既要金山银山,也要绿水青山",对其他地区有着典型的示范意义,对国内后发展地区的发展具有重要的借鉴意义。

四、结束语

既要产业强,也要生态美。可以看到,经过10多年开拓的北部湾经济区走出了一条生态与工业和谐共进的绿色发展之路,并将打造"绿色"中国—东盟合作的示范区、国际区域经济合作的新高地,使其成为海内外人士投资的好去处。加之位于"一路一带"的交会点,具有极大的区位优势,广西北部湾定将成为国内外新的生态经济发展新高地。

第五节　"一带一路"篇——广西:中国—东盟的贸易枢纽

一、背景

(一) 情况简介

广西毗邻东盟五国,是一带一路的重要枢纽,有着绝对的地理优势。2004年10月,首届中国—东盟博览会在南宁成功举办,南宁市成为中国—东盟博览会的永久举办城市,南宁以此为发展契机,带动了经济发展。南宁·中国—东盟商务区作为中国面对东盟的国际窗口,是中国与东盟国家在经贸领域、文化交流领域进一步深化合作的重要交流基地。东盟国际商务区的建设对于南宁实现区域性国际性城市目标意义巨大。近年来,广西壮族自治区全面实施开放带动战略,以"南向通道"为载体,以重大项目和标志性工程为抓手,主动融入"一带一路"建设,有效服务国家开放发展大局。全区"南向、北联、东融、西合"开放发展新格局初步形成,中新互联互通"南向通道"建设全面加快,重大合作平台和重大项目建设不断夯实,开放型经济水平大幅提升,北部湾经济区开放发展风生水起,珠江—西江经济带和左右江革命老区建设稳步推进,旅游开放合作进一步深化,广西面向东盟的国际大通道、有机衔接"一带一路"的重要门户和服务西南中南开放发展新的战略支点作用日益凸显。

改革开放以来，广西积极同世界各国尤其是东盟国家开展贸易活动，1991年对外贸易进出口总额首次突破 10 亿美元大关，2017 年达到 3866.3 亿元，是 1978 年的 212.4 倍。坚持"优正贸、提加贸、稳边贸"，深入实施"加工贸易倍增计划"，促进了外贸扩规模、优结构。2013~2017 年，进出口贸易从 2035.9 亿元增长到 3866.3 亿元，年均增长 17.4%，超过全国平均 14.7 个百分点，总额接近翻番。第一轮"加工贸易倍增计划"提前一年实现，高技术含量、高附加值产品出口稳步增长，助推电子信息制造业工业总产值增长 2.6 倍。电商交易额达到 7000 亿元，相比于 2013 年的 1266 亿元，年均增长 53.3%，最终消费对全区经济增长贡献率达到 50% 左右，成为拉动广西经济增长的重要动力①。

广西是全国口岸大省，开放口岸数量居全国第三位，拥有国家一、二类口岸 25 个，其中边境口岸 12 个、海港口岸 6 个、航空口岸 3 个、内河口岸 4 个，另有中越边民互市贸易点 26 个，形成全方位、多层次、立体化口岸开放格局。2014 年起，广西建立了以自治区分管副主席为召集人的口岸联席会议制度，及时研究解决和协调配合口岸开放建设和通关便利化的重大事项，成为强化部门间协调配合、进一步提升口岸工作效率、促进口岸通行安全便利的重要抓手。

改革开放以来，广西企业"走出去"地域覆盖亚洲、非洲、欧洲、美洲、大洋洲五大洲的 80 多个国家和地区。在广西备案或核准境外投资企业及境外机构 667 家。2013~2017 年，全区对外直接投资从 7.8 亿美元增长到 17.1 亿美元，年均增长 21.8%，开创了"两国双园"的"一带一路"产业合作新模式。

随着中国—东盟自贸区建成升级和国家"走出去"战略的深入实施，广西目前以东盟市场为重点的"走出去"业务呈现出四个特点：一是增长速度快；二是投资目的地比较集中；三是投向行业分布较广；四是投资来源以大城市为主。截至 2018 年 6 月底，广西对外投资涉及 80 多个国家，共 684 家（含境外机构）办理投资备案或核准手续。中方协议投资额达到 100.38 亿美元，其中，东盟国家为广西对外投资最大投资地，占 58% 以上。

中国—东盟博览会和中国—东盟商务与投资峰会是中国和东盟十国政府经贸主管部门及东盟秘书处共同主办的国际经贸盛会，迄今已成功举办 14 届，共有 67 位中国和东盟国家领导人、2900 多位部长级贵宾出席，66.1 万名客商

---

① 欧建峰. 广西参与"一带一路"建设的重点方向及策略 [J]. 广西社会科学, 2016 (4)：29-32.

参会。发表了《南宁宣言》等一系列重要文件，促成中马"两国双园"等一大批重大项目，推动中国—东盟文化、体育等多领域交流合作，成为落实贸易投资便利化的有效平台，在中国—东盟合作中发挥了越来越重要的作用，已成为广西的亮丽名片，正在构建成为中国—东盟自贸区升级发展的服务平台、中国—东盟命运共同体多领域交流的公共平台、21 世纪海上丝绸之路合作的核心平台。

"南向、北联、东融、西合"开放发展格局初步形成。广西紧抓国家实施粤港澳大湾区建设重大机遇，以产业园区为载体，全面推进与粤港澳台基础设施互联互通、产业承接转移和共建珠江—西江千里绿色生态走廊等建设，"东融"取得明显进展。2017 年，桂港澳贸易额达 38.8 亿美元，在 2012 年基础上实现翻番，年均增长 18.5%。2017 年，广西利用与香港开展 CEPA 合作的优势，积极向香港各界推介南向通道，力推香港发挥港口、物流等方面优势参与南向通道建设。香港政商各界迅速回应，积极与广西联系沟通，融入南向通道建设。广西紧紧抓住中国—东盟自贸区升级发展和中新互联互通南向通道建设的机遇，以重大项目和标志性工程为抓手，积极推进"南向"战略，全面深化与以"东盟"为重点的"一带一路"沿线国家和地区合作，成效较为显著。2017 年，广西与"一带一路"沿线国家贸易额达 2100.2 亿元，广西与东盟贸易额达 1894 亿元，占外贸进出口总额的 49%。东盟已经连续 17 年成为广西第一大贸易伙伴。东盟国家累计在广西投资设立企业 560 家，合同外资金额 34.26 亿美元，实际利用外资金额 23.21 亿美元。在"北联"和"西合"方面，广西以中新互联互通南向通道建设为载体，全面加强了与重庆、贵州、甘肃、四川等省市的合作，广西对西南、中南地区的战略支点作用进一步增强。联合云南等省份，全面加强了与越南、缅甸、老挝、泰国、柬埔寨等湄公河国家合作，开拓了一批新兴市场。2017 年 4 月，广西与新加坡签署了共建中新南宁国际物流园、加密航线、通关信息平台等合作备忘录。2017 年 8 月，渝桂黔陇四省（区、市）签署合作框架协议，建立了机制化合作关系。2018 年 4 月，渝桂黔陇与四川、云南、陕西、青海、内蒙古、新疆等十省（区、市）联合发布了重庆倡议。渝桂黔陇四省（区、市）大力推进沿线基础设施建设，积极打通交通运力瓶颈，钦州港东站货场扩建一期工程于 2017 年 7 月底投入使用。2018 年，广西将推动 52 项重点基础设施项目，集中力量加快钦州港东站集装箱中心站、钦港铁路支线扩能改造等 12 项重点瓶颈项目建设，进一步提升南向通道关键枢纽节点多式联运水平。

（二）发展方向

1. 建设衔接"一带一路"重要枢纽①

发挥广西位于"一带一路"交汇对接的重要节点和关键区域优势，抓住关键通道、关键节点和重点工程，打通缺失路段，形成骨干通道，促进"一带一路"有机衔接和互联互通。以南宁为枢纽，重点建设南宁至贵阳、重庆、成都、西安、兰州、乌鲁木齐等国内城市，连接丝绸之路经济带的北上通道，南宁至越南、老挝、柬埔寨、泰国、马来西亚、新加坡等中南半岛国家，连接海上丝绸之路的南下通道，推动形成贯通我国西部地区与中南半岛、衔接"一带一路"的南北陆路新通道。以柳州为节点，拓展渝新欧国际班列延伸至柳州，推动形成衔接丝绸之路经济带与珠江—西江经济带和港澳地区的粤桂渝新欧国际大通道。以北部湾沿海港口为依托，开通至东盟的海上"穿梭巴士"，建设中国—东盟港口城市合作网络，构建通畅安全的中国—东盟海上通道。以边境地区为重点，加强与越南铁路、公路、桥梁、重要口岸对接，畅通瓶颈路段，构建便捷高效的中国—东盟陆路通道。以南宁、桂林机场为载体，加密东盟航线航班，争取西南中南地区重要城市经停中转东盟国家，构建便利顺畅的中国—东盟空中走廊。

2. 建设"一带一路"产业创新基地

以国家推进国际产能和装备制造合作为契机，面向东盟及"一带一路"沿线国家，积极参与国际产业对接和产能合作，打造产业合作先行基地。以北部湾经济区、西江经济带、沿边地区为重点，依托交通通道和重要节点城市，以产业园区为载体，搭建国际产能合作的重要平台，吸引国内优势装备制造产能在广西建设面向东盟的生产基地；依托边境口岸承接产业转移，利用东盟农林、矿产等资源发展出口加工业，促进贸工一体化，建设出口加工基地。开辟跨境多式联运交通走廊，建设一批境外产业园和生产基地，打造跨境产业链、价值链、物流链。拓展"两国双园"模式，加快中马钦州产业园、马中关丹产业园先进制造基地、信息智慧走廊、文化生态新城建设，打造国际产能合作旗舰项目。推动与东盟国家合作共建产业园区，建设边境和跨境经济合作区，为国内企业赴东盟集群式投资提供平台。加强粮食、水果、红木等跨境农林产品交易平台建设，打造区域性国际交易市场。

3. 建设"一带一路"重要服务平台

构建多层次合作平台和机制，打造中国—东盟博览会、中国—东盟商务与投

---

① 参见广西"十三五"规划数据库。

资峰会升级版，将服务范围由中国—东盟"10＋1"拓展到区域全面经济伙伴关系"10＋6"乃至更广区域，建成服务"一带一路"的重要平台和窗口。发挥南宁渠道作用，举办高层系列论坛，提升泛北部湾经济合作论坛国际影响力，推动泛北部湾经济合作成为中国—东盟次区域合作机制，在南宁设立泛北合作机构。以南宁—新加坡经济走廊为主轴，积极推动中国—中南半岛国际经济合作走廊建设，参与孟中印缅国际经济走廊建设以及澜沧江—湄公河、大湄公河次区域合作。争取更多沿线国家在广西设立领事馆和商务办事处，更多国际交流合作机制和平台落户广西。注重发挥企事业、民间团体和社会组织作用，搭建互利共赢的多边交流合作平台。

4. 建设"一带一路"人文交流纽带

构建官民并举、多方参与的人文交流机制，拓展与沿线国家文化体育、教育培训、旅游会展、技术转移、人才培养、医疗保健、信息传播、海洋资源、扶贫减灾，以及历史文化遗产、生态环境保护、应对气候变化等多领域的交流合作，建设国际人文交流基地。吸引沿线国家政治精英、专家学者、企业家和社会人士到广西研修培训，实施中国—东盟留学生"双万人计划"，打造国际培训和留学目的地。办好中国—东盟文化交流周。促进城市、港口之间缔结友好城市和姊妹港。深化青年、妇女、智库、科协、民间组织等友好合作，开展丰富多彩的交流活动，为建设"一带一路"夯实民意基础。

5. 建设"一带一路"区域金融中心

充分发挥沿边金融综合改革试验区作用，大力发展沿边金融、跨境金融，构建以南宁为中心，东兴、凭祥为次中心的"金三角"沿边金融格局。积极推动人民币与东盟和南亚国家货币银行间市场区域交易，扩大人民币在跨境贸易和投资中的使用。探索建立外汇管理负面清单制度，逐步放宽企业、个人外汇资金跨境运用限制和人民币境外债务融资，研究推行外债比例自律管理，有序实现资本项目可兑换。推进人民币跨境业务创新，建设区域性跨境人民币结算中心，设立人民币投贷基金和外资股权投资基金，引进外资股权私募基金，加强中国—东盟货币指数应用。探索发展跨境保险业务。加强与国际金融机构合作，推动亚洲基础设施投资银行、丝路基金等在广西设立分支机构，搭建国际产能和装备制造合作金融服务平台。

二、践行"两山"理念面临的问题

为了使广西打造成为向东盟开放的新门户、新枢纽，广西以东盟国家为重点,通过政策沟通、道路连通、贸易互通、货币流通、民心相通"五通"的建设,对广西口岸经济的发展起到了极大的推动作用,但是在新的经济形势下,广西"一带一路"口岸发展仍然存在着一些问题①。

(一)口岸规划与口岸开放不够合理

口岸工作重开放,轻规划、轻管理,缺乏统一的长远规划,口岸开放未能将功能定位、区域分工、空间布局统筹协调划分,各个口岸的功能定位与其自身建设规划、口岸的密集开放与实际需求之间的矛盾一直存在,导致了一些口岸资源浪费,效率低下,还有一些口岸则资源紧张。例如,位于北部湾的钦州湾内钦州港,地理位置好,占有明显优势,如果能与广西区内、国内其他省份建立多式联运将更好地带动钦州港的发展,发挥其在"一带一路"中的重要作用。但是据调查研究发现,钦州港对于港口的物流功能,信息化和港口的装卸、运输、仓储等配套服务规划不足,没有使其成为一条功能价值链,导致钦州港设立以来,铁路港口之间的相互衔接还存在很大的不足,部分码头没有铁路与之衔接,部分货物还需要在港口与铁路车站之间用汽车运输,主要依靠铁路运输和公路运输,运输能力不足严重影响了港口的货物运输,多式联运的运输组织水平及各方面运转效率比较低下,港口及车站的货物装卸工作未完全实现机械化,部分作业还需要人工搬运。

(二)贸易扩大导致资源加剧消耗

在实行对外开放过程中,随着"一带一路"脚步的加深,以牺牲环境换取经济增长的方式比较常见,我国环境保护虽然取得了积极进展,但环境形势比较严峻,主要污染物排放量超过环境承载能力,流经城市的河段普遍受到污染,如西江流域、北部湾海岸,许多城市空气污染严重,酸雨污染加重,持久性有机污染物的危害开始显现,土壤污染面积扩大,近岸海域污染加剧,核与辐射环境安全存在隐患。生态破坏严重,水土流失量大面广,石漠化、生物多样性减少,生态系统功能退化。发达国家上百年工业化过程中分阶段出现的环境问题,在我国近20多年来集中出现,呈现结构型、复合型、压缩型的特点。环境污染和生态破坏造成了巨大经济损失,危害群众健康,影响社会稳定和环境安全。未来15年我国人口将继续增加,经济总量将再翻两番,资源、能源消耗持续增长,环境保护面临的压力越来越大。

① 参见广西"十三五"规划数据库。

三、"两山"理念践行之路

将"两山"理念始终贯穿"一带一路"倡议全过程，是影响广西未来发展的重头戏，可以利用"一带一路"带来的便捷和机会，推崇创新新能源，提出发展新思路，立足服务"一带一路"倡议和国家能源安全战略，以"三大定位"为统领，深化与周边省份、东盟等地区和国家的能源合作，形成能源资源渠道宽、互联互通能力强的能源合作新格局。

（一）拓展能源贸易合作①

1. 煤炭合作

密切与贵州、云南等周边省份的煤炭合作，积极开展与内蒙古、陕西、山西、新疆、宁夏等能源大省的合作，研究建立更加广泛的长效合作机制，通过参股、合作开发、购买采矿权等多种形式共同开发能源项目，提高煤炭调入规模。加强与印度尼西亚、越南、澳大利亚等国家煤炭贸易合作，加快实施"走出去"战略，鼓励企业到煤炭资源国开拓煤炭市场，扩大煤炭进口规模。

2. 电力合作

依托南方电网，加大省际电力调剂力度，提高电力供应稳定性，重点加强与云南、贵州等周边省份的电力合作。探索扩大与越南、老挝、缅甸、印度尼西亚、柬埔寨等东盟国家电力项目合作。建立健全区外购电制度，按照市场化原则和电力需求情况，向区外购买低价优质电量。

3. 油气合作

加强与新疆、四川、内蒙古等油气资源丰富的省（区）合作。依托中石化、中石油、中海油等国家大型能源企业，扩大海外原油进口加工，积极开展面向东南亚国家的原油来料加工出口等业务；扩大海外 LNG 资源进口，扩大与澳大利亚等国家的海外 LNG 资源贸易合作。

（二）扩大能源投资合作

充分利用中国—东盟博览会等平台，支持广西企业开展国际工程承包和技术合作，积极参与越南、老挝、马来西亚、缅甸、柬埔寨等东盟国家的电力项目开发、设计和建设，扩大风电、太阳能等领域的装备、技术和服务出口。发挥广西作为我国核电走出去的桥头堡作用，推动防城港核电二期项目与东盟国家合作建设，积极开拓国际核电项目市场。加快广西生物质能源技术"走出

---

① 参见广西"十三五"规划数据库。

去"，在马来西亚、印度尼西亚等生物质原料丰富的地区，扩大生物质油、木薯深加工等项目合作。

（三）加强合作能力建设

以我国与东盟国家建立的"两国双园"为载体，布局建设海外能源基地和能源产业园区，扩大能源合作渠道。深化中国—东盟能源合作机制，建立论坛峰会、高层互访、企业交流等多形式的交流平台，加强区域性多边能源合作交流。加强能源领域人才智力合作，采取联合开发、合作研究、教育培训等方式，集聚一批适应广西能源发展需要的高层次专业人才，完善人才合作环境，提升人才交流合作水平。

（四）加强能源生产环节的环境保护

切实做好能源规划与电力、电网、新能源、天然气等专项规划的衔接，坚持能源发展与环境保护并重，突出加强重点生态功能区和生态脆弱区能源开发的生态保护，严格依据规划科学布局实施能源项目。综合运用法律、经济和行政手段，努力预防和减轻能源生产利用等对环境的影响。

严格执行能源项目节能评估审查制度和环境影响评价制度，从源头上把好能源生产项目准入关。对未通过环保审批、节能评估审查的项目，一律不予审批、核准，一律不得开工建设。

强化企业环保主体责任，能源企业严格执行环境保护和污染治理规定，加强项目建设和生产运行过程中的环境监测和事故防范。积极运用先进清洁生产技术，减少污染物排放，降低能源生产和转化对土地、水资源、生态环境的不良影响。

（五）加强能源储运环节的环境保护

积极推进油气管线网、煤炭集疏运基础设施建设，大力发展油气管道运输，到2020年，力争全区50%的成品油和80%的天然气实现管道化运输，最大限度地避免传统运输方式下突发事件对环境的影响。煤炭运输积极采用港铁联运方式，减少中途过驳产生的环境影响。

积极发展油气、煤炭集中储存设施，加强安全环保配套设施建设。煤炭存储重点加强防尘集尘、截污治污、预防自燃等措施，港口储煤场尽量避免露天堆存。加强油气储备库的规划选址和消防安全工作。

（六）加强能源消费环节的环境保护

在重点领域、重点行业、重点企业大力推进节能减排技术改造，加快淘汰落后产能，继续降低高耗能产业能源消费比重。严格执行脱硫脱硝法规政策，加强燃煤电厂和热电企业的脱硫脱硝设施运行监管，推进脱硫脱硝设施在线监测，强化脱硫脱硝目标任务考核。严格执行燃煤发电机组环保电价，落实电力、天然气、水阶梯价格政策，推动实施油品质量提升工程。出台引导企业使用清洁能源的鼓励政策，营造全社会节约能源和保护环境的良好氛围。

（七）积极开展环境恢复和污染治理

积极推进燃煤电厂的二氧化硫、氮氧化物、废气、废水、固废等环境污染治理，规范引入第三方机构参与治理。大力推进农林废弃物、养殖场废弃物、生活垃圾废弃物等生物质发电和气化利用。进一步加强核安全保障能力建设，提升核安全事故应急和监管能力。加强风电项目建设过程中的水土保持和环境恢复，采取措施降低风电运行噪声和电网电磁辐射等区域性环境影响。加强原油码头、加油站、储油库、油罐车的油气回收治理，合理规划布局油气管网，推进管道共建共用，减少耕地占用。

第六节　生态旅游篇——西江流域的生态旅游发展之路

一、背景

西江，珠江水系干流之一，全长 2214 千米，集水面积约 353120 平方千米。西江源远流长，干流各段在历史上有过不同的名称。源头至贵州省望谟县蔗香村称南盘江，以下至广西来宾市象州县石龙镇称红水河，石龙镇至桂平市区称黔江，桂平市区至梧州市称浔江，梧州市至广东省佛山市三水区思贤滘始称西江。南盘江、红水河两段共为西江上游，黔江、浔江两段共为中游，西江段为下游，以下至磨刀门为河口段。西江与东江、北江及珠江三角洲诸河合称珠江。西江是华南地区最长的河流，为中国第四大河流、珠江水系中最长的河流，长度仅次于长江、黄河、黑龙江。航运量居中国第二位，仅次于长江。西江水利、水力资源丰富，为沿岸地区的农业灌溉、河运、发电等做出了巨大贡献。

（一）区域条件[①]

（1）地理区位。西江沿江特色旅游带贯穿着广西大部分地市，东接广东、

---

① 参见广西"十三五"规划数据库。

香港、澳门，西连大西南，南临北部湾，北接湖南、贵州两地，面朝东南亚，具有良好的地理区位条件。

（2）经济区位。西江沿江特色旅游带位于国家战略的交会地，具有国家战略政策集聚优势，是珠江—西江经济带的重要组成部分，是面向粤港澳和东盟开放合作的前沿地带，是中国向南开放合作的先导区，是连接东部沿海发达地区和大西南欠发达地区的黄金地带。

（3）旅游区位。西江沿江特色旅游带地处珠江—西江经济带、左右江革命老区以及北部湾经济区"双核三区"叠加范围内，是广西西江（东西）旅游发展带的重要组成，是桂林国际旅游胜地、巴马长寿养生国际旅游区、北部湾国际旅游度假区三大国际旅游目的地的交会地，区域内拥有南宁、桂林、梧州广西三大旅游集散地，旅游区位十分优越。

（4）交通区位。西江沿江特色旅游带范围内已初步构建便捷畅通的水陆空立体旅游交通网络，成为西南地区重要的出海通道，是面向粤港澳和东盟的国际通道。

（二）交通条件

目前，随着一批重大交通工程项目的规划实施，西江沿江区域集航运、航空、高速、高铁的现代化综合旅游交通运输网络基本形成，基础公共服务不断完善，为西江沿江区域的旅游发展提供有利的条件。

（1）航运设施。广西西江水系由1480公里的主航道和1621公里的支系航道组成，"十二五"期间，西江新增港口通过能力4283万吨，新增Ⅱ级航道230.6公里、Ⅲ级航道251.7公里、Ⅳ级航道551.4公里，新增千吨级以上船闸4座，水运主通道上的9座船闸等级均达到1000吨级以上，其中500吨级以上高等级航道1570公里。随着航道配套设施的不断完善，西江航道等级、船闸通航能力和港口通过能力均显著提高。

（2）航空运输。西江流域内主要建成的民航运输机场有南宁吴圩国际机场、桂林两江国际机场、梧州长洲岛机场、柳州白莲机场、百色田阳机场、河池金城江机场。其中南宁吴圩国际机场，已经成为面向东盟的国际枢纽机场，开通了飞往泰国、越南、新加坡、马来西亚、老挝、柬埔寨等多条国际航线。桂林两江国际机场是面向粤、港、澳及欧美地区的重要国际枢纽机场，现已开通飞往台湾、香港、澳门等地区的多条国内航线，未来将开通飞往欧美等国家的多条国际航线。随着广西一批民用机场投入建设，未来将会极大地提升西江流域各种交通方式的衔接能力。

（3）高速公路。西江流域内已建成多条高速公路干线，主要包括广昆高速、汕昆高速、南友高速、兰海高速、包茂高速、泉南高速等高速公路干线。目前在建的高速公路主要为贵广高速公路。西江流域内基本形成了"三横四纵"高速公路交通网络体系，西江流域内的大多沿江城市基本上可以通过高速公路相互连接，区域内主要的旅游景区、景点基本实现了对外连接，提高了西江流域旅游的可进入性。

（4）高速铁路。西江流域建成开通了多条高速铁路客运专线。主要包括贯穿南北的湘桂铁路，有连接西南地区和东部沿海地区的云桂高速铁路（南宁至百色段已开通，年内将全线开通）、南广高速铁路、贵广高速铁路。区域内玉林至南宁的高速铁路还在建设当中。目前，西江流域初步形成了"两横一纵"的高铁运输网络格局，基本实现了与西南地区、珠三角区域快速的互连互通。随着广西境内各市的高铁运输网络结构不断优化，届时将会极大地提高西江沿江区域的铁路运输能力。

（三）旅游资源①

西江流域沿江区域旅游资源十分丰富，主要包括自然山水、历史古迹、民族风情、红色文化、边关风光等众多特色鲜明、品位高、组合度好的旅游资源。

（1）世界级山水风光。西江沿江区域拥有世界级的喀斯特地貌景观，是我国著名南方喀斯特世界遗产的重要组成部分。以左江、右江、红水河、柳江等为代表的秀美自然的江河水域风光，大藤峡、桂平西山等雄伟壮阔的山岳峡谷景观，以及丰富多彩的森林景观、类型多样的丹霞地貌，共同组成了西江沿江区域绚丽多姿、规模宏大的自然山水画卷。

（2）多彩的民族风情。西江流域是我国主要的少数民族聚居地之一，是少数民族风情最为突出的区域，以壮族、瑶族、苗族、侗族为主。其中，左江、右江、红水河、黔江等沿河流域的民族风情比较突出，是广西的民俗之河、风情之河。沿江民族村寨至今还保留民族文化习俗和民族建筑景观，充分展示了壮族山歌、壮锦文化、铜鼓文化、稻作文化、歌圩文化、壮族蚂拐节、瑶族的盘王节、瑶族的密洛陀"祝著节"等精彩纷呈的少数民族文化。

（3）厚重的历史文化。在悠久的历史发展中，西江沿江区域积淀了深厚的古骆越文化、古广信文化、龙母文化、岭南文化等众多独具特色的历史文化，在全国、东南亚乃至世界都具有较强的吸引力。此外，沿江流域还拥有黄姚古镇、

---

① 参见广西"十三五"规划数据库。

榕津古镇、福利古镇、扬美古镇、怀远古镇、芦圩古镇等一批具有文化底蕴的古镇古村历史文化旅游资源。

（4）灿烂的红色文化。西江沿江区域拥有灿烂的红色文化旅游资源，以百色、崇左、河池为代表的左右江流域红色旅游资源聚集区——左右江革命老区，在中国革命史上具有重要地位。代表性的红色旅游资源主要有工农民主政府旧址、百色起义纪念馆、红七军军部旧址等，在广西全区乃至全国具有较高的知名度。

（5）神秘的边关风情。西江流域以左江沿江区域为代表的边关风情旅游资源特色突出。龙州、宁明，以及靖西、大新等边境县（市、区）拥有以左江风光、通灵大峡谷、大新明仕田园、德天瀑布等为代表的边关山水自然风光，以龙州金龙峒壮族、那坡黑衣壮、大新板价短衣壮等为代表的少数民族风情，以及龙州水口口岸、宁明爱店口岸、凭祥友谊关、靖西龙邦口岸等边境通商口岸，边关风情特色鲜明。

（6）宜人的滨水城市。西江流域沿江地区拥有众多宜人的、生态环境优良的滨水休闲城市。有联合国公认的生态宜居城市、中国绿城南宁，风景如画的中国优秀旅游城市桂林，南国水都、桂粤水上门户美誉的梧州，以及生态环境优良的柳州市、红水河沿岸的来宾市、郁江沿岸的贵港市等。这些西江流域的滨水城市，展现出西江沿江一道道独特的城市魅力风情。

西江水系主要包括左江、右江、红水河、柳江、邕江、郁江、黔江、浔江、桂江等江段，这些江段沿江区域的旅游资源种类多样，人文景观与自然景观荟萃，既有优越的生态环境资源，又有浓厚的历史文化、丰富多彩的民俗风情，以及宜人的城市风光（见表5－1）。

表5－1　西江流域主要江段特色旅游资源概况

江段	资源特点	主要特色旅游资源	适宜开发江段
左江	左江沿江拥有厚重的历史文化、灿烂的红色文化、清新秀丽的江河风光、丰富的森林景观以及边贸口岸等众多旅游资源	历史遗迹：左江花山崖画，左江斜塔； 红色文化：龙州起义红八军纪念馆； 生态风光：左江风光、黑水河风光、江州雨花石地质景观、扶绥金鸡岩、龙州根村人间仙境、龙州上金古镇、白头叶猴栖息地； 民俗风情：骆越文化、壮族山歌、壮锦文化、铜鼓文化、稻作文化、歌圩文化等多种少数民族文化； 边贸口岸：凭祥友谊关、凭祥浦寨边贸市场、龙州水口口岸等	左江扶绥—崇左市区江段：该江段山水生态风光旅游资源较突出； 左江宁明—龙州江段：该江段拥有龙州起义红八军纪念馆以及众多革命遗迹等富有内涵的红色文化旅游资源，此外还有壮族山歌、歌圩等少数民俗风情以及大连城、小连城、水口口岸等边关风情旅游资源； 左江宁明—崇左市区江段：该江段拥有世界著名的宁明花山崖画历史文化资源

江段	资源特点	主要特色旅游资源	适宜开发江段
右江	右江沿江主要的旅游资源有灿烂的红色文化、右江河谷生态农业风光、多彩的民俗风情	红色文化：邓小平足迹之旅、工农民主政府旧址、粤东会馆、清风楼、百色起义纪念碑、百色起义纪念馆； 古人类遗址：右江河谷旧石器时代古人类遗址； 生态风光：右江风光、澄碧湖； 农业生态：右江河谷农林生态走廊； 民俗风情：壮族山歌、壮锦文化、铜鼓文化、稻作文化、歌圩文化等多种少数民族文化	右江百色市区—田阳—田东—隆安段沿岸：该江段沿河地区主要是拥有众多的历史革命遗址遗迹，如工农民主政府旧址、粤东会馆，清风楼等红色旅游资源；此外还有右江河谷农林生态走廊等环境较优良的生态田园风光以及壮族山歌、歌圩、骆越文化等少数民俗旅游资源
柳江	柳江沿江具有良好的河岸生态环境，主要有城市滨江生态风光、城市滨江夜景风光、水上娱乐休闲等旅游资源	生态风光：百里柳江沿河生态景观带、三门江国家森林公园、鱼峰山—马鞍山景区等、大龙潭景区； 城市风光：柳州市滨江夜景、柳州工业旅游、紫荆花赏花； 历史文化：历史文化名城柳州、柳侯公园、白莲洞博物馆、大韩民国临时政府遗址、胡志明旧居等； 水上休闲：柳州国际水上狂欢节、柳州山水游艇会、水上巴士体验	柳江柳州市区—象州江段：该江段主要拥有百里柳江优良城市滨水岸线风光，有优美的柳州市区滨江夜景风光，以及水上巴士、柳州国际水上狂欢节、柳州国际水上狂欢节众多水上旅游项目
邕江	邕江沿江主要拥有城市风光、江河湖泊、湿地生态、古镇风情、乡村风光等品质较高的旅游资源	城市风光：中国绿城南宁、南宁市百里邕江滨岸风光； 历史遗迹：昆仑关遗址； 生态风光：良凤江国家森林公园、南宁武鸣伊岭岩风景区、青秀山风景区； 沿河乡村风光：扬美古镇、"美丽南方"滨水乡村景观带、南宁乡村大世界	邕江扬美古镇—南宁市区江段：该江段沿江地区主要拥有历史悠久的扬美古镇、"美丽南方"滨水乡村景观带、南宁乡村大世界等优美的乡村生态风光
郁江	郁江流域拥有江河湖泊生态风光以及休闲的城市风光	生态风光：横县西津湖的湿地生态风光、平朗南国水乡生态旅游区、九龙瀑布国家森林公园、马草江生态公园、平天山国家森林公园、九凌湖旅游度假区； 历史遗迹：君子垌客家围屋群； 城市风光：贵港四季花田观光农业园、横县茉莉之乡、中国国际茉莉花文化节	郁江横县西津湖段：该江段沿江主要拥有横县西津湖等湿地江河湖泊生态风光、森林景观；有贵港四季花田观光农业园、横县茉莉之乡等农业、园林生态旅游资源

续表

江段	资源特点	主要特色旅游资源	适宜开发江段
黔江	黔江沿江山川秀丽，风景名胜荟萃，拥有众多的生态旅游资源、多彩的宗教文化旅游资源	生态风光：大藤峡生态旅游区、桂平西山国家级风景名胜区、龙潭国家森林公园、武宣百崖大峡谷； 宗教文化：桂平"佛教文化"； 历史遗迹：太平天国金田起义遗址	黔江来宾市武宣县—桂平市大藤峡水利枢纽江段：主要拥有以大藤峡、武宣百崖大峡谷为代表的山江河峡谷风光
浔江	浔江流域自古以来是原住民文化岭南汉文化交融的区域，因而拥有浓郁的岭南风情、丰富多彩的民俗文化以及休闲的城市风光	城市风光：位于浔江、桂江、西江三江交汇处，素有"南国水都"美誉的梧州； 民俗文化：古苍梧文化、岭南文化、古广信文化、西江文化、龙母文化； 历史遗迹：海陆丝绸之路的交会点、太平天国四王故里、袁崇焕故里、李济深故居、苍梧粤东会馆、藤县龙母庙； 生态风光：褐洲岛、六堡茶园、蝴蝶谷漂流风景区、藤县太平狮山	浔江藤县—梧州市区江段：该江段沿江地区拥有浓郁的岭南风情；古苍梧文化、岭南文化、古广信文化、龙母文化等灿烂的民俗文化旅游资源
桂江	桂江沿江的山水生态旅游资源较为突出，同时还有特色突出的古镇、浓郁而朴实的民俗文化	生态风光：桂江风光； 古镇风情：中国历史文化名镇黄姚古镇； 民俗文化：客家文化	桂江阳朔县—江昭平江段：该江段沿江主要拥有优良的桂江山水生态风光；有历史悠久的古镇旅游资源
贺江	贺江沿江主要的旅游资源为山水生态旅游资源，此外还有较丰富的历史文化资源	生态风光：大桂山国家森林公园、合面狮水库、贺州市玉石林景区、贺州市十八水原生态园景区、贺江风光； 洞穴景观：紫云仙境景区； 历史文化：贺州市客家围屋景区； 温泉资源：贺州八步区西溪森林温泉度假村	贺江贺州城区—合面狮子水库江段：该江段主要有大桂山国家森林公园、合面狮水、贺江风光等突出的生态旅游资源
南流江	南流江史上作为古运河，是海上丝绸之路的重要水路通道，历史悠久。南流江沿江既有优良的自然山水风光，又有特色鲜明的民俗风情	生态风光：南流江风光、兴业鹿峰山、大容山国家级森林公园、宴石山风景区、马门滩； 历史文化：海上丝绸之路、南流江古船埠景区、云龙桥、玉林市云天文化城； 民俗风情：博白客家文化、博白中国杂技之乡、客家围屋建筑群； 城市风光：玉林市南流江滨江风光，玉林市百里景观长廊； 农业生态：五彩田园、沿江农业	南流江博白县—玉林市区江段：该江段沿江两岸，拥有秀丽的南流江风光生态风光、悠久的海上丝绸之路文化资源，以及博白县丰富的客家民俗风情旅游资源

资料来源：广西"十三五"规划数据库。

二、发展情况

(一) 资源发展情况

西江流域的水运资源是其得天独厚的自然资源。为建成西江流域亿吨黄金水道，广西各相关部门、单位以及西江经济带各市，根据国家和自治区要求，制定了实施方案，形成一级抓一级、层层抓落实的工作格局。广西设立珠江—西江经济带（广西）规划建设管理办公室，专门负责统筹协调经济带建设工作。1978年8月，广西和广东提出联合开发西江航运资源，开启西江内河航运建设新纪元。1981年6月经国务院批准立项，工程分两期，通过对桂平航运枢纽、贵港航运枢纽及其附属工程建设，连同早期建成的西津枢纽一起，把南宁到广州854公里航道，从只能通航120吨级船舶的6级标准渠化提高到能通航1000吨级船舶的3级航道标准，南宁到广州实现了常年通航千吨级船队的目标。西江是以水运为主的河道，航运枢纽是以航为主、发电为辅的公益性枢纽，在改革开放初期，西江以桂平航运枢纽建设为样板，确立了"航电结合、以电促航"的理念，开辟了航运枢纽建管养一体化先河——在建设投资时就从工程的全寿命周期来考虑航和电之间的关系，在建设和运营管理上都把"航"放在首位，将以"航"为先的理念贯彻到了每一个环节①。2009年9月，广西发布《关于打造西江黄金水道促进区域经济协调发展的若干意见》，提出充分发挥内河水运优势，全面提升西江黄金水道航运能力和水平，加快西江干支流沿江产业集聚，逐步形成西江经济带，促进区域经济协调发展。

在国家层面，2009年12月，《国务院关于进一步促进广西经济社会发展的若干意见》正式实施，明确提出"两区一带"的区域发展总体布局，强调"要加快形成西江经济带""抓紧研究制定西江经济带发展规划""加快西江黄金水道开发，提高通航能力，形成铁路、公路、水路相互衔接、优势互补的综合交通运输体系，有效降低了综合物流成本，为产业拓展、提升、聚集提供有力支撑"。

2009年12月9～12日，在武汉召开的内河航运发展座谈会上，时任中共中央政治局委员、国务院副总理张德江指出，要提高认识，把内河航运发展摆在经济社会发展的重要位置，科学规划、加大投入、加快发展，以内河航运发展带动流域地区经济社会发展。张德江充分肯定广西打造西江黄金水道的战略决策，指出西江航运对沿江经济的带动乃至区域经济的协调发展起着重要的作用，广西壮

---

① 参见广西"十三五"规划数据库。

族自治区党委、政府打造西江黄金水道的战略构想是完全正确的，符合新时期社会经济科学发展的要求。

近年来，随着西江航运基础设施的不断完善，西江航运对整个区域经济的支撑和先导作用更加凸显。2014 年 7 月，国家批准实施珠江—西江经济带发展规划，标志着经济带开放发展上升为国家战略，进入全新阶段，对于广西完善区域发展布局，培育新的增长极，推动全方位开放特别是两广合作意义重大。随着西江通航瓶颈一个一个被突破，纪录不断被刷新，西江黄金水道的通航能力也在节节攀升。截至 2017 年底，西江船闸的通航能力由 2010 年的 2820 万吨增加到 2.05 亿吨，增长 7.3 倍，内河货运量 2.15 亿吨，港口吞吐能力 1.26 亿吨，提前实现西江亿吨黄金水道目标，为推动沿江经济社会发展奠定了坚实基础。

（二）经济发展情况

根据《珠江—西江经济带发展规划》，以珠江、西江流域为区域经济带发展已经上升为国家发展战略，华南地区发展迎来了新的契机和新的使命，南方对外开放的发展脚步再添战略新支，珠江、西江流域经济发展带是我国第一个直接联系了东西部跨省区、跨不同发展速度的区域发展规划，《珠江—西江经济带发展规划》的总体发展布局是规划"一轴、两核、四组团、延伸区"空间布局，着力打造综合交通大通道，建设珠江—西江生态廊道，建立旅游战略联盟，打造特色精品线路。该规划划定的范围包括广东省的广州、云浮、肇庆、佛山 4 市和广西的南宁、贵港、柳州、梧州、百色、来宾、崇左 7 市，区域面积 16.5 万平方公里，2013 年末常住人口 5228 万人。同时，根据流域特点，将广西桂林、玉林、贺州、河池等市以及西江上游贵州的黔东南、黔南、黔西南、安顺、云南文山、曲靖的沿江部分地区作为规划延伸区。华南区域协调发展迎来难得契机，南方对外开放发展再添战略新支点。南宁乃至全广西都可以整合广东的优势资源，借力发展，成为真正的区域经济核心①。

借助航运优势，西江经济带着力提升发展汽车、电子信息、石化工业、食品、装备制造、有色金属等特色优势产业；大力培育发展生物、新一代信息技术、新材料、新能源汽车、轨道交通装备等战略性新兴产业；加快推进产业转移合作，并取得明显成效。例如，贵港依托西江航运优势，打造新能源电动车生产基地，目前已经签约电动车整车及配套企业 58 家，年产值超过 10 亿元；梧州利用毗邻广东的优势，加快承接东部产业转移，日用陶瓷、不锈钢、再生资源利用

---

① 符元基.《珠江—西江经济带发展规划》上升为国家战略［EB/OL］. 广西新闻网，http://wzhd. gxnews. com. cn/staticpages/20140801/newgx53dac813 – 10858473. shtml，2014 – 8 – 1.

等呈现出集群化发展的态势。

《珠江—西江经济带发展规划》实施3年多以来，广西在建成西江流域亿吨黄金水道的同时，加快促进装备制造、汽车等特色优势产业，培育发展生物、新一代信息技术等战略性新兴产业，推进产业转移合作，并取得了明显成效。广西大力推动西江经济带建设，在产业培育、区域协调、基础设施、合作等方面取得了许多突破，引领经济发展的新"核"正在加快形成。目前，西江经济带发展进入平稳推进期，未来仍需要在培育新动能、加强后劲上下功夫。

根据《广西统计年鉴》（2017）可知，广西西江流域国土面积约21.66万平方公里，占广西总面积的91.11%；2016年末户籍总人口数量为0.49亿，占广西总人口的87.80%；流域GDP达到了15568.32亿元，占广西生产总值的84.83%。城镇居民人均可支配收入和农村居民人均纯收入都得到了稳步提高，从2006年的9663.25元和2797.35元，分别提升到了2016年的28024.09元和10455.91元，年均增长量分别为1836.08元和765.86元。2006年以来，流域产业结构虽然在得到逐步优化，但仍保持着"二三一"的产业格局，第一产业比重明显下降，第二产业比重一直保持在40%以上，第三产业的占比波动上升，2016年三大产业的结构比为15：45：40，说明广西西江流域正处于经济发展的上升期，经济发展前景较好①。

（三）环境发展情况

《珠江—西江经济带发展规划》印发实施后，广西立即启动实施西江经济带基础设施建设大会战，计划实施200个项目，总投资6300多亿元，涉及内河水运、水利、铁路、公路、机场、市政及园区基础设施、污水垃圾处理、林业生态八类工程，3年来共投资1565亿元。在推动产业发展的同时，广西持续推进水污染防治和保护。《广西西江经济带水环境保护规划（2016~2030）》已经印发实施，将珠江—西江流域万峰湖水库、龙岩滩水库、青狮潭水库、龟石水库纳入了国家水污染防治江河湖泊专项中。目前，广西已建立西江经济带环境污染联防联控体系，进一步强化了区域环境风险管理，严密监控和预警环境变化，及时消除环境隐患。同时，广西还强化与广东、湖南、云南、贵州等邻省环境保护合作，建立跨省区联防联治机制，实现环境执法、监测、应急联动信息互通，协商解决跨省环境问题，共同保障流域环境安全和经济社会可持续发展。

---

① 数据来源于《广西统计年鉴》（2017）。

三、践行"两山"理念面临的问题

随着经济的发展和城市化、城镇化的推进，排入西江流域的生活污水、工业废水逐年增加，西江流域水质日益恶化，"两山"理念践行之前，人们没有这个环保和生态保护意识，一味地追求经济发展，如大力发展水运，不限制往来船舶的数量和排污量，造成了河流的污染。梧州是西江防洪重地，但是据相关报道，梧州的堤岸高出了城市地平线近十余米，西江的水位非常低，裸露出一大片干涸的河床，同时在取水点发现了两个排污口，两大排污口的污水直接排入江中，在河滩上也刷出明显的沟壑，空气中可以闻到刺鼻的气味，且江水水色浑浊，有很多的生活垃圾和漂浮物，经过专家的初步判断是污水，但是像梧州这样的地级市，不可能没有污水处理厂，显然是污水根本就没有经污水处理厂处理，政府投资修建了很多污水收集管线，但是还有很多排污管支线没有修建完①。

四、"两山"理念践行之路

西江流域的生态旅游价值是得天独厚的可利用价值，广西应该大力发展西江生态旅游，如何发展和利用西江流域的生态旅游资源是"两山"理念的研究重点和方向。

坚持预防为主、保护优先的方针，把生态文明建设放在重点突出地位，实施可持续发展战略，切实加强西江沿江特色旅游带生态环境保护建设，保护好西江沿江特色旅游带生态屏障，严格执行环境影响评价制度、污染物排放总量控制制度和排污许可证制度，强化从源头上防治污染和保护生态环境，改变先污染后治理、边治理边破坏的状况，加快生态修复及生态重建，促进生态环境与经济、社会的协调，切实保护好西江沿江特色旅游带的生态环境。

（一）环境保护

1. 加强对水环境及水域景观的保护

加强沿江各城市水质监测以及对饮用水源保护区的保护，严禁在饮用水水源保护区范围建工厂及企业。加大对沿江工业企业水环境污染的治理力度，实行污染物排放总量控制，工业废水必须进行处理达标后排放。加快沿江各城市污水处理厂的建设，对城市生活污水进行处理，达标后再排放，改善沿江城市段的水质。重点加强对左江崇左城区—龙州上金—宁明城区段、左江龙州上金—龙州城

---

①　王肇鸿. 从西江水污染现状谈水资源管理体制的借鉴 [J]. 人民珠江，2004 (4)：8－9，29.

区段、红水河忻城—东兰段、黔江桂平大藤峡段、桂江阳朔—昭平段、浔江梧州城区—藤县濛江段、南宁百里邕江段、柳州百里柳江段、右江百色城区段、梧州鸳鸯江段、红水河来宾城区—蓬莱洲段、红水河天峨段、横县西津湖段、左江邕江扬美古镇—美丽南方段等重点河段的水环境生态保护以及河段沿岸植被的环境绿化和保护，防止乱砍滥伐，特别是通过植树造林提高沿江两岸及周边山头的植被覆盖率，防止水土流失。水土保持工作与水利防洪工程效用的发挥是相辅相成、相互依存的，做好水土保持工作，增强地表的抗灾能力，从而减少灾害的发生。水土保持从保护水土资源、维护生态平衡出发，有效治理土壤侵蚀，最大限度地减少水土流失，从而减少了洪水发生的频率。同时应加强治理水上游艇、游船旅游活动造成的水环境污染，改善和提升码头及配套设施的技术水平，提升码头的污水处理能力。水上游艇应设置垃圾、废水回收设施，游艇产生的固体废弃物和生活污水运至陆地进行处理，不得排入河流江段；到港游艇、游船不得在港口水域内排放舱底油污水，由具有资质的回收公司对船舶含油废水进行回收，集中处理。防止由于网箱养鱼造成对水环境的污染，在风景河段内禁止挖沙，加强监管，取缔未经过审批同意的挖沙行为①。

2. 加强对大气环境的保护②

加强对沿江各城市区域内工业企业污染的治理，严格实施污染物排放总量控制制度和大气污染源全面达标工程，建设和完善工业企业的污染治理设施，推广清洁生产，大力提倡先进技术设备的研发和引进，提倡使用环保引擎和清洁燃料，提高燃料利用率，降低能耗、物耗和大气污染物的排放量，加强游船设备的维修和保养，使其正常运行，降低有害气体排放，营造良好的大气环境。对沿江各主要旅游城（镇）实施绿色交通计划，鼓励使用节能环保型汽车，减轻机动车尾气污染。沿江的旅游景区内鼓励使用电瓶车等环保型车辆，禁止外来车辆进入各旅游景区。

3. 加强对声环境的保护

在沿江主要旅游城（镇）逐步实行禁止汽车鸣笛，水上游艇、游船采用舒适环保低噪声的新型游船，符合国家环境标准，加强设备的保养维修，保持正常运行，降低噪声，减少对沿岸居民的干扰。

4. 加强对固体废弃物的治理

完善和建设沿江主要旅游城（镇）生活垃圾处理场，对城镇生活垃圾进行

———————————

①　杜敬民. 全力打造西江亿吨黄金水道　实现广西内河水运新跨越［J］. 中国水运，2011（6）：6 - 7.

②　梁琪. 广西西江流域农业面源污染综合防控研究［D］. 广西大学硕士学位论文，2019.

集中处理，逐步提高城市垃圾无害化处理率，提升沿江主要旅游码头垃圾处理能力，应配套建设垃圾收集设施，水上游艇、游船产生的固体废弃物应统一收集后运至城市垃圾处理场进行处置，严禁向水域倒放固体废弃物。

5. 加强对生物多样性保护

加强对西江沿江特色旅游带水生生物及沿岸森林植被的保护，不断提高沿岸森林覆盖率。逐步开展生态监测，对水源林和珍稀动植物进行保护，对城市居民饮用水源保护区的保护目标和保护措施进行进一步完善。加强下游河段生物多样性的保护，对下游的鱼类生物多样性，需采取现有栖息地修复，控制过度捕捞。对已经建成的蓄水工程，应兼顾到对下游生物的保护。加强对区域内野生动植物和珍稀濒危物种的保护和研究，依法禁止任何捕杀、采集、经营、食用珍稀濒危野生动植物的活动。严禁一切炸鱼、电鱼、毒鱼等非法活动，保护河流野生鱼类；加强对森林资源的保护，严格实施天然林的保护。

6. 加强岸线保护①

根据沿江旅游资源分布、城镇景观等，加强对旅游岸线的保护，实现沿江岸线的科学合理利用。统一规划，明确功能，严格审批制度，强化岸线管理。保护第一，保用结合，建立岸线管理协调会议制度，及时协调岸线利用。

沿江各城镇和重要的沿江风景名胜，具有良好旅游开发价值的风景旅游水域、洲岛等岸线，宜严格控制破坏型的旅游开发活动，应加强保护，避免旅游开发的盲目性，对于岸线的非旅游开发，应予以严格限制，保证沿江生态安全。在沿江重点旅游城（镇）的部分江段打造环滨江绿道慢行系统，在生态良好、风景优美的沿江流域、滨水岸线建设控制地带，实行更严格的建设退让控制，对流域内污染严重企业实施搬迁或改造。

加强对左江、红水河、桂江、黔江、浔江、柳江、右江等重点江段沿江生态岸线的保护，丰富沿岸景观层次，营造生态优美的岸线景观，杜绝违法炸石，避免岸线遭到人为破坏。对重点旅游江段，如沿江滨水公园、滨江特色古村镇、湖泊湿地生态景观、山水风光、特色民俗文化、城市风情等为依托资源的岸线保护要具体实施保护，对沿岸重大项目的布局，应当与沿河流域水资源条件以及生态环境保护相适应，禁止新建破坏生态岸线的项目，对已建成的蓄水工程，应当兼顾上下游江段水质以及生态岸线保护需要，对于防洪堤地段绿化不足的进行弥补，对临江的山体大力植树，增加林草植被，改善沿河两岸岸线的生态环境。

---

① 参见广西"十三五"规划数据库。

第六章 新时代广西践行"两山"理念的成效评估

广西政府在 2016 年全面贯彻落实绿色发展战略，包括整合资金 21.48 亿元支持"美丽广西·生态乡村"活动，推动村屯绿化、饮水净化、道路硬化；有色、钢铁、石化、建材等重点行业脱硫脱硝和达标治理工程持续推进，基本淘汰了 10 吨/时及以下燃煤小锅炉。据监测，广西全区空气中的可吸入颗粒物浓度比 2012 年下降了 5%；投入资金 14.45 亿元支持农村环境综合整治、土壤污染防治、九洲江流域水污染综合治理、环境监测预警等；投入"村屯绿化"专项活动资金 8.08 亿元，累计绿化自治区级示范村屯 1 万个、一般村屯 12.5 万个，解决 381 万农村人口饮水不安全问题，通水泥（沥青）路建制村新增 864 个；投入森林生态效益补偿资金 1.23 亿元，对广西国家级和自治区级生态公益林进行补偿等。

"两年一跨步，八年梦可圆"的"美丽广西"乡村建设活动从 2017 年进入宜居乡村建设阶段，目前全区村屯绿化达标率为 65%，农村自来水普及率为 75%，建制村客运通达率为 85%；农村生活垃圾专项治理工作也通过国家验收，实现 90% 以上村庄的生活垃圾得到有效治理；西江干流、柳江干流、郁江干流、桂江干流等主要江河已建立县级以上河长制，截至目前，全区共完成 84 个工业集聚区污水集中处理设施建设，南宁已率先基本消除城市内河黑臭水体。种种措施表明广西政府对于环境保护的重视程度增加，在习近平总书记的"五大发展理念"背景下，强调了"绿色为人、为人绿色"，科学设置广西绿色发展指标，合理评估广西践行"绿水青山就是金山银山"理念的能力和水平具有重要意义。

第一节　广西践行"两山"理念的评价体系构建

一、广西绿色发展指标指数的内涵及设置原则

（一）广西绿色发展指标指数的内涵

广西绿色发展指标是指对广西环境保护政策的完善程度、执行力度和执行效果进行科学合理评估的一系列指标，包含绿色财政支出绩效评价、环境保护政策发布情况、实施过程以及执行效果评价等内容。由此，构成了广西践行"绿水青山就是金山银山"理念的综合评价指标体系，通过该指标体系所得到的评估得分则称为广西绿色发展指数。

（二）广西绿色发展指标设置的原则

1. 定性指标与定量指标相结合的原则

对于广西环境保护财政支出评价指标设置，可以设置定性指标和定量指标。其中对于政策完善程度，可以通过设置定性指标进行事实维度评价；对于实施力度指标和政策实施效果指标，应当以定量指标为主，并采用科学合理的统计方法确定各个指标的权重。

2. 系统性与可操作性兼顾原则

对于广西环境保护财政支出评价指标设置，应当系统完整，以便能全面、准确地反映评价结果。如对于执行效果，应从经济、科技、社会、环境等方面来全面分析。与此同时，结合广西区情实际情况，从便于收集、整理和计算等方面考虑，评价指标尽量采用定量指标，定性指标应有一定的量化方法，尽可能地利用现有统计数据和便于收集到的数据，并与我国当前的统计指标保持一致，使之具有可操作性。因此，采用的指标主要来源于每年《广西环境年鉴》《广西统计年鉴》和每个地级市所发布的财政信息，数据来源依据明确，便于查找。

3. 因地制宜原则

近年来，广西全面推进绿色发展，大力培育生态经济，努力践行"绿水青山就是金山银山"理念。陆续推动了"美丽广西·生态乡村"建设、开展城市黑臭水体排查整治、兴建生态旅游景点等活动，并针对环境保护活动设立专项财政

支出。因此，在设置相应评价指标时应重点关注这些环境保护活动。

4. 政策导向原则

对于广西绿色发展指标指数的评价，不仅要考虑广西区情，还要考虑国内政策导向和国际形势，由此在设计指标时，应当以国家相关环境保护和经济政策为指导，如《中华人民共和国环境影响评价法》《"十三五"环境影响评价改革实施方案》等，与广西产业发展及环境保护要求相适应。

二、广西绿色发展指标设置及说明

依照定性指标与定量指标相结合的原则、系统性与可操作性兼顾的原则、因地制宜和政策导向的原则，基于公共政策管理视角来看，广西绿色发展指标至少应该涵盖政策制定、政策执行过程、政策执行效果三个层面。因此，评价指标的选择应该以从事实维度、执行过程、执行效果三个角度全面反映绿色发展政策制度的完善性、工具的合理性及目标的实现程度。基于此，设置广西绿色发展指标指数为一级指标，下设三个二级指标，分别是事实维度评价指标、执行力度指标和执行效果指标。

（一）事实维度评价指标

在基于事实维度评价指标这个二级指标下，设置了环境保护政策制定科学性、环境保护政策可操作性、环境保护政策实施工具的合理性三个三级指标。

1. 环境保护政策制定科学性指标

任何环境保护政策均有多个相互关联的执行阶段，并且这些执行阶段会有递进关联，尽管每个阶段均会具有明确的目标，但终会围绕政策执行的最终目标而展开。因此环境保护政策制定应当有脉络可寻，具备层次、递进关系，即具备科学性。环境保护政策制定科学性主要体现在政策制定是否具有目标合理性、协调性、稳定性、定位准确性。

（1）政策目标合理性。这是指所制定政策在各个执行阶段应当具备目标，并且目标要明确。判断合理的程度，可以结合政策设置时目标是否符合实际情况，政策预期提供的产品、服务、效益或其他目标是否具备衡量指标，衡量指标能否细化和量化。

（2）政策协调性。这是指环境保护政策在其适用的时空范围内，与广西社会经济发展需求相一致，与可持续发展观要求相一致，不得与其他政策相抵触、相矛盾，也就是说环境保护政策与其他政策应协调一致、相互配套。

（3）政策稳定性。这是指环境保护政策在其有效期限内处于一种相对稳定的状态。尽管客观环境的变化可能会使旧政策实施后失去效力或是为适应新情况而出台新政策，政策是不可能一成不变的，但不意味政策不应具有稳定性。政策稳定性首先需要在政策条款中明确其有效期限，在其有效期限内需要执行部门采取各种手段维护并有效实施，其次还应明确非特殊原因政府部门不能对该政策进行重大调整或废除，最后新旧政策间应有一定连续和继承。

（4）定位准确性。所谓环境保护政策定位，就是制定环境保护政策的出发点、目的考虑或轻重缓急的基本设计。环境保护政策，首先必须是与经济发展、环境保护提升相关的政策；其次应体现政策的"公共性"，如公众环境污染治理、生态环境建设等公共环保活动；最后应明确适用广西地区，符合广西区情。

2. 环境保护政策的可操作性指标

环境保护政策在执行过程中应当具有可操作性，主要体现在政策执行的步骤、思路、原则、方法和保障措施等方面规定明确，不能模棱两可或含混不清，以免在政策执行过程中让投机者"钻空子"。

3. 环境保护政策实施工具的合理性指标

政策工具也称政策手段，广西环境保护政策实施工具主要包括财政拨款、税收优惠、土地划拨、基础设施建设、法规管制等，不同实施工具产生的效果不同，这些实施工具应当合理配置，实施工具多样化，达到政策效果最大化。

（二）执行力度指标

广西环境保护政策的执行力度指标主要是指通过广西环境保护政策能够给广西环境保护增加的支出，广西环境保护财政支出可以分为消费性环境财政支出、投资性环境财政支出、转移性环境财政支出三项内容。

1. 消费性环境财政支出指标

消费性环境财政支出是指环境保护部门及相关机构的行政事业性经费、环境教育、环境科学研究等内容都属于环境财政消费性支出的范围，包含环境行政管理费（行政事业支出，环境监察、检测、规划等支出）、提供环境信息和环境科研以及为提高环境保护意识进行的公益活动支出、自然生态环境保护费用（包括防护林建造、城市绿化等支出）、环境污染处理支出（包括城市垃圾清理、回收、再利用、农业污染的防治支出，乡村环境治理支出）和政府绿色采购的支出。

2. 投资性环境财政支出指标

投资性环境财政支出包括建设城市环境基础设施支出（如污水处理设施、垃圾回收与处理设施建设等）、工业污染源治理投资、当年完成环保验收项目环保投资。

3. 转移性环境财政支出指标

转移性环境财政支出常用财政补贴表示，包括对生态环境有重要影响的活动补贴（如节能产品、排污技术的推广应用）、有正外部效应的环境治理活动所给予的补贴（如对城市污水、垃圾的回收处理活动所给予的补贴等）、与人们基本生活相关的非营利性行业的补贴（如对于燃气、公共交通行业的补贴等）。

对于执行力度指标，由于每年财政部门和环保部门公布的数据有限，并且财政部门并没有将消费性环境财政支出、投资性环境财政支出、转移性环境财政支出三项内容单独核算，无法分别获取翔实数据，因此依据可操作性原则，结合城市人口情况，本书直接采用 14 个地级市每年预算执行情况的人均节能环保支出作为执行力度指标。

（三）执行效果指标

广西环境保护政策的执行效果分为经济发展指标、科技发展指标和社会发展指标，从经济、科技、社会三个方面反映环境保护程度。

1. 绿色经济发展指标

经济发展指标反映一个国家或地区经济发展水平，从经济、社会实际发展情况来看，践行"绿色青山就是金山银山"理念不仅要求环境保护，更是强调在经济发展过程中实现环境保护，在生产方式转型中降低污染量的排放，不是为了保护环境使经济发展停滞，而是切实做到节能减排，推动低碳经济。

2. 绿色科技发展指标

绿色科技发展指标反映在倡导绿色经济过程中，通过鼓励绿色科技进步、节能、降耗和减排程度，包括降低能源消耗、减少温室气体排放量等，以促进环境保护。

3. 绿色社会发展指标

绿色社会发展指标是从社会发展角度衡量"绿色青山就是金山银山"理念的践行程度，能够体现绿色经济带来的社会进步、人民生活水平提高、公众参与环境保护意识的提高等成果，除了采用量化指标外，可以设置公众满意度指标，从城市环境满意度、城市基础设施满意度两个方面进行综合评价确定。其中，城市环境满意度是结合居民对所在城市的街道卫生、河流湖泊的受污染程度、饮用水质量、空气质量的综合评价而确定的；城市基础设施满意度是居民对所在城市的绿化情况、生活垃圾处理、公共交通便利程度和交通通畅情况等的综合评价。

（四）基于德尔菲法的指标筛选

本书采用了德尔菲法来确定执行效果的各项指标，依据国务院 2016 年 12 月发布的《生态文明建设目标评价考核办法》中的《绿色发展指标体系》和《生态文明建设考核目标体系》，借鉴 2016 年中国城市绿色发展指数指标体系，结合广西的实际情况、《广西统计年鉴》《广西环境年鉴》等内容，初步设置的指标如表 6-1 所示。

表 6-1　环境保护执行效果初设指标

绿色经济 发展指标	人均 GDP（元）
	人均 GDP 增长率
	地区生产总值增长率
	GDP 中第三产业所占比重
绿色科技发展指标	单位 GDP 能源消耗降低额（吨/亿元）
	单位 GDP 二氧化硫排放降低额（吨/亿元）
	单位 GDP 用水量降低额（万立方米/亿元）
	单位 GDP 建设用地面积降低额（平方米/人）
	一般工业固体废物综合利用率
绿色社会发展指标	人均建成区绿化面积（平方米/人）
	人均道路清洁保洁面积（平方米/人）
	空气质量优良率
	地级城市集中式饮用水水源地水质达标率
	生活垃圾无公害处理率
	污水集中处理率
	森林覆盖率
	人均公园绿地面积（平方米/人）
	城市区域环境噪声质量等级
	公众满意度

为进一步科学筛选合理的环境保护执行效果指标，本书采用电子邮件调查咨询和面对面调查咨询两种方式展开了两轮德尔菲法专家咨询调查。第一轮专家咨询的主要目的是确定广西环保指标体系的框架和具体评估指标，包括指标专家基本信息调查、指标重要性打分、专家权威程度自评三个部分；第二轮专家咨询的主要目的是进一步明确与完善评估指标，主要对第一轮修改后的指标重要性进行打分。

专家咨询结果的可靠性在很大程度上取决于专家的代表性和权威性。为此，本书选择了 30 名从事环保监测、财政预算、环境保护相关专业等领域的副高以上职称高校教师和科级以上领导进行第一轮专家咨询，通过电子邮件收发调查问卷。本问卷设计为三个部分：第一部分是为便于进行专家代表性和专家权威程度判断而设置的专家基本信息调查表和专家权威程度自评表，前者包括从业年限、职称、学历、专业、所回答问题的自我评价等内容，后者包括专家对各评分指标的熟悉程度和专家打分依据的影响程度两个方面。第二部分为初选指标重要性评分，被调查专家也可以增加其认为合适的指标，请专家就初选指标的重要性进行打分，并对拟定指标提出建议和修改意见，分值区间为 0~9 分，共分为 0、1、3、5、7、9 这六个分值档次，满分为 9 分，分值越高表示该指标在环境保护综合评估指标体系中的重要性程度越高（9 分 = 很重要，7 分 = 较为重要，5 分 = 一般重要，3 分 = 较不重要，1 分 = 很不重要，0 分 = 该指标不应被纳入评估指标体系）。第三部分是供专家参考的指标计算方法。

（1）专家积极系数分析。专家积极程度是衡量专家对本次调查工作的重视程度，一般以问卷的有效回收率来表示。有效回收率计算方法如下：

有效回收率 = 收回的有效咨询表份数/发出咨询表份数 × 100%

在两轮德尔菲法专家咨询过程中，第一轮问卷调查共发放问卷 30 份，收回 27 份，均填写完整，则实际有效问卷 27 份，有效回收率达 90%；第二轮调查问卷针对第一轮提供有效问卷的 27 位专家进行调查，实际收回问卷 24 份，有效回收率达 88.89%。相关研究表明，有效回收率达到 70% 表示本次调查非常好[①]。两次专家咨询的有效回收率均远超 70%，说明参与咨询的专家非常重视本次调查工作。

（2）专家基本信息情况。根据第一轮提供有效问卷的 27 位专家基本信息情况的调查结果，年龄在 40 岁以上的专家占 72%，具有硕士及以上学历的专家占80%，工作年限 10 年以上的专家占总人数的 80%，技术职称在副高及以上的专家超过 60%。由此，可以认为咨询专家具有较好的代表性。第二轮提供有效问卷的 24 位专家均来自第一轮，根据第一轮专家的情况，可以认为第二轮咨询中的专家也具有较好的代表性。

（3）专家权威程度分析。专家权威程度可以通过权威系数的数值来体现。权威系数由专家对问卷问题涉及内容的熟悉程度系数和判断依据系数的平均数来表示，以所回答问题的自我评价为依据。本书主要通过专家填写的指标熟悉程度评价表和指标判断依据与影响程度评价表来获取权威程度计算所需数据。在指标熟悉程度评价表中，专家对二级指标的熟悉程度划分为 6 个等级，如表 6－2 所

①　Earl Babble. 社会研究方法［M］. 北京：华夏出版社，2009.

示。判断系数总和的满分等于1，最低分为0.6。相关研究表明，判断系数越大，表明各判断依据对专家判断的影响程度越大。若判断系数总和等于1，表明各判断依据对专家判断的影响程度大；若判断系数总和等于0.8，表明各判断依据对专家判断的影响程度适中；若判断系数总和等于0.6，表明各判断依据对专家判断的影响程度小（见表6-3）。

表6-2　指标熟悉程度赋值

熟悉程度	很熟悉	熟悉	比较熟悉	一般熟悉	较不熟悉	很不熟悉
赋值	0.9	0.7	0.5	0.3	0.1	0.0

表6-3　指标判断依据与影响程度赋值

判断依据	理论分析			实践经验			同行了解			感觉		
影响程度	大	中	小	大	中	小	大	中	小	大	中	小
赋值	0.3	0.2	0.1	0.5	0.4	0.3	0.1	0.1	0.1	0.1	0.1	0.1

两轮专家咨询的权威系数如表6-4所示。可见，两次问卷的权威系数均超过0.8，说明调查结果具有可靠性。

表6-4　专家权威系数

系数名称	第一轮问卷	第二轮问卷
熟悉程度系数	0.8889	0.9259
判断依据系数	0.8519	0.8626
权威系数	0.8704	0.8943

（4）专家意见协调程度分析。专家意见的协调程度是对所咨询专家可信度程度的体现，通常采用变异系数和协调系数来表示。其中，变异系数越小，表示专家意见的协调程度越高；协调系数越大，表示专家意见的协调程度越高。

变异系数是所有专家对某项指标重要性打分的标准差与均值之比。通过比较第一轮和第二轮问卷的变异系数，大部分指标的第二轮问卷的变异系数变小，说明专家间协调程度提高。

协调系数采用SPSS软件计算，两轮问卷协调系数检验结果的 P 值均小于0.05，表明经过两次咨询之后各位专家意见的协调程度较高，第二轮问卷结果可作为指标选取和权重确定的依据。

（5）执行效果指标的最终确定。结合两轮专家的指标筛选结果，最终确定环境保护执行效果指标如表6-5所示。

表6-5　环境保护执行效果确定指标

三级指标	四级指标
绿色经济 发展指标	人均GDP（元）
	人均GDP增长率
	地区生产总值增长率
	GDP中第三产业所占比重
绿色科技 发展指标	单位GDP能源消耗降低额（吨/亿元）
	单位GDP二氧化硫排放降低额（吨/亿元）
	单位GDP用水量降低额（万立方米/亿元）
	单位GDP建设用地面积降低额（平方米/人）
	一般工业固体废物综合利用率
绿色社会 发展指标	人均建成区绿化面积（平方米/人）
	人均道路清洁保洁面积（平方米/人）
	空气质量优良率
	生活垃圾无公害处理率
	污水集中处理率
	森林覆盖率
	人均公园绿地面积（平方米/人）
	城市区域环境噪声质量等级
	地级城市集中式饮用水水源地水质达标率
	公众满意度

第二节　广西践行"两山"理念的评估方法

一、事实维度指数的评价方法

（一）评分标准

依据对事实维度评价指标体系理想状态的描述，运用科学性、可操作性和合理性指标体系对现有政策进行评价时可以采用评分标准为评价对象打分，如表 6 - 6 所示。

表 6 - 6 事实维度评价指标、理想标准、评分标准

	指标	符号	理想标准	评分标准
科学性	政策目标合理性	x_1	相关概念界定明确，并在此基础上明确制定政策各执行环节目标	0：没有相关论述 1 ~ 3：有相关论述，但非常不明确 4 ~ 7：相关论述比较明确，但距理想标准有差距 8 ~ 10：相关论述非常明确，基本或完全符合理想标准要求
	政策协调性	x_2	环境保护政策在其适用的时空范围内，与其他政策协调一致、相互配套	
	政策稳定性	x_3	在政策条款中明确其有效期限，非特殊原因政府部门不能对该政策进行重大调整或废除，新旧政策间应有一定连续和继承	
	政策定位准确性	x_4	与环境保护提升相关、适用于公众环境污染治理与生态环境建设等公共环保活动明确适用广西地区	
可操作性	思路	x_5	始点、终点和目标明确，并能够反映从始点到终点的内在发展和实现过程	
	步骤	x_6	始点、中间步骤、终点环环相扣，紧密结合，符合科学规律	
	方法	x_7	根据方法自身的优势，提供与步骤契合和适应的有效方法	
	原则	x_8	体现针对性和操作侧重点，明确适用情景	
	保障措施	x_9	注重政策之间的协调性，提供推动政策有效实施的配套政策	
合理性	实施工具的合理性	x_{10}	实施工具应当合理配置，实施工具多样化	

（二）事实维度指数的确定

按照评分标准，本书采用 1 分制评估各地区事实维度评价指标的三级指标得分（x_i），将全部 10 项三级指标得分加起来即为该地区事实维度指数。依据各地区事实维度政策评价指数，分值越高，说明政策质量越高，需要完善的内容越少。

事实维度指数 $A = \sum_{i=1}^{10} x_i$

二、执行力度指数的评价方法

执行力度指标采用人均节能环保支出加以衡量，对于环境保护而言，人均节能环保支出越大越好。本书采用 10 分制评估执行力度指标指数。因此，可以将各地区节能环保支出指标值（y_i）与比较地区中节能环保支出指标最大值（$y_{i\max}$）的比值，再乘以 10，计算结果即为执行力度指数：

$$执行力度指数\ B = \frac{y_i}{y_{i\max}} \times 10$$

三、执行效果指数的评价方法

（一）指标权重

本书采用熵权法来确定执行效果指标的权重。熵权法是一种客观的赋权方法，它是利用各指标的熵值所提供的信息量的大小来决定指标权重的方法。熵最先由 Shannon 引入信息论，目前已经在工程技术、社会经济等领域得到了非常广泛的应用。熵权法的基本思路是根据指标变异性的大小来确定客观权重。一般来说，若某个指标的信息熵越小，表明指标值的变异程度越大，提供的信息量越多，在综合评价中所能起的作用也越大，其权重也就越大。相反，某个指标的信息熵越小，表明指标值的变异程度越小，提供的信息量越少，在综合评价中所能起的作用也越小，其权重也就越小。熵权法具有两个优点：第一，用熵权法给指标赋权可以避免各评价指标权重的人为因素干扰，使评价结果更符合实际，克服了现阶段的评价方法存在指标的赋权过程受人为因素影响较大的问题；第二，通过对各指标熵值的计算，可以衡量出指标信息量的大小，从而确保所建立的指标能反映绝大部分的原始信息。熵权法的具体步骤如下：

1. 指标数据进行标准化

依据指标情况，对于绿色发展指标，包括人均 GDP（元）、人均 GDP 增长率、地区生产总值增长率和 GDP 中第三产业所占比重，我们认为 GDP 中第三产业所占比重增加，说明顺应未来经济转型升级趋势，因此这四个指标均为正指标。对于绿色科技发展指标，单位 GDP 能源消耗降低额、单位 GDP 二氧化硫排放降低额、单位 GDP 用水量降低额、单位 GDP 建设用地面积降低额这四个指标表示经济发展所耗费相应能源及污染排放的下降程度，一般工业固体废物综合利用率表示工业固体废物综合利用量占工业固体废物产生量的百分率，随着科技发展，这些指标应越大越好，因此这五个指标均为正指标。对于绿色社会发展指标，包括人均建成区绿化面积、人均道路清洁保洁面积、空气质量优良率、生活垃圾无公害处理率、污水集中处理率、森林覆盖率、人均公园绿地面积、城市区域环境噪声质量等级和公众满意度，均为数值越大越好，为正指标。由于执行效果指标各级指标数值单位不相同，直接比较没有意义，因此需要进行标准化处理。正指标的标准化处理后的数据记为 z_{ij}，$\min(Z_j)$ 表示 X 的第 j 列数据的最小值，$\max(Z_j)$ 表示 X 的第 j 列数据的最大值。为了使每年每项指标各市的最大值为 1，标准化处理公式为：

$$z_{ij} = \frac{Z_{ij} - \min(Z_j)}{\max(Z_j) - \min(Z_j)}$$

2. 计算各项指标的信息熵

根据信息论中信息熵的定义，每个指标的信息熵为：

$$E_j = -\frac{1}{\ln n} \sum_{i=1}^{m} p_{ij} \ln(p_{ij}) , \quad j = 1, \cdots, n$$

其中，$p_{ij} = \dfrac{z_{ij}}{\sum\limits_{i=1}^{m} z_{ij}}$，如果 $p_{ij} = 0$，则定义 $\sum\limits_{i=1}^{m} p_{ij} \ln(p_{ij}) = 0$。

3. 确定各项指标的权重

根据信息熵的计算公式，计算出各个指标的信息熵为 E_1，E_2，$\cdots$，E_n，由此确定 n 个指标的权重为：

$$W_j = \frac{1 - E_j}{n - \sum\limits_{j=1}^{n} E_j}$$

（二）执行效果指数的确定

由于本书采用 10 分制来表示指数，对于执行效果指数的三级指标绿色经济发展指标 z_1、绿色科技发展指标 z_2 和绿色社会发展指标 z_3 的四级指标都是正指标，每个四级指标指数均为评价地区标准值乘以 10 后，再乘以各自权重。因此，执行效果指数的确定为绿色经济发展指标指数 z_1、绿色科技发展指标指数 z_2、绿色社会发展指标指数 z_3 三个指标指数值与各自权重的乘积后的合计数。该指数数值越高，说明绿色发展政策执行效果越好；反之，表明绿色发展政策执行效果较差。

四、绿色发展指数的评价方法

（一）二级指标权重的确定

本书对于事实维度指数、执行力度指数、执行效果指数权重的确定，本次调查采用电子问卷调查方式，所咨询专家为第二轮德尔菲法专家咨询中回复有效问卷中的5位专家，每位专家分别构造二级指标相对广西绿色发展指数的权重相对重要性的1个判断矩阵，对三项二级指标间（事实维度指标、执行力度指标、执行效果指标）的相对重要性进行打分，判断定量化原则见表6-7。在所有专家个人的成对比较矩阵均通过一致性检验后，以几何平均数整合所有专家的成对比较值。分别将5位专家所做的成对比较矩阵中同一位置的元素连乘后开5次方，得到几何平均后的比较矩阵和一致性检验结果如表6-8所示。

表6-7　判断定量化原则

标度	定义与说明
1	两个元素对某个属性具有同样重要性
3	两个元素比较，一个元素比另一个元素稍微重要
5	两个元素比较，一个元素比另一个元素明显重要
7	两个元素比较，一个元素比另一个元素强烈重要
9	两个元素比较，一个元素比另一个元素极端重要
2，4，6，8	表示需要在两个判断标准之间折中时的标度

表6-8　事实维度指数、执行力度指数、执行效果指数权重

指数名称	事实维度指标	执行力度指标	执行效果指标	W 权重
事实维度指数	1.00	1.00	0.8	0.3077
执行力度指数	1.00	1.00	0.8	0.3077
执行效果指数	1.25	1.25	1.00	0.3846

注：该判断矩阵的特征向量 W 为（0.3077、0.3077、0.3846），该特征向量的最大特征根 λ_{max} = 3.0001，一致性检验比率 CI = 0.000 < 0.1，通过一致性检验。

（二）绿色发展指数的确定

当把事实维度评价指标指数、执行力度指标指数和执行效果指标指数分别算出来后，按照层次分析法的方法计算出事实维度评价指标指数权重、执行力度指标指数权重和执行效果指标指数权重，将各自指数值与其权重乘积后相加，即为当地绿色发展指数。当地绿色发展指数数值越高，说明当地践行"绿水金山就是金山银山"理念的综合性成果越好；反之，则表明当地践行"绿水金山就是金山银山"理念的综合性成果较差。

第三节　广西各地级市践行"两山"理念的现状评估

2016 年，中共广西壮族自治区第十届委员会第六次全体会议就制定国民经济和社会发展第十三个五年规划提出"树立创新、协调、绿色、开放、共享发展理念"，现三年多时间过去了，广西各地级市"绿水青山就是金山银山"理念实现程度如何？为了更好地回答这一问题，本书运用广西绿色发展综合评价指标体系，对 2017 年广西 14 个地级市"绿水青山就是金山银山"理念的践行程度进行现状评估。

一、广西各地级市的事实维度指数与空间分布

对于广西绿色发展指标中的事实维度指数评价，本书采用专家打分法确定每个指标的得分，本次打分专家为第二轮德尔菲法专家咨询中回复有效问卷的 24 位专家中的 10 名专家。通过给专家发放广西财政厅官网中发布的环保文件（见表 6 - 9），以及广西环保厅所发布的《2017 年广西壮族自治区环境状况公报》和《广西环境保护厅 2017 年主要工作情况》，请 10 名专家通过广西 14 个市人民政府门户网站、财政局和环保局网站 2017 年公布的环保法律法规情况，采用 10 分制从事实维度评价指标、理想标准、评分标准对广西 14 个市的事实维度指数

表 6 - 9　2016 年广西财政厅官网发布涉及环境保护文件目录

序号	文件名称	文号
1	关于调整我区森林植被恢复费征收标准引导节约集约利用林地的通知	桂财税〔2016〕42 号
2	关于完善广西城市公交车成品油价格补助政策加快广西新能源汽车推广应用的通知	桂财建〔2016〕3 号
3	关于印发广西农田水利设施建设和水土保持补助资金使用管理办法的通知	桂财农〔2016〕148 号
4	关于印发广西水资源管理及保护工程专项资金管理办法的通知	桂财农〔2016〕221 号
5	关于印发广西壮族自治区农林业资源及生态保护专项资金管理暂行办法的通知	桂财农〔2016〕251 号

进行评价（见表6-10）。本书通过收集10名专家对于每个事实维度下级指标的打分结果，进行加总后计算算术平均数的结果如表6-11所示。

表6-10 2017年广西14个地级市事实维度打分情况一览

三级指标	四级指标	南宁	来宾	防城港	贺州	百色	桂林	柳州
科学性	政策目标合理性	1	1	1	1	1	1	1
	政策协调性	1	1	1	1	1	1	1
	政策稳定性	1	1	1	1	1	1	1
	政策定位准确性	1	1	1	1	1	1	1
可操作性	思路	0.930	0.896	0.892	0.85	0.827	0.910	0.925
	步骤	0.950	0.835	0.845	0.832	0.838	0.935	0.955
	方法	0.940	0.886	0.838	0.866	0.832	0.965	0.935
	原则	0.960	0.865	0.845	0.855	0.866	0.968	0.905
	保障措施	0.970	0.918	0.916	0.915	0.905	0.955	0.960
合理性	实施工具的合理性	1	0.920	0.925	0.932	0.945	0.980	0.985
	合计	9.750	9.320	9.261	9.250	9.213	9.713	9.665

三级指标	四级指标	梧州	北海	钦州	贵港	玉林	河池	崇左
科学性	政策目标合理性	1	1	1	1	1	1	1
	政策协调性	1	1	1	1	1	1	1
	政策稳定性	1	1	1	1	1	1	1
	政策定位准确性	1	1	1	1	1	1	1
可操作性	思路	0.885	0.856	0.895	0.885	0.887	0.858	0.865
	步骤	0.892	0.876	0.912	0.872	0.894	0.881	0.842
	方法	0.905	0.846	0.895	0.89	0.865	0.853	0.876
	原则	0.895	0.908	0.866	0.876	0.887	0.862	0.845
	保障措施	0.906	0.912	0.903	0.886	0.907	0.864	0.906
合理性	实施工具的合理性	0.960	0.940	0.950	0.960	0.970	0.972	0.955
	合计	9.443	9.338	9.421	9.369	9.410	9.290	9.289

从事实维度指数看，2017年广西14个地级市中南宁、柳州、桂林三市指数最高，百色市指数最低，其余地级市处于中等水平。总体来说，基本呈"东南部偏高、西北部偏低"的地理空间分布格局。

表6-11 2017年广西14个地级市事实维度指数排名

排名情况	1	2	3	4	5	6	7
城市名称	南宁	桂林	柳州	梧州	钦州	玉林	贵港
事实维度指数	9.750	9.713	9.665	9.443	9.421	9.410	9.369
排名情况	8	9	10	11	12	13	14
城市名称	北海	来宾	河池	崇左	防城港	贺州	百色
事实维度指数	9.338	9.320	9.290	9.289	9.261	9.250	9.213

二、广西各地级市的执行力度指数与空间分布

2017年广西14个地级市人均节能环保支出情况如表6-12所示,结合执行力度指数的计算方法,2017年广西14个地级市执行力度指数排名如表6-13所示。

表6-12 2017年广西14个地级市人均节能环保支出

城市名称	南宁	来宾	防城港	贺州	百色	桂林	柳州
人均节能环保支出(元/人)	208.15	23.63	219.59	245.25	48.89	16.77	15.16
城市名称	梧州	北海	钦州	贵港	玉林	河池	崇左
人均节能环保支出(元/人)	2.32	57.19	15.42	6.69	1.39	12.86	7.73

表6-13 2017年广西14个地级市执行力度指数排名

排名情况	1	2	3	4	5	6	7
城市名称	贺州	防城港	南宁	北海	百色	来宾	桂林
执行力度指数	10.000	8.954	8.487	2.332	1.993	0.964	0.684
排名情况	8	9	10	11	12	13	14
城市名称	钦州	柳州	河池	崇左	贵港	梧州	玉林
执行力度指数	0.629	0.618	0.052	0.032	0.027	0.009	0.006

从执行力度指数看,2017年广西14个地级市中贺州、防城港和南宁三市指数最高,梧州和玉林两市指数最低,其余9个地级市指数处于中间水平。总体来说,基本呈"西部偏高、东部偏低"的地理空间分布格局。

三、广西各地级市的执行效果指数与空间分布

(一)公众满意度的确定

为了能客观地反映广西14个地级市公众对环境的满意度,本书设计了18个

问题的调查问卷。对于执行效果指标的公众满意度衡量，采用的是第三个问题"您对您家乡城市居住环境质量总体满意程度"的问卷回复情况，被调查者有五个选项"非常满意、比较满意、一般满意、较不满意、极不满意"，这五个选项的量化标准见表6-14。

表6-14　公众满意度量化标准

满意度选项	非常满意	比较满意	一般满意	较不满意	极不满意
量化标准	10	7.5	5	2.5	0

结合广西14个地级市每个选项问卷调查回复人数比例和量化标准的乘积，广西14个地级市公众对环境总体满意度情况见表6-15。

表6-15　广西14个地级市公众对环境总体满意度

排名	城市名称	环境总体满意度
1	来宾	8.33
2	防城港	7.81
3	桂林	7.50
4	柳州	7.19
5	北海	7.14
6	南宁	7.03
7	百色	6.79
8	钦州	6.47
9	玉林	6.45
10	梧州	6.39
11	贵港	6.07
12	河池	6.00
13	崇左	5.63
14	贺州	5.00

（二）三级与四级指标权重的确定

1. 指标数据标准化

2017年广西绿色发展执行效果指标各级指标数值进行标准化处理的结果见表6-16。

表6-16　执行效果指标各级指标数值进行标准化处理结果

三级指标	四级指标	南宁	来宾	防城港	贺州	百色	桂林	柳州	梧州	北海	钦州	贵港	玉林	河池	崇左
绿色经济发展指标	人均GDP（元）	0.6233	0.148	1	0.1225	0.2215	0.4194	0.8097	0.3722	0.787	0.2818	0.0623	0.1521	0	0.337
	人均GDP增长率	0.2541	0	0.2753	0.489	0.7505	0.1087	0.1906	0.3232	0.6308	1	0.4724	0.1722	0.0838	0.6179
	地区生产总值增长率	0.5962	0	1	0.8077	0.9423	0.5962	0.6538	0.7115	0.9038	0.9808	0.7692	0.7885	0.1923	0.8269
	GDP中第三产业所占比重	1	0.3589	0.0295	0.3594	0	0.3589	0.3638	0.0246	0.0541	0.2901	0.4376	0.4425	0.8014	0.3589
绿色科技发展指标	单位GDP能源消耗降低额（吨/亿元）	0.0378	1	0	0.039	0.1028	0.1856	0.3073	0.0414	0.0626	0.6726	0.1572	0.0461	0.3853	0.1844
	单位GDP二氧化硫排放降低额（吨/亿元）	0.0339	1	0.1024	0.1036	0.3687	0.0589	0.0741	0.0264	0.0334	0.0951	0.1995	0	0.5678	0.0339
	单位GDP用水量降低额（万立方米/亿元）	0.0072	1	0.0562	0.2896	0.1771	0.027	0	0.0421	0.0671	0.1763	0.184	0.0601	0.0893	0.1494
	单位GDP建设用地面积降低额（平方米/人）	0	0.0008	0.0169	1	0.024	0.0126	0.0676	0.021	0.0778	0.1683	0.0952	0.0406	0.0119	0.0456
	一般工业固体废物综合利用率	0.9994	0.4931	1	0.6432	0	0.7555	0.9645	0.6432	0.9846	0.969	0.9724	0.8576	0.385	0.4712
绿色社会发展指标	人均建成区绿化面积（平方米/人）	0.8701	0.2226	0.3698	0.1838	0.165	0.3175	1	0.29	0.8792	0.2403	0.2226	0.1132		0.1757
	人均道路清洁保洁面积（平方米/人）	0.9693	0.2795	0.8063	0.2487	0.1422	0.4438	1	0.224	0.995	0.3747	0.1064	0.0943	0	0.0597
	空气质量优良率	0.7233	0.5597	1	0.8176	0.8742	0	0.1698	0.5975	0.7547	0.7233	0.566	0.7421	0.7044	0.805
	生活垃圾无害化处理率	0.9741	1	1	1	1	1	1	1	1	1	1	0.9943	1	0
	污水集中处理率	0.8469	0.8141	0.8134	0.8109	0.8092	0.8552	0.9325	0.8581	0.9646	0.9444	1	1	0.909	0
	森林覆盖率	0.2879	0.3914	0.5657	0.9242	0.7854	0.8737	0.7247	0.3481	0	0.452	0.2525	0.6237	0.8182	0.4646
	人均公园绿地面积（平方米/人）	0.4726	0.2396	1	0	0.4833	0.4511	0.6586	0.3481	0.3199	0.5636	0.4337	0.2262	0.2356	0.5863
	城市区域环境噪声质量等级	1	0	1	1	1	1	1	1	1	1	1	1	1	0
	公众满意度	0.6096	1	0.8438	0	0.5375	0.7508	0.6577	0.4147	0.5375	0.4414	0.3213	0.4354	0.3003	0.1892

2. 求各指标的信息熵

依据信息熵的公式，广西各级指标信息熵如表6-17所示。

表6-17　执行效果指标各级指标数值信息熵

三级指标	四级指标	信息熵
绿色经济发展指标	人均GDP（元）	0.879
	人均GDP增长率	0.8939
	地区生产总值增长率	0.9543
	GDP中第三产业所占比重	0.8686
绿色科技发展指标	单位GDP能源消耗降低额（吨/亿元）	0.7776
	单位GDP二氧化硫排放降低额（吨/亿元）	0.7274
	单位GDP用水量降低额（万立方米/亿元）	0.7371
	单位GDP建设用地面积降低额（平方米/人）	0.5399
	一般工业固体废物综合利用率	0.9558
绿色社会发展指标	人均建成区绿化面积（平方米/人）	0.8738
	人均道路清洁保洁面积（平方米/人）	0.8525
	空气质量优良率	0.954
	生活垃圾无公害处理率	0.9721
	污水集中处理率	0.9708
	森林覆盖率	0.9434
	人均公园绿地面积（平方米/人）	0.9375
	城市区域环境噪声质量等级	0.8325
	公众满意度	0.9404

3. 确定各指标的权重

根据信息熵的计算公式，三级和四级指标的权重值见表6-18。

表6-18　执行效果指标三级和四级指标权重

三级指标	四级指标	权重
绿色经济发展指标	人均GDP（元）	5.06%
	人均GDP增长率	4.40%
	地区生产总值增长率	1.91%
	GDP中第三产业所占比重	5.50%
	小计	16.87%

续表

三级指标	四级指标	权重
绿色科技发展指标	单位 GDP 能源消耗降低额（吨/亿元）	3.31%
	单位 GDP 二氧化硫排放降低额（吨/亿元）	5.41%
	单位 GDP 用水量降低额（万立方米/亿元）	5.68%
	单位 GDP 建设用地面积降低额（平方米/人）	3.26%
	一般工业固体废物综合利用率	7.85%
	小计	25.51%
绿色社会发展指标	人均建成区绿化面积（平方米/人）	5.28%
	人均道路清洁保洁面积（平方米/人）	6.17%
	空气质量优良率	6.93%
	生活垃圾无公害处理率	7.17%
	污水集中处理率	6.54%
	森林覆盖率	2.37%
	人均公园绿地面积（平方米/人）	2.62%
	城市区域环境噪声质量等级	7.01%
	地级城市集中式饮用水水源地水质达标率	10.04%
	公众满意度	3.49%
	小计	57.62%

4. 三级与四级指标指数

结合执行效果指标各级指标数值进行标准化处理结果和执行效果指标三级和四级指标权重，可以计算出广西 14 个地级市执行效果指数，具体参见表 6-19。为了与事实维度指数、执行力度指数表示方式相同，2017 年广西 14 个地级市采用 10 分制的执行效果指数排名情况见表 6-20。

从执行效果指数看，2017 年广西 14 个地级市中南宁、防城港、北海和柳州 4 市指数最高，崇左、百色和梧州 3 市指数最低，其余 7 个地级市指数处于中等水平。总体来说，基本呈"中部偏高、两边偏低"的地理空间分布格局。

表6-19　广西14个地级市执行效果指数计算结果

三级指标	四级指标	南宁	来宾	防城港	贺州	百色	桂林	柳州	梧州	北海	钦州	贵港	玉林	河池	崇左
绿色经济发展指标	人均GDP（元）	0.0315	0.0075	0.0506	0.0062	0.0112	0.0212	0.0410	0.0188	0.0398	0.0143	0.0032	0.0077	0.0000	0.0171
	人均GDP增长率	0.0112	0.0000	0.0121	0.0215	0.0330	0.0048	0.0084	0.0142	0.0278	0.0440	0.0208	0.0076	0.0037	0.0272
	地区生产总值增长率	0.0114	0.0000	0.0191	0.0154	0.0180	0.0114	0.0125	0.0136	0.0173	0.0187	0.0147	0.0151	0.0037	0.0158
	GDP中第三产业所占比重	0.0550	0.0197	0.0016	0.0198	0.0000	0.0197	0.0200	0.0014	0.0030	0.0160	0.0241	0.0243	0.0441	0.0197
绿色科技发展指标	单位GDP能源消耗降低额（吨/亿元）	0.0013	0.0331	0.0000	0.0013	0.0034	0.0061	0.0102	0.0014	0.0021	0.0223	0.0052	0.0015	0.0128	0.0061
	单位GDP二氧化硫排放降低额（吨/亿元）	0.0018	0.0541	0.0055	0.0056	0.0199	0.0032	0.0040	0.0014	0.0018	0.0051	0.0108	0.0000	0.0307	0.0018
	单位GDP用水量降低额（万立方米/亿元）	0.0004	0.0568	0.0032	0.0164	0.0101	0.0015	0.0000	0.0024	0.0038	0.0100	0.0105	0.0034	0.0051	0.0085
	单位GDP建设用地面积降低额（平方米/人）	0.0000	0.0000	0.0006	0.0326	0.0008	0.0004	0.0022	0.0007	0.0025	0.0055	0.0031	0.0013	0.0004	0.0015
	一般工业固体废物综合利用率	0.0785	0.0387	0.0785	0.0505	0.0000	0.0593	0.0757	0.0505	0.0773	0.0761	0.0763	0.0673	0.0302	0.0370
绿色社会发展指标	人均建成区绿化面积（平方米/人）	0.0459	0.0118	0.0195	0.0097	0.0087	0.0168	0.0528	0.0153	0.0464	0.0127	0.0118	0.0060	0.0000	0.0093
	人均道路清洁保洁面积（平方米/人）	0.0598	0.0172	0.0497	0.0153	0.0088	0.0274	0.0617	0.0138	0.0614	0.0231	0.0066	0.0058	0.0000	0.0037
	空气质量优良率	0.0501	0.0388	0.0693	0.0567	0.0606	0.0000	0.0118	0.0414	0.0523	0.0501	0.0392	0.0514	0.0488	0.0558
	生活垃圾无公害处理率	0.0698	0.0717	0.0717	0.0717	0.0717	0.0717	0.0717	0.0717	0.0717	0.0717	0.0717	0.0717	0.0717	0.0000
	污水集中处理率	0.0554	0.0532	0.0532	0.0530	0.0529	0.0559	0.0610	0.0561	0.0631	0.0618	0.0654	0.0650	0.0594	0.0000
	森林覆盖率	0.0068	0.0093	0.0134	0.0219	0.0186	0.0207	0.0172	0.0237	0.0000	0.0107	0.0060	0.0148	0.0194	0.0110
	人均公园绿地面积（平方米/人）	0.0124	0.0063	0.0262	0.0000	0.0127	0.0118	0.0173	0.0091	0.0084	0.0148	0.0114	0.0059	0.0062	0.0154
	城市区域环境噪声质量等级	0.0701	0.0000	0.0701	0.0701	0.0000	0.0701	0.0701	0.0000	0.0701	0.0701	0.0701	0.0000	0.0701	0.0000
	公众满意度	0.0213	0.0349	0.0294	0.0000	0.0188	0.0262	0.0230	0.0145	0.0188	0.0154	0.0112	0.0152	0.0105	0.0066
	地级城市集中式饮用水水源地水质达标率	0.1004	0.1004	0.1004	0.1004	0.1004	0.1004	0.1004	0.1004	0.1004	0.1004	0.1004	0.1004	0.1004	0.1004
	合计	0.6831	0.5535	0.6742	0.5682	0.4495	0.5287	0.6608	0.4504	0.6679	0.6427	0.5623	0.4645	0.5171	0.3368

表 6 - 20 2017 年广西 14 个地级市执行效果指数排名情况

排名	城市名称	执行效果指数
1	南宁	6.831
2	防城港	6.742
3	北海	6.679
4	柳州	6.608
5	钦州	6.427
6	贺州	5.682
7	贵港	5.623
8	来宾	5.535
9	桂林	5.287
10	河池	5.171
11	玉林	4.645
12	梧州	4.504
13	百色	4.495
14	崇左	3.368

四、广西绿色发展指数与空间分布

结合事实维度指数权重、执行力度指数权重和执行效果指数权重,以及事实维度指数结果、执行力度指数结果和执行效果指数,可以计算出 2017 年广西 14 个地级市绿色发展指数,具体排名见表 6 - 21。

表 6 - 21 2017 年广西 14 个地级市绿色发展指数排名

排名	城市名称	绿色发展指数
1	南宁	8.238728
2	防城港	8.197729
3	贺州	8.108522
4	北海	6.159602
5	柳州	5.705516

续表

排名	城市名称	绿色发展指数
6	钦州	5.564209
7	来宾	5.293148
8	桂林	5.232537
9	百色	5.176863
10	贵港	5.053755
11	河池	4.8633
12	玉林	4.68377
13	梧州	4.640619
14	崇左	4.163405

从广西绿色发展指数的分布来看，2017 年广西 14 个地级市中南宁、防城港和贺州 3 市指数最高，表明其践行"绿水金山就是金山银山"理念的综合性成果较好；崇左指数最低，表明其践行"绿水金山就是金山银山"理念的综合性成果较差；其余 10 个地级市则处于中间水平，表明其在践行"绿水金山就是金山银山"理念方面已取得了一定成果，但仍有待加强。总体来说，基本呈"东北部和南部偏高、东南部和西部偏低"的地理空间分布格局。

第七章 新时代广西践行"两山"理念的基本经验

第一节 思想引领：贯彻以人民为中心的发展思想

一、人民群众是践行"两山"理念的根本力量

坚持以人民为中心与践行"两山"理念相结合是广西建设生态文明的基本遵循。新时代树立"两山"理念，发展低碳生产、绿色生产，就是要为人民创造良好的生活生产环境。在新时代创新践行"两山"理念的新征程上，广西始终把人民群众对美好生活的向往作为践行"两山"理念的根本奋斗目标；同时，坚信并坚定不移地依靠人民，创新、创造、发展、丰富并逐渐完善"两山"理念。广西深刻认识到：这一美好目标的实现离不开人民群众长期的、不懈的团结奋斗及其主观能动性的发挥，更加离不开人民群众的自由全面发展。

习近平总书记于 2015 年 11 月 23 日在中央政治局第二十八次集体学习时提出了"以人民为中心"的治国方针理论。在习近平新时代中国特色社会主义思想中，以人民为中心思想居于基础性地位，贯穿新时代习近平中国特色社会主义思想的各个方面，该思想本身也具有系统完整的理论体系和丰富的科学内涵。

广西作为"两山"理念的重要实践地，在各级政府和市委的领导下，走出了一条独具壮乡特色的生态文明建设之路。在学习和借鉴浙江、贵州等地的丰富经验基础之上，广西对"两山"理念的具体模式进行了理论创新和实践创新，取得了众多赋有代表性意义的辉煌成就。通过开展"美丽广西"活动，建设清

洁乡村、生态乡村、宜居乡村、幸福乡村，村屯自然环境和人民的生活环境得到极大改善，实现了生态发展与乡村经济振兴深度融合，乡村特色生态旅游、林业资源得到有效开发，对农业生产水平提高、人民收入增加、农村经济发展起到了显著带动作用，一切活动以村民为主体、以提高村民生活幸福感为目标。"两山"理念是一个极具辩证思想的理论，广西践行这一理念的初衷就是为了满足当地人民对美好生态环境与经济社会兼容发展的追求，解决不平衡、不充分发展之间的矛盾，在发展过程中形成了以广西各级政府领导、县村干部为先锋模范的领导核心，组织人民群众共同参与美化环境、清洁水源、节能减排、振兴产业、文化下乡等各项活动，以此实现物质文明和精神文明同步发展，继续向共同富裕目标迈进。"两山"理念早已在八桂大地生根发芽，并不断茁壮成长。经过几年的努力，许多群众都享受到了生态发展带来的经济利益，切身体会到生态发展将会对他们的身体健康、幸福生活产生重要的积极影响，因此，人民群众对于建设美丽乡村、发展农村产业的呼声越来越高，参与创建生态旅游示范区等活动的积极性也越来越高。近年来，尤其表现在村民对村庄布局规划、基础设施建设以及产业发展方向等方面的主动配合。不少村民在村支书、乡镇及县领导的带领下，与全体党员干部集思广益、群策群力，为争做"两山"理念践行的模范生，积极打造具有本村特色的样板工程。在此过程中涌现出那阳镇、石康镇、六妙村、勇山屯、武鸣县等成效显著的示范区，这都是人民群众发扬集体智慧的结晶，是人民群众充分发挥主观能动性改造自然的实践成效。"两山"理念生动实践的丰硕成果早已为当地人民所共享，这已成为广西全区有目共睹的事实。归根结底，广西"两山"理念成功实践的前提和基础是坚持全体民众共享绿水青山和洁净、清新、养生的空气，享受更高质量的生活，让福祉惠及全体人民群众，从而实现发展为人民、发展靠人民、发展成果由人民共享，促进人类社会永续健康发展。

二、促进人的全面发展是践行"两山"理念的根本目的

正如党的十九大报告明确指出的那样，"我国仍处于并将长期处于社会主义初级阶段的这一基本国情没有改变"。广西政府对于以人民为中心的"两山"理念实践所处的阶段有着清晰定位，明确当前广西仍处于理论与实践共同进步的"摸着石头过河"的初级阶段，需要付出更大努力、更多贡献才能实现"两山"理念的伟大目标，造福百姓，踏实走好准备阶段、预备阶段的每一步，是满足人民日益增长的美好生活需要从量的积累到质变的必经之路和必要环节。中国特色社会主义建设进入新时代,坚持人民的主体地位最终是为了人民群众能最大限度地实现个人的自由全面发展。马克思、恩格斯在《德意志意识形态》中分析了生产力、生产关系和旧的分工等与人的全面发展的关系。他们在《共产党宣言》中再次指明:"人的全面发展就是指每个人都能得到的平等发展、完整发展、和谐发展和自由发展。"在马克思、恩格斯看来,人的全面发展包含三个范畴:①人是主体性存在物。激活历史文明赋予人的各项潜能并使之得到充分发挥,强调人的潜能挖掘具有无限性、开放性。②人是对象化存在物。人的自由全面发展意味着不断开发改造使人的潜能得到充分发挥的对象化物,从而使人的能动性在尽可能多且优化的对象性关系中得以施展。③人是社会存在物。人的本质是一切社会关系的总和,唯物史观的立脚点是人类社会或社会化了的人类。所以,人在相处过程中相互尊重,形成和谐良好的社会关系,并通过积极主动发挥主观能动性改造主观世界和客观世界,互帮互助,取长补短,追求个人的全面发展。目前,广西"两山"理念实践已取得阶段性胜利,接下来,广西应当在原有基础上寻求新的创新点,在马克思主义指导下,在以人民为中心的初心的引领下,在新时代满足人民日益增长的美好生活需要的奋进新征程上继续前行,重点解决不平衡、不充分发展的主要矛盾。通过制定具体可行的方案,配合范式转换、顶层设计、制度体系、体制机制建设,全面推进新时代中国特色社会主义生态文明建设,坚持人民群众主体地位,促进人的自由全面发展。

第二节 质量提升:推动生态经济高质量发展

绿水青山是广西高质量发展的底色,一定要保护好广西良好的生态环境,这是习近平总书记在视察广西时多次提到的。为切实贯彻落实习近平总书记的要求,广西致力于发展绿色经济、生态经济、循环经济,以生态文化促进生态文明向纵深发展,积极防治大气污染以打赢环保攻坚战、保护和修复生态工程、加强环境亮化工程监管,让广西"山清水秀生态美"的金字招牌继续发亮。总体上讲,生态经济集经济腾飞与环境保护、物质文明与精神文明、自然生态与人类生态于一体,最终目标是实现经济可持续发展。它与我们平常的经济发展方式不同,具有的特点如图7-1所示。

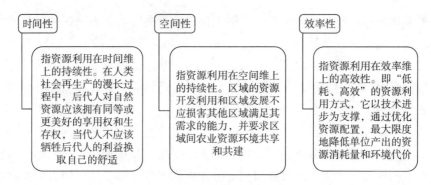

时间性	空间性	效率性
指资源利用在时间维上的持续性。在人类社会再生产的漫长过程中，后代人对自然资源应该拥有同等或更美好的享用权和生存权，当代人不应该牺牲后代人的利益换取自己的舒适	指资源利用在空间维上的持续性。区域的资源开发利用和区域发展不应损害其他区域满足其需求的能力，并要求区域间农业资源环境共享和共建	指资源利用在效率维上的高效性。即"低耗、高效"的资源利用方式，它以技术进步为支撑，通过优化资源配置，最大限度地降低单位产出的资源消耗量和环境代价

图7-1 生态经济的特征

当前，我国经济发展的一大特征是已由高速增长转向高质量发展阶段，发展生态经济是实现高质量发展的必然要求。走生态经济之路也是构建和谐社会、实现可持续发展的必经之路。我们可以从以下五方面分析发展生态经济的原因：

（1）现代人类社会的两种基本关系分别是人与自然、人与社会，而人、社会与自然这三个不同主体又是和谐统一、密不可分的，共同构成统一有机整体。和谐社会其实有两层含义，它包括人与自然之间的和谐以及人与人之间的和谐。"和谐"是尊重自然规律、经济规律、社会规律的和谐，人作为社会实践的主体，必须在尊重客观规律的前提下认识世界、改造世界，最终造福人类，实现人与自然和谐相处。和谐社会不是无序的，它具有一定的层次性，分别是核心层、保证层和基础层。核心层是人与人之间关系的和谐，即人与人的和睦相处、平等互助，协调家庭和社会的角色；其保证层就是外界环境，包括整个社会经济、政治、经济、文化的协调运转，基础层顾名思义就是整个和谐社会的基础，即必须有一个稳定和平衡的生态环境。一个适宜的生态环境能保持和谐社会的持续发展，失去良好的生态环境基础，就谈不上社会政治、经济、文化的生存和发展，和谐的人际关系也会变成无源之水、无本之木，像是一座空中楼阁。因此，生态和谐是和谐社会的前提和基础，没有生态和谐做保障，人类社会就无法进入和谐社会。

（2）科学发展观是中国特色社会主义理论体系的重要组成部分，它的核心是以人为本，以促进经济社会和人的全面发展为目标，根本方法是统筹兼顾。科学发展观要求我们在发展生态经济时要用和谐的眼光、和谐的态度、和谐的思路和对和谐的追求来看待问题，协调人与人、人与自然的关系，保护生态环境，提高资源利用率，加大科研投入力度，研发可替代能源、清洁能源。要转变传统的经济发展观念，走出环境与经济发展相对立的错误区，坚信保护环境就是保护和发展生产力，树立新生态经济观念，做到环境与经济统筹发展，在实践的过程中领悟人口、资源、环境与社会经济在发展中是相互关联、相互制约、相互依存的矛盾对立统一体这一概念。科学发展观十分注重生态保护对国民经济和社会发展的重要推动作用，大力建设生态文明，为解放和发展生产力创造良好的生态环境。

（3）在我国当前经济发展现状的背景下，大力倡导发展生态经济具有与众不同的时代意义。首先，当前我国经济飞速发展，已成为世界第二大经济体，要实现经济高质量发展我们不能再走老路，不能"先污染，后治理"，要充分吸取过去的经验、教训，不仅追求经济的增长，即量的增加，还要追求经济的发展，即质的飞跃。为达到这一目的，我们必须摒弃旧有的落后发展模式，自觉走生态经济协调发展的道路，建设社会主义生态文明。其次，为实现经济发展质的飞跃，发展生态经济必不可少。如果以破坏生态环境为代价来促进经济快速发展，这种发展方式仍是低效的，不是可持续的。要实现国家的可持续发展，必须认识到发展生态经济会为国民经济发展带来诸多益处，如产业结构的调整，工业走向新型工业化道路，实现清洁生产；农业以循环、低碳为特色，实现生态农业；服务业更加专业化，实现创新驱动发展。

（4）生态经济与农业经济和工业经济截然不同，它们的侧重点不同；生态经济无论是从理论上来说，还是从实践上来说，都是一个全新概念。生态经济是伴随着当代经济快速发展而产生的，科学技术在此过程中扮演了极其重要的角色。推动生态经济发展的关键是要推动各方面的创新——制度创新、道路创新、理论创新和文化创新，用创新的文化推动创新的环境，同时建设高质量、高素质人才队伍，为企业科技创新的高效转化提供人才支持，扩大企业和基地的带动辐射范围、推进服务网络的全面覆盖。这些都是我们发展生态经济时需要首先解决的问题。

（5）发展生态经济是进入 21 世纪以来，我国制定的又一项重大发展战略。以"立足生态，着眼经济、全面建设、综合开发"的发展思路引领我国实现经济可持续发展，正确处理各种关系，如资源开发与资源培植关系，生态建设与经济发展关系，经济效益、生态效益、社会效益的关系等，争取创造科学发展新模式。世界的统一性原理启示我们：改造世界要坚持从实际出发，一切以时间、地点、条件为转移。因此发展生态文明必须结合我国的基本国情，实事求是，发展清洁能源，促进资源的综合科学再利用；提倡以低碳技术替代传统农业技术，发展生态农业；开发森林等资源，创建生态旅游品牌，大力发展生态保护产业；加强建筑行业的生态建设。发展这些产业不仅有利于建设生态文明，发展生态经济，更有助于我国形成合理的经济发展模式，提升国家综合实力，在实现经济效益的同时带动相关产业，解决最大的民生问题——就业，进一步促进自然、社会与人类的协调统一，因此发展生态经济是我国经济迈上新台阶的本质要求。生态经济具有丰富的内涵，要求我们以高标准、高要求、高质量完善各项机制体制和基础设施建设，尊重自然环境，建设工程时尽量减少对当地生态系统的破坏，优先保护生态环境，不以牺牲环境为代价发展经济。同时，生态经济是对外开放的经济，要充分发挥生态经济的品牌效益，吸引外商直接投资，以开放的心态学习国外生态经济先进经验，并将其内化为我国的生态经济发展优势。

一、将生态优势转化为经济优势

广西自然禀赋优越，生态环境优良，发展生态经济有着丰厚的天然优势，因此生态经济应成为广西高质量发展的新引擎、新动能，并充分发挥区位优势，实现经济的持续健康发展，向高质量经济更近一步。正确处理产业和生态的关系，就是要实现"产业发展生态化，生态建设产业化"，在发展生态经济的过程中巩固两者关系，并作为发展的关键和核心，在鼓励科技创新、生态技术创新的基础上，发展低碳、循环、绿色经济；大力发展生态型产业，将生态问题放到市场中解决，发挥市场在资源配置中的决定性作用。广西在建设美丽乡村时，提倡经济与生态深度融合，鼓励村屯开发当地旅游资源，发展特色旅游业，打造"绿色银行"，以生态优势带动农村经济发展，增加村民的就业和收入，助力精准脱贫，使生态环境优美的村庄走上了发家致富的道路。例如，马山县古零镇弄拉屯在石漠化治理中，通过采取封山育林、恢复植被、涵养水源等措施保护生态环境，并大力开发林业资源，鼓励村民们种植林果桑茶油药和从事养殖业，以生态促经济，以环境促发展。广西将绿水青山转化为生产力，发挥人的主体作用，用创新的理念和制度体系推动广西生态经济常态化。经过几年的努力，广西充分利用生态优势，大力开发具有经济价值、社会价值的生态资源，通过开展"绿满八桂"、村屯绿化、清洁乡村等活动，持续挖掘广西生态特色，寻找新的切入点壮大广西生态产业，将广大的绿色资源转变为能够提高人民生活质量、加速广西经济健康发展的财源。发展生态经济，城市和广大乡村地区都不容忽视。城市主城区由于交通等基础设施完备、人才聚集、企业资金雄厚等原因，在培育生态服务业方面优势明显，同时，城市地区在总部经济、会展经济、绿色金融、绿色物流等方面能为乡村地区提供示范，带动周边农村地区经济发展；乡村作为城市广大的后备区，自然资源、生态资源丰富，适合走以生态资源为依托的特色旅游业的发展道路，如建设生态园开发区、发展林木业、农家乐等项目，促进乡村振兴，广西不少地区已见证了该条道路的正确性。粤港澳大湾区为广西经济发展提供了全新的契机，目前，广西正致力于承接高质量产业，做大做强生态工业园区、战略新兴产业和海洋产业等；农业主产区则大力发展高效生态农业，推广低碳生产技术，做优有机农业，在延长加工和物流商贸产业链上多做功课；在重点生态功能区，当地政府充分挖掘自然和文化资源，发展生态旅游和康养产业，以生态促经济。总之，广西利用一切可利用的生态资源，根据因地制宜原则，盘活生态、自然、人文等要素，让生态红利惠及全区人民。

二、建设生态园区，发展生态农业

广西打造生态产业园区曾走在全国前列。贵港国家生态工业（制糖）示范园区是我国第一个生态工业园区，在中国生态工业园区发展史上具有里程碑意义。广西仍在不断探索创建生态园区的模式与方法。近年来，广西各地以建设"三型"生态园区为主要目标。一是建设联合企业型生态园区，如贺州华润循环经济产业园区积极打造废物循环利用产业链，实现火电、水泥、啤酒产业间资源循环与再利用。二是建设综合型生态园区，以来宾电厂"热电联产"为核心，向园区内企业集中供热，造纸厂废弃白泥不会直接丢弃，而是给电厂脱硫，一方面通过聚集群促进了节能减排，另一方面又降低成本增加了企业净利润。三是建设静脉产业型园区，如梧州再生资源加工园区探索出"资源—产品—再生资源"的闭环经济模式，实现放错地方的资源——垃圾变废为宝①。

加快发展新型生态工业，大力培育发展节能环保产业、新能源和清洁能源汽车制造、新材料产业等是广西发展生态工业的重要举措。在发展绿色制造集成项目的同时，各区以提升传统产业为目标，改进糖、铝、机械、冶金"二次创业"和汽车产业的生产模式，对具有优势的传统产业进行重大技术改造。例如，崇左东亚中泰产业园糖业实现了生产废弃物的循环利用，提高了经济效率，研制了收压榨一体化机器，在技术创新上取得重大突破。此外，铝产业还探索出"铝—电—网"发展模式，着手区域电网建设，使铝产业所受制约逐渐变小；百色生态型铝产业示范基地通过技术改造，生产氧化铝、电解铝、铝加工的能力大幅

---

① 钟山. 建设生态园区，打造工业增长新引擎［EB/OL］. 广西日报，https：//baijiahao. baidu. com/s？id＝1643008583251704915&wfr＝spider&for＝pc，2019－8－27.

提高。为加快产业集群化发展，获得集聚效益，广西形成以工程机械、内燃机、电工电器、农业机械四大产业为重点的高端发展区，以及在南宁、柳州、玉林三地建设智能制造城，柳工集团、玉柴集团、大马力船舶等企业产品位居全国前列。柳钢防城港钢铁基地一期、盛隆冶金产业有关技术升级改造项目稳步推进，得益于此，广西盛隆冶金成功入围中国民营企业500强，这是广西首例。新能源汽车有利于促进生态环境保护，因此，广西组织的技术改造工程也涵盖了新能源汽车领域，上通五E200新能源汽车、华奥贵港汽车项目一期新能源大客车迅速发展①。

综观全广西，已有100多家工业园区正健康运转，在广西政府的提倡和指导下，各工业园区都在努力实现提质增效，争取做好做强生态经济新篇章，为广西实现跨越式发展贡献绵薄之力。在区领导的带领下，工业园区按照"布局优化、企业集群、产业成链、物质循环、集约发展"要求，积极研发新技术支撑循环经济、低碳经济，主动节能减排，乘国家推进"无废城市"建设东风，继续巩固、充实、提高"三型"化园区，让生态产业园区成为广西经济转型的强劲动力源泉。

生态农业强调发挥农业生态系统的整体功能，以大农业为出发点，按"整体、协调、循环、再生"的原则，全面规划，调整和优化农业结构，使农、林、牧、副、渔各业和农村一、二、三产业综合发展，并使各业之间互相支持，相得益彰，提高综合生产能力以可持续发展为目的，最终实现经济、生态和社会效益协调统一。广西发展生态经济，不仅在工业上建立生态工业园区，而且还注重生态农业的发展。在推动生态农业发展过程中，广西坚持质量兴农、绿色兴农、品牌强农的理念，通过成立现代特色农业示范区初步构建了"一村一品""一乡一业""一镇一品"的农村经济新格局，不断向"低投入、低能耗、低污染、高效率"的发展模式靠拢，各类生态农业产业百花齐放，取得丰硕成果②。

广西既有丰富的生态资源，在发展生态农业方面也具有先天优势，广西立足本区实际，积极创新"合理利用+生态保护"发展模式，努力实现规模效益。①创新综合利用模式。以食物链网络化、农业废弃物资源化为主要手段，增强物质循环再利用，提高资源利用率，促进农业持续稳定发展。例如，恭城县由于大

　　① 梁馨予. 2018年广西加快生态经济发展，产业结构进一步优化［EB/OL］. 广西新闻网，http：//gx. people. com. cn/GB/n2/2018/1228/c179430－32464290. html，2018－12－28.

　　② 李运涛. 广西大力发展生态产业力促绿色经济高质增效［EB/OL］. 中华工商网，http：//www. cbt. comcn/cj/qy/201912/t20191225_149534. html，2019－12－25.

力发展有机农业、绿色农业，积极推动旅游休闲、健康养生等产业快速发展，被联合国评为"发展中国家农村生态经济发展的典范"。②创新污染治理模式。污染治理贯穿广西生态文明建设全过程，涵盖水体污染、垃圾污染、大气污染、养殖污染等多方面。针对养殖污染，广西政府引导相关养殖场采取生态化、规模化、产业化的养殖方式，促进生态养殖，在环保的前提下解决温饱问题，对于不按规定治理污染的企业，政府制定了严厉的处罚政策。也有不少流域治理做得非常出色，如九洲江、南流江综合治理探索出种养结合治污，水质得到极大改善。③创新商业营销模式。当前互联网技术飞速发展，广西依托秀美的生态资源，充分发挥"互联网＋农业"平台的第三方作用，积极推动休闲农业和乡村旅游向规模化、园区化方向拓展①。此外，电商的蓬勃发展拓宽了农产品销售渠道，催生和壮大农产品物流业。许多地区积极打造精品旅游路线，建立休闲农业示范点、美丽休闲乡村，打造特色生态游品牌。农产品溯源制度应运而生，极大地推动农业生产环境和农村生态经济持续发展。

第三节　制度创立：运用生态立法保障绿色小康进程

随着全面依法治国的深入推进，在生态文明建设的框架内，建立强制、权威和高效的规则体系尤为重要，法治是规范生产、生活行为，调整各方利益的利器，是实现绿色、循环、低碳发展的坚实后盾和重要保障。法治在国家治理和社会管理中具有重要作用，党的十八大提出要更加注重法治建设，在深化改革、推动发展、化解矛盾、维护稳定等工作中善用法治思维和法治方式，并强调立法先行，牢牢把握立法在生态文明建设中的引领和指导地位。同时，推进生态文明建设是全面建设小康社会的题中之义，强调全国各地在发展经济的同时要把生态文明建设放在突出地位，与经济建设、政治建设、文化建设、社会建设深度融合。建设生态文明也是深入贯彻落实科学发展观的必然要求和重大任务，是广西加快产业转型升级，优化产业结构，实现科学发展、创新发展、率先发展的迫切要求。近年来，广西人大及其常委会坚持以服务大局为中心，贯彻中央指令和重大决策部署，积极发挥人大立法机关的主导作用，以地方立法引领广西经济腾飞，

---

① 自治区生态环境厅厅长．壮大生态经济　推动绿色发展［EB/OL］．广西日报，https：//baijiahao．baidu．com/s？id＝1642983713429688177&wfr＝spider&for＝pc，2019－8－27．

促进全面建设小康社会，围绕建设社会主义生态文明这条主线，制定全局统筹发展战略和规划，分层次分地区逐渐推进地方立法工作，广西在通过立法以促进生态文明建设方面，早已开全国之先河，走在全国前列。

一、强化生态立法在环境保护中的重要地位

在建设"清洁乡村"过程中，广西首次启动乡村清洁立法工作，实施《广西乡村清洁条例》，该条例实施后，将农村生产、生活废弃物，垃圾污水废水的处理，以及田园环境的治理统统纳入执法部门的检查范围内，使城乡清洁工作初见成效，为村民营造了清洁卫生的生活、生产环境，进一步提高了村民的生活质量，为全面建成小康社会奠定了坚实基础。此外，广西还为巴马长寿乡的母亲河——盘阳河流域立法，这是广西具有标杆性意义的一部保护生态环境的地方性法规。保护条例就排污单位安装污染源自动监控设施方面做了详细规定，规定各级政府和有关部门、企事业单位在突发事件中如何准确及时向上级通报以减少附近可能受到危害的单位和居民，切身考虑人民群众利益。广西党委在此基础上还特别强调各级政府部门应注重提高环境保护的综合能力和水平，加强不同部门之间的沟通交流，团结一心，在处理重要问题时提倡多部门联合执法，以及扩大基层环保人员建设规模，提升环保人员的福利待遇。对于严重破环保护区生态环境的行为，条例中规定推行自然资源资产离任审计和生态环境损害责任终身追究制，以法律的强制性倒逼官员重视环保，从而加强保护流域生态环境，促进流域生态资源科学、高效、合理利用。

为促进循环经济发展，广西还根据《中华人民共和国清洁生产促进法》及国家发改委、环保总局发布的《清洁生产审核暂行办法》，结合本区实际情况先后制定了《广西壮族自治区清洁生产审核实施细则（暂行）》《清洁生产验收办法》，全面审核全区生产工作①。

二、注重立法机制创新，切实提高立法质量

为切实提高广西立法机关的立法质量，增强法规实施的实际效果，广西立法机关十分注重立法机制创新，坚持科学立法、民主立法、依法立法。继续发挥人大立法机关的主体地位和主导作用，推进生态文明建设有关法律的统筹安排，制定立法规划、年度立法计划；积极督促、指导和协调立法工作，正确处理各方既

---

① 王海波，钟春云，周剑峰."美丽新风"拂八桂——广西以"美丽广西"乡村建设为抓手推动乡村振兴纪实［J］.当代广西，2019（6）：30－32.

得利益，有效控制立法进程；针对享有立法权的地方政府，广西立法机关领导积极指导地方性法规的起草，对法律起草模式进行了有效探索，也为部门利益法制化和解决立法队伍力量不足等问题起到了先锋模范作用，法律起草曾逐步向开放、民主、多元的方向前进；在涉及民生重大问题的立法事宜上，立法机关还通过举行立法论证和社会风险评估等活动进一步增强立法的科学性、民主性和可执行性、可操作性。此外，还邀请各级人大代表参与立法，积极采纳各方代表议案、建议中关于立法工作的建议，拓宽立法渠道；动员社会各方能量，以公开征求意见等加大立法透明度各类形式鼓舞广大人民群众积极参与立法，体现人民当家做主。由于生态立法关系到村民的直接利益，为科学立法，广西立法人员深入田间地头直接听取管理相对人和基层群众意见，以实际行动拓宽公众有序参与立法的渠道和途径，努力凝聚社会共识，发挥人民群众的集体智慧。立法程序包括提出、审议、表决、公布等多个复杂步骤，立法后的法律评估工作必不可少，广西通过成立专门的创新立法评估小组，将评估工作作为年度立法计划的重要组成部分，积极开展民意调查，成立评估专家组，以专业的量化评估指标体系统计社会各界对某项法律实施的看法和意见，该项活动大大推动了立法机制的完善，促进了地方性法规的有效实施，切实提高了法规的执行力、威信力。广西地方立法工作逐步形成了以立法机关为主导，政府及其有关部门各负其责、互相配合，社会各界和广大人民群众共同参与，立法各个环节协调顺畅的工作机制。

绿色小康是我国结合生态文明建设提出的全面建设小康社会的具体要求，它强调统筹经济、社会与人口、环境和资源的关系，促进物质文明、政治文明、精神文明和生态文明的协调发展。广西积极以生态立法促进环境保护，进而改善人居环境，提高人民生活水平，引领全区广大人民群众实现绿色小康的发展目标。

第四节　全民参与：引入社会资本参与生态文明建设

生态文明建设关系人民福祉、关乎民族未来。党的十八大以来，习近平总书记提出了一系列关于生态文明建设的重要理论，彰显了党中央建设生态文明的坚定决心。建设生态文明关乎社会每位成员，是一个复杂的社会系统工程，因此建设生态文明需要在科学理论的指导下，充分吸收借鉴各种优秀方法与理论。实践证明，社会资本的引入为建设生态文明注入了全新活力①。

　　社会资本对生态文明建设有极大的推动作用。首先，社会资本有利于在生态文明建设进程中形成互助互信的多元主体。生态文明建设涉及政府、企业与公民，是全社会共同参与的一项事业，仅靠政府的力量建设生态文明是一项极其困难的工作，且成果得不到共同保护，只有动员全社会力量参与生态环境保护、生态文化传承、生态经济发展，才能使生态文明建设真正得到重视，建设成果才能不断延续。在此过程中，政府、企业与公民需要做到各司其职、各尽其责、优势互补，相互信赖，朝着共同富裕的目标前进。其次，社会资本参与生态文明建设有助于推动各项活动有序、规范开展。社会行为在很大程度上依赖制度安排，因此我们必须重视制度安排对生态文明精神的指导作用。在全社会范围内建立完善的生态文明制度体系，让人民群众了解生态文明的内涵，体会自然生态环境的稀缺性，提高环保意识，积极参加各项环保活动，如清洁乡村、清洁田园、清洁水源等，自觉提高资源利用率，使用低碳技术，保护大气、土地、水、森林资源，通过人民群众的共同努力，共享生态文明建设的丰硕成果。最后，社会资本为生态文明建设提供了公民参与网络。建设生态文明不是某个单一社会主体的任务，而是全社会的共同责任。因此，在建设生态文明的具体行动中，要充分发挥政府、企业和公民的作用，组成"三位一体"的协调治理模式，构建政府为主导、企业为主体、社会组织和公众共同参与的环境治理体系。政府是生态文明建设的责任主体，各级政府应当在强化可持续发展的意识、建立完善科学的制度导向上下功夫，引导企业和公民树立正确的发展观念，让生态经济深入人心，用发展结果说服社会力量参与生态环境保护，并把生态文明建设作为其重要的公共服务职责。政府要在全社会培育生态发展理念，坚持环境优先的原则，以身作则，正确处理好经济社会发展与环境保护间关系的前提。通过优化政策环境等措施，发挥市场在资源配置中的决定性作用，将生态建设项目交给企业组织完成，不仅有益于调动社会力量的积极性，还能扩大生态经济的社会影响力，使全社会成员在实际行动中强化节能减排，提高资源综合利用，推进环境污染防治。此外，政府还是重要的监管者，对于环境污染问题严重的企业进行严格整治、严肃处罚，还可以通过构建科学的政绩考评机制，激励企业自觉保护生态环境，使生态保护在全社会蔚然成风。政府的作用就是调动企业和公民参与生态文明建设的积极性，政府需要不断强化社会监督，推进公众参与环保。一方面，支付可通过加强生态文

　　①　张厚美. 让良好生态成为乡村振兴支撑点——浙江、广西乡村生态振兴给我们哪些有益的启示? [J]. 环境教育，2018（10）：78－83.

明宣传教育，丰富生态文化宣传的内容和形式，营造和谐、环保的文化氛围，激发广大公众参与环保的责任意识和法制意识，动员社会各界积极参与生态环境保护，自觉充当环境保护的践行者，配合环保部门的相关工作。文化宣传能够增强民众对建设美丽广西的响应和号召，同时对培养公民的节约意识、环保意识、生态意识具有重要作用，在生活中绿色消费，养成勤俭节约、可持续消费的正确习惯，为建设资源节约型社会、环境友好型社会贡献绵薄之力，铸就坚强的社会基础。另一方面，政府环保部门要做到环境质量、环境管理、企业环境行为等信息公开及时，切实保障公民环境知情权。还要广泛听取各方公民意见，发挥社会成员集体智慧，群策群力，共商对策。积极发挥内部监督和外部监督机制，以群众监督促进企业和政府有效开展工作，维护社会利益。

广西在建设生态文明过程中，积极引入社会资本，发挥全社会力量建设美丽广西。在推进改善大气环境项目过程中，广西创新采用政府和社会资本合作的PPP模式检测环境质量，社会资本对环境空气质量检测设备进行投资，降低了成本和风险，是广西PPP模式在环境质量监测领域的首次成功实践，为未来拓宽PPP模式的应用范围起到了良好的带头示范作用。

广西在推进村屯绿化时，不仅需要人力的支持，也离不开资金的支持，绿化是一项耗资巨大的工程，因此解决绿化资金来源问题是深入推进村屯绿化工作的重要之举。自治区政府开辟多元化的绿化资金筹措渠道，采用政府补助、村民自助筹款、银行贷款、民间投资等多种方式，引导社会力量参与到村屯绿化建设过程中，在鼓励村民积极踊跃投身绿化建设、增加农民收入、注入市场活力方面发挥巨大作用。在开发森林资源方面，广西政府出台相关措施丰富林业投资运营模式，引入多个不同主体参与到林业经济中来，鼓励社会资本投资林业等产业，生态项目建设可由大型企业、合作社、家庭农林场、专业大户等共同承担。森林资源的保护关乎每位公民，需要全社会的共同参与，也需要党员干部带头践行。近年来，在植树节前夕，广西的全国人大代表、全国政协委员都会积极参加植树活动，为全区公众主动植树造林起到了很好的示范带动作用，有益于广大干部和人民群众对尊重自然、爱护自然、保护生态环境、建设生态文明的理念有更深入的了解，使植绿、护绿、爱绿成为全社会文明新风，鼓励市民积极参与义务植树活动，以实际行动为社会增添绿意，美化环境，使全区人民都能享受到蓝天白云碧树，为打造生态经济品牌贡献自己的力量。

以森林旅游产业助力扶贫，是龙胜县解决扶贫问题的独到之策①为其他贫困县树立了榜样。发展旅游业成为龙胜的支柱产业、核心产业、品牌产业和生命产业，同时，龙胜县将森林旅游与扶贫工作有机结合，以旅游促扶贫，发动全村参与森林旅游产业，增加了村民收入，解决了村民就业问题，实现了脱贫致富。龙胜县采用"政府主导＋公司＋景区＋农户"的模式，建立了龙脊梯田国家湿地公园，就业覆盖面积广泛，许多农户以梯田入股方式与龙脊旅游公司联营成为"股东"，通过旅游公司将门票收入按一定比例"分红"（梯田维护费）的方式，农户的收入大大增加。得益于森林旅游业的快速发展，龙胜县农村直接从业人员和间接从业人员分别超过了2万人次和5万人次，森林旅游直接和间接带动贫困人口实现脱贫，切实发挥了丰富森林资源的经济效益，转化为群众实实在在的收入，在保证森林生态效益的同时，创造了巨大的社会效益和经济效益。建设幸福乡村时，广西政府通过引入多类市场主体，大力推动农村资源变资产、资金变股金、农民变股东改革试点，盘活农村"三资"（资源、资产、资金），激活农民"三权"（土地承包经营权、住房财产权、集体收益分配权），进一步推动农村产业结构调整，解放和发展农村生产力，开辟农业强、农村美、农民富的新路径②。

虽然广西积极引导社会资本参与生态建设，但是社会力量参与的广度、深度和强度仍有待提高，因此广西政府也在不断努力培育社会共同生态保护精神，壮大环保非政府组织。非政府组织是培育社会信任的纽带，能够创造和执行社会规范，维持社会参与网络的正常运作。广西政府不断加大对环保组织的财政扶持力度，调动各类环保非政府组织通过促进完善环保基金会的形式向社会募集资金的积极性。政府还致力于改革现有的行政管理体制，构建服务型政府，做到简政放权，由直接管理变为宏观调控，充分发挥非政府组织的主观能动性，政府充当"守夜人"角色，为非政府组织解决难题，提供指导和帮助。政府还不断督促环保非政府组织增强自身建设，努力提高专业化水平，自觉接受外部和内部监督，及时披露信息，赢得社会公众信任，积极投身政府倡导的各项公益事业，与政府合作以加强社会影响。

① 梁愉立. 加快推进广西精准扶贫与区域扶贫协同发展［J］. 广西经济，2017（7）：47－49.

② 发展森林旅游　助力脱贫攻坚［EB/OL］. 森林旅游网，https：//www. sohu. com/a/215423319_99943840，2018－1－8.

第五节 文化先行：培育生态文化品牌促进生态文明建设

文化是文明的基础，文明进步离不开文化支撑。培育生态文化，是生态文明建设的重要组成部分，是生态环境保护的重要抓手。文化的觉醒是保护生态环境的前提和基础，生态环境保护的推动，得益于文化自觉；生态环境保护的成果只有在文化融入中才能不断提升。生态文化的基本特征是崇尚自然、保护环境、促进资源永续利用，使人与自然协调发展、和谐共进，促进实现可持续发展，并且有丰富的具体内涵。

一、强化生态文化建设，形成建设生态文明良好氛围

生态文化建设是生态文明建设的重要支撑。广西各地有着独特而深厚的生态文化底蕴，因此广西政府鼓励各县、镇、乡积极探索生态文化发展新模式，并将其融入产业建设中，利用生态文化优势创建重要的经济品牌。建立生态文明示范区是发扬生态文化的重要载体，完善广西林业体系是其核心内容。由于广西生态文化建设起步晚，生态文明建设整体水平并不高，距离建设美丽广西和生态文明示范区的要求还有很长一段路要走。因此，广西政府重点从森林资源入手，进一步推进全区生态文化建设：加强森林景观与生态文化资源保护，挖掘森林资源蕴含的文化价值并大力开发，创建森林公园供市民休闲旅游、完善森林公园基础、建立森林科普教育基地等宣传森林资源的文化价值，扩大社会效益、生态效益、经济效益，并且以发扬生态效益、社会效益为主，通过创建生态文明建设示范市、县、镇积极推动生态文化在全区的普及，让广大人民群众了解生态文化、体验生态文化、传承生态文化。创立森林博物馆、生态体验馆、珍稀植物园、展示馆、文化长廊、主题公园以及生态文化旅游设施、宣传设施等，向公众展示旅游文化，传播生态文明知识。

二、创立生态文化品牌，推动生态文明全面发展

生态文明建设与生态文化推广是相辅相成、不可分割的有机整体。根据广西生态文明建设的现状，当前广西生态文化建设具有的特点如图 7-2 所示。

传承性	全面性	实效性
政府鼓励各镇、各村深度整理、继承和发掘当地特色传统文化，如天人和谐思想和生态伦理智慧，还有广西壮族文化中敬畏自然等传统生态伦理思想。通过建立生态文化宣传馆等进一步促进公众树立生态文化意识，提高村民的生态道德修养	生态文化的核心是人与自然和谐相处，不同镇结合自身特色向民众普及生态文化，加强生态文化教育，引导人民群众树立正确的资源消费观，在生活中做到勤俭节约、保护环境，大力提倡绿色消费、文明消费，树立人与自然和谐相处的核心价值观，鼓励全社会共同参与生态保护，共享生态文化	生态文化建设，其目的是推动生态文明建设，前提是发展。只有发展，才能不断满足人民群众日益增长的物质文化生活需要。广西在发展经济中促进生态文化建设，为树立文化自觉和文化自信创造坚实的经济基础，调整产业结构，转变经济发展方式，提倡绿色、低碳、循环发展，走新型工业化道路，为建设生态文明助力

图 7-2　广西生态建设的特点

典型案例一：灵川县海洋乡大塘边村

大塘边村位于海洋乡东北部，距乡政府驻地约 7.3 公里，全村共有农户 147 户、608 人。该村古树环绕，生态环境优美，景色宜人，民风淳朴，有悠久的历史。村内有百年以上的古银杏树 300 多株，幼树 1 万多株，有 1 个 10 余亩的天然大池塘。村民自明代落户于此，依塘而居，迄今已有 600 多年历史。大池塘一年四季碧波荡漾，塘边树影婆娑，风景如画，大塘边村因此得名。

大塘边村是海洋乡较早开展社会主义新农村建设的示范村，将休闲农业与乡村旅游有机结合，全村种植了优质桃 500 亩，李、梨等 20 多亩，并在村中开起了农家乐，当上了老板，还组建了农民专业合作社。

2015 年开展海洋天桃现代特色农业（核心）示范区建设以来，大塘边村进行了全面规划设计，建成篮球场 1 个、停车场 2 个、旅游厕所 4 座，修建了塘边护栏和休闲步道 3000 米，安装了太阳能路灯，建成了文化室、棋牌室，进行了村貌改造，绿化美化，村庄面貌焕然一新（见图 7-3）。

大塘边村先后获得桂林市"文明卫生示范村"、广西"绿色村屯"、桂林市"巾帼科技示范基地"、广西"传统村落"、广西"生态文化村"等荣誉称号。

典型案例二：荔浦马岭镇永明村小青山屯

小青山屯距荔浦、阳朔两县城均 20 公里，紧靠 321 国道，闻名遐迩的世界溶洞奇观"桂林银子岩风景旅游度假区"就在小青山屯银龙古寨内。银龙古寨始建于宋末，已有一千多年历史，古村落保存完整。老村中现代民居较少，传统

图 7 - 3　大塘边村风景

资料来源：广西桂林市灵川县海洋乡大塘边村［EB/OL］．中国生态文化协会，http：//ceca - china. org/news_view. asp？id = 5148.

建筑群落景观完整、罕见，明中后期始建，历经清代而成规模。这些宅院建筑均为传统四合院式，房宇高大、鳞次栉比。宅院用条石垒基，青砖墙到顶，灰瓦，内部为三开间木结构，窗棂雕花，内院天井为青石板镶嵌，光滑整洁，古朴典雅（见图 7 - 4）。

小青山屯银龙古寨历代名人辈出，明、清朝廷官员授予的"进士""文魁""岁进士"牌匾不下十处，每一块牌匾之后都有一个励志的故事。由于小青山独特的山势及古老的山洞，耸立于镆铘关前，傲视关前平川，背托群山之险，有暗河瀑布流于寨中。星移斗转，古寨风风雨雨历事近千年集文集武集景于一寨，种种典故的原貌遗迹历历可见可数，是我们不可多得的古建筑文化遗产。

小青山屯实现了生态保护与经济发展双赢，2017 年前来观光旅游的人数近万人，村民人均收入 15000 元，村集体旅游经济收入 10 多万元，充分利用生态资源和文化资源。该村环境优美，历史文化深厚，农业产业发展壮大，已成为大力发展生态观光旅游和生态农业新时代新农村建设的典范。

图 7 - 4　小青山屯风貌

资料来源：邢刚. 广西又有 6 个村获授"全国生态文化村"其中桂林有 2 个［EB/OL］. 微报桂林，https：//new. qq. com/omn/20190603/20190603A06NF900，2019 - 6 - 1.

第八章 新时代"两山"理念在广西实践中的新发展

第一节 充分发挥司法职能作用，生态司法守护绿水青山

绿水青山就是金山银山，在践行这一理念中，广西重视发挥司法制度在环境治理和生态保护中的作用。为了适应和满足环境公益诉讼中环境损害鉴定评估的实际需要，从多方面入手，以弥补环资案件办理中环境损害鉴定评估工作的不足，为"两山"提供强有力的司法保护。生态文明建设已经上升为千年大计，生态环境的保护在我国已经成为全民共识。习近平总书记指出："只有实行最严格的制度、最严密的法治，才能为生态文明建设提供可靠保障。"近年来，我国环境公益诉讼不断发展，环境损害鉴定评估作为环境公益诉讼案件审理顺利进行的重要保障之一，在环境公益诉讼案件中发挥着重要的作用。

一、充分利用诉讼的技术规则

2019 年 11 月 29 日，广西壮族自治区高级人民法院召开依法惩处污染环境犯罪的新闻发布会，向社会通报全区法院 2018 年至 2019 年 12 月依法惩处污染环境犯罪案件的有关情况，并公布近期基层法院判决的 5 件自治区挂牌督办的跨省非法转移倾倒固体废物、危险废物污染环境犯罪案件，广西各级法院依法严惩污染环境犯罪行为。自治区承办生态环境案件时，法官根据客观的法律行为和其他因素，在全面审查证据的基础上，做出裁决。技术鉴定只是一种技术援助，可以

作为审判的参考，但不能取代法官的法律判断。在诉讼过程中，法官首先需要判断案件涉及的具体问题是否需要鉴定评估，而非在遇到特定问题时盲目选择鉴定。在审理案件的过程中，法官必须独立判断案件的事实和法律问题。在环境公益诉讼案件中，污染源覆盖面广、传播速度快、传播程度高、持续时间长，导致诉讼各方当事人极难固定、提供证据。目前，法院对此类案件的审理是基于"举证责任倒置"和"因果关系推定"的规则。也就是说，原告只需要证明不法行为的存在和损害事实即可，而被告需要提供足够证据证明两者之间不存在因果关系，并为此承担证明责任。此外，法官还可以对环境侵权造成的损害进行分类，对于涉及群体性健康受损害的诉讼，可以借鉴"疫学因果关系理论"来判断因果关系；对于其他类型的环境公益诉讼案件，可以参照"间接反证理论"进行审查，从而达到相当于评估意见的证明效果，避免法院过度依赖鉴定评估。

2018 年，广西全区法院共新收污染环境罪案 23 件，比上一年同期增长 53.33%，审结生效 14 件，涉及 65 人。2019 年 1~10 月，全区法院共新收污染环境罪案 30 件，比上一年同期增长 172.73%，审结生效 17 件，涉及 34 人。"案发地点相对集中于较为偏远的区域或有港口的城市，犯罪手段集中表现为再次加工或随意堆放、倾倒和填埋。"自治区高级人民法院审判委员会专职委员周腾介绍。如走私废物案多发于边境或有港口的城市，如防城港、崇左、钦州等地。转移倾倒废物犯罪多集中在梧州、贺州、钦州、来宾、玉林等通过西江等内河与珠三角经济发达地区相连的市、县。外地人员利用本地环保意识薄弱、贪图小利的村民，共同实施跨地或污染环境犯罪，形成犯罪利益链条，是跨省转移危险废物犯罪高发频发的重要原因。如藤县"3·16 不明废物倾倒案"，时任广东省江门市长优实业有限公司副经理王强于 2015 年 8 月至 2018 年 4 月，通过层层转包，共将 719.09 吨废渣拉到藤县中和陶瓷园区倾倒，严重污染环境。

此外，2018~2019 年全区法院审理的跨省转移固体废物、危险废物案件高发、频发，危害严重。2018 年以来，全区来宾、梧州、贵港、玉林等地连续发生多起不法人员跨省非法倾倒处置固体废物、危险废物犯罪案件，引发社会各界和公众关注。据统计，全区法院 2018 年新收环境污染犯罪案件数与 2017 年相比增长达 53.33%；2019 年前 10 月，该类案件数增长与 2018 年全年相比增长达到了 30.43%，危害日趋严重。在污染环境犯罪案件和跨省转移废物、危险废物案件中，一些企业或个人为降低生产成本或获取低廉的处置费用，置国家法律于不顾，将固体废物、危险废物运输到广西进行再次加工或随意堆放、倾倒和填埋的情况时有发生，且往往造成严重生态环境损害。如陆川法院宣判的刘水玉、温银光、林荣山污染环境案,被告人林荣山于2017年10月介绍广东茂名的被告人刘水玉与被告人温银光认识。按照刘水玉的要求,温银光在陆川县古城镇找了一个山岭,并雇人挖好土坑。同年11月,刘水玉多次从广东将属于危险废物的废柴油240余吨拉到该土坑倾倒,造成危险废物处置费等经济损失共计486万余元。

面对严峻的环保斗争态势,自治区各级法院坚持依法从严惩处方针,对以牺牲环境资源换取经济利益的公司、企业和个人坚决依法从重判处,不断加大对环境污染犯罪的经济制裁力度,从经济上有效惩处犯罪并剥夺其再犯的条件。同时,根据罪刑相适应原则,积极落实认罪认罚从宽制度,做到宽严相济,罚当其罪,充分发挥司法职能作用,利用好诉讼技术规则,为维护广西的青山绿水、建设壮美广西做出新的贡献。

二、建立自治区生态环境保护督察制度

为深入贯彻习近平生态文明思想,推动地方切实抓好生态文明建设和环境保护工作,自治区政府建立生态环境保护督察制度,并委派自治区生态环境保护督察第一督察组于2019年10月进驻桂林市开展生态环境保护督察。开展生态环境保护督察,是中央推进生态文明建设和生态环境保护的一项重大制度安排。这次自治区生态环境保护督察组到桂林开展综合督察,既是对桂林生态环境保护工作的问诊把脉,也是对贯彻落实中央、自治区决策部署的一次政治体检。全市各级各部门要提高政治站位,以坚强的党性和高度责任感,严肃认真地对待督察工作,自觉诚恳地接受监督检查,确保中央、自治区的决策部署在桂林不折不扣落实到位。全区全力支持、配合好督察组工作,坚决执行督察组的决定,服从督察组的安排,落实好督察组的要求。自觉服从工作安排,畅通问题反映渠道,扎实做好边督边改,切实做好服务保障,确保督察工作顺利开展。在督查整改的同时,紧密结合正在开展的"不忘初心、牢记使命"主题教育,把学习教育、调查研究、检视问题、整改落实融入全过程,聚焦生态环境保护问题再发力、再推动、再落实,确保桂林天常蓝、水常清、地常净。要全面压实责任,严格落实"党政同责、一岗双责"要求,认真履行生态环境保护职责,强化督查问责,持续抓好问题整改。

2019年11月1日,生态环境保护督察组在百色市召开生态环境保护督察动员会。会上,自治区督察组组长周彬传达了自治区政府对本次督察工作的部署情况,并做了讲话。他指出,以习近平同志为核心的党中央高度重视生态文明建设和生态环境保护,生态环境是关系党的使命宗旨的重大政治问题,也是关系民生

的重大社会问题。抓生态环境保护，必须讲政治，必须提高政治站位。要学深悟透习近平生态文明思想，树牢生态环境保护工作的政治思想根基。对标对表党中央，向党中央看齐，把党中央生态环境保护的决心、信心和行动传达到基层，让基层广大干部也有同样的决心、信心和行动，坚决担负起生态文明建设和生态环境保护的政治责任。百色市要注重将生态环境保护工作与"不忘初心、牢记使命"主题教育紧密结合，要全面贯彻习近平生态文明，增强生态文明建设的思想自觉和行动自觉，强化本辖区突出生态环境问题和产生问题根源的检视，努力找到解决生态环境问题的有效办法，要以解决突出环境问题、改善生态环境质量、推动经济高质量发展为重点，夯实生态文明建设和生态环境保护政治责任，把生态环境保护各项工作落到实处①。

在督察制度实施后，严格对照督察"回头看"问题，实行一事一策、挂图作战，建立问题清单、责任清单、任务清单，逐一明确整改目标、时限、措施，确保整改目标清晰具体、整改措施科学合理、整改推进高质高效。督察"回头看"问题经梳理后分为两部分，共八类 45 个问题：中央环境保护督察"回头看"指出问题五类 31 个，固体废物环境问题专项督察指出问题三类 14 个。其中，部分问题难以按照全面建成小康社会的三大攻坚战和大气、水、土壤污染防治"三个十条"相关要求时限完成整改的，要分类施策。例如，南宁市建成区黑臭水体整治问题，要从根本上解决，须建设多座污水处理厂和完善污水收集管网，工程量大、工期长，2018 年底前难以实现建成区黑臭水体消除比例高于90% 的目标。对这一问题，南宁市要进一步结合实际，制定科学合理的阶段目标及措施，加大投入，创新工作机制，尽快实现整改目标。又如，来宾华锡冶炼有限公司和广西银亿科技矿冶有限公司的废渣处置问题，因处置量大、处置技术成熟度低等原因，无法在 2020 年底前完成。对于类似问题，要以彻底消除环境风险隐患为目标，明确各阶段整改任务，分步扎实推进整改。同时，建立更加严格、科学的验收和销号制度，坚决做到问题不查清不放过、整改不到位不放过、责任不落实不放过、群众不满意不放过，确保件件有着落、事事有回音，按质按量将督察"回头看"问题全部整改到位。

自治区生态环境保护督察，是自治区各地方深入检视中央生态环境保护督察及"回头看"反馈问题整改落实情况，坚决打好污染防治攻坚战的重要契机。抓住这次难得的机遇，主动接受督察、抓好问题整改、推动工作落实，全力打好

---

① 广西环境保护宣传教育中心. 第三督察组进驻百色市开展生态环境保护督察 [EB/OL]. 广西百色市生态环境局网站，http://sthjj.baise.gov.cn/zwxx/hbyw/t2650205.shtml，2019－11－8.

污染防治攻坚战。全市各部门严格按照督察规定和要求,做好组织协调工作,深入查摆问题,全力支持配合督察组工作。自治区通过环境保护行政机关和司法行政机关根据自身的权力侧重点对鉴定评估机构及人员分别进行技术方面的监督和行政方面的监督。同时,为了避免多头政府等行政管理中存在的长期问题,可以由自然资源部牵头,卫生、土地、农业、林业等行政主管部门参与识别与评估协调机制的建设,并与公安、司法机关共同建立环境保护监督联动与合作机制。

第二节 广泛搜集民智,开展践行"两山" 行动调研

一、成立生态环境调研组展开实地调研

2019 年 8~10 月,自治区政协组成专题调研组,先后赴自治区沿海三市实地调研,与相关单位交换意见建议,并前往天津市和山东省进行学习考察。调研组的报告指出,由于北部湾为半封闭式海湾,洋流较弱,污染物不易消解,加之北海、防城港、钦州沿海三市仍以发展重化工产业为主,海洋生态治理和修复面临很大压力。协商会上,多名政协委员与自治区生态环境厅、住建厅、农业农村厅、海洋局等部门的负责人视频连线进行发言交流。大家建议:加快制定海洋生态治理修复战略方案,统筹推进北部湾生态系统整体保护、系统修复、综合治理;通过建立陆海统筹的污染源管理体系、加快推进沿海景区和工业园区污水集中处理设施建设、实施海水养殖产业升级等方式来强化源头管控;不断完善相应的工作机制以及健全技术支撑体系,以加强北部湾海洋的生态保护,实现广西海洋资源环境的可持续利用。

为进一步调查了解和解决好广西推进生态环境建设工作存在的突出问题以及群众反映强烈的热点难点问题,2019 年 7 月中旬,自治区生态环境厅成立八个调研组,赴全区 14 个地市开展"不忘初心、牢记使命"专题调研活动。该调研活动重点围绕习近平总书记生态文明理念的广西方案、推进中央环保督察问题整改、做深做实"帮企减污"、加强社会公众链接制建设、建立监管执法奖惩制、建立企业园区信誉制、实行行政审批承诺制、推进与公检法司建立合作联动制等主题开展。据统计,该调研活动共来到全区 14 个设区市、9 个县(区)、6 个乡

镇、21 家企业，调研 17 次，形成调研报告 8 份，收集到涉及思想作风建设、打好污染防治攻坚战、基层能力建设、机构改革和垂直改革四个方面共计 112 个问题，着力解决了一批老百姓反映强烈的生态环境问题，推动主题教育走深走实。

（1）自治区生态环境厅党组书记、厅长檀庆瑞带领第一调研组先后到桂林、防城港、梧州、柳州和河池等市，与基层生态环境部门、企业代表、群众代表面对面交流，帮基层解难题、帮企业促发展、帮群众办实事。2019 年 6 月 26 日，檀庆瑞来到桂林市生态环境局、驻市监测中心调研，凝聚改革共识，推进改革任务。7 月 9 日，他来到广西环保产业投资集团，帮助该集团充分掌握生态环境以及环境保护规划、政策，共同促进广西生态环境事业发展。

（2）自治区生态环境厅党组副书记黎敏带领第二调研组先后到玉林、北海、柳州、贺州市开展调研。在玉林，黎敏深入畜禽养殖企业、工业园区进行实地调研，了解南流江流域环境问题。在北海，通过个别访谈、召开座谈会等形式，提出改进环境保护督察工作举措。7 月 15～16 日，黎敏到柳钢集团、阳和工业园实地调研，现场解答、指导企业遇到的环境问题。7 月 17 日，黎敏到贺州，与地方生态环境、发改委、工信部门、管委会交流座谈，支持和帮助企业排忧解难，努力打造高质量的东融产业园。

（3）自治区生态环境厅党组成员、副厅长粟定成带领第三调研组先后到来宾、南宁、桂林市调研，搭建"帮企减污"供需对接平台。7 月 3～4 日，粟定成在来宾就促进广西制浆造纸行业可持续健康发展和绿色转型、推动行业高质量发展等内容同与会代表进行深入探讨和交流。7 月 15～17 日，粟定成前往南宁、桂林和来宾市生态环境局，以及全州县生态环境局，就当地相关部门履行生态环境保护职责、绩效考核及评估和"帮企减污"进展情况与市县和企业代表进行座谈，并到相关企业进行现场调研。

（4）自治区生态环境厅党组成员欧波带领第四调研组先后到南宁、崇左、柳州、贵港、百色等多地调研，推动落实环保新理念新思想。6 月 19～21 日，他来到南宁、崇左市详细检查山水林田湖草项目进展情况。7 月 3～4 日，欧波前往柳州市检视当前广西臭氧污染防治工作存在的问题，攻克臭氧污染治理难点。7 月 15～17 日，欧波到贵港、百色两市进行深化生态环境部门帮扶机制专题调研，实地查看基层业务用房和环境监测、执法工作开展情况，打通垂改"最后一公里"。

（5）自治区生态环境厅纪检监察组组长王芳带领第五调研组围绕加强社会公众链接制建设、健全生态环保信息强制性披露，完善公众监督举报反馈机制到梧州市开展专题调研。通过与梧州市生态环保干部、排污企业代表、群众代表进行座谈和问卷调查，现场走访苍海新区，了解梧州市生态环境局在社会公众链接制建设方面开展的成效，提出加强社会公众链接制建设的有力措施。

图8-1　调研组至桂林市监测中心调研

图8-2　调研组与河池市局、企业代表座谈

资料来源：广西生态环境厅8个调研组　聚焦问题短板　深入调查研究［EB/OL］. 澎湃网，ht-tps：//www. thepaper. cn/news Detail_forward_4068981，2019-8-2.

（6）自治区生态环境厅党组成员、副厅长曹伯翔带领第六调研组先后赴北海、钦州、崇左、玉林等市调研。7月8~10日，曹伯翔赴北海、钦州市开展海洋环境突出问题、近岸海域污染情况调研。7月15~17日，曹伯翔前往崇左、玉林市，围绕探索建立监管执法奖惩制开展调研，积极探索建立依法履职尽责、容错纠错和尽职免责的保护机制，激励实干担当、严格执法。

（7）自治区生态环境厅党组成员、总工程师邓超冰带领第七调研组到来宾、河池市，围绕探索建立企业园区信誉制展开调研。7月16～19日，邓超冰现场调研4家企业，与16家企业座谈交流，检视出企业对建立企业园区信誉制整体积极性不高的原因，并从建立"黑红"名单制度、建立健全"黑名单"企业退出机制等方面着手，探索建立企业园区信誉制，充分发挥守信激励、失信惩戒机制作用，优化营商环境，推动广西经济绿色高效发展。

（8）自治区生态环境厅副巡视员李一平带领第八调研组多次到自治区司法厅、公安厅、检察院、高级法院等部门就建立和深化合作联动机制进行对接沟通，并于7月15～16日赴梧州市藤县和贵港市进行专题调研，召开两场座谈会，调度案件40余件，查阅案卷材料20余份，基本摸清广西两法衔接的特点，聚焦践行生态环境问题"短板"，深入调查研究，探索"两山"实践有效举措，为完善广西两法衔接机制理清思路①。

二、举办多样化特色环保公益活动

自治区环保部门进行调研巡视的同时，高度重视强化环保宣传教育，巩固"六五环境日"等活动，组织具有各地特色的公益活动。在广西生态环境局的组织下，越来越多的市民参与到环保公益活动中去，为共建天蓝、地绿、水清的美好家园贡献力量。

近年来，自治区生态环境局组织了"守护西江，我们在行动"主题绿色公益活动、户外清洁日大型公益环保活动、江水污染源科普展、"寻找10000名环保妈妈"公益活动等，多形式的绿色公益活动集趣味性、互动性、公益性于一体，与市民在跑步的同时，还清楚了母亲河水污染防治相关常识问题，更好地了解广西生态环保工作情况。

2018年3月，"清洁到家环保妈妈"——广西寻找10000名环保妈妈大型公益活动在南宁启动。这是一项以推进垃圾分类、倡导环保健康生活的大型群众性活动，是落实国家《生活垃圾分类制度实施方案》的具体举措，也是推进"美丽广西"建设、践行"两山"理念的一次创新实践。活动现场，南宁市安宁路小学和五象新区第一实验小学的师生、环保志愿团队和青秀区凤岭北社区的居民开展了环保宣传活动，向居民发放环保宣传品，传授环保酵素和手工皂的制作技巧，以及堆肥、蔬菜塔等就地处理家庭厨余的技术。现场报名加入"环保妈妈"的还领到一份用蚯蚓肥种植的蔬菜，现场还展出了"我是环保小卫士"主题手

---

① 广西生态环境厅8个调研组 聚焦问题短板 深入调查研究［EB/OL］. 澎湃网，https：//www. thepaper. cn/newsDetail_forward_4068981，2019－8－2.

抄报,《地球的伤痛人类的危机》《绿水青山就是金山银山》《建设美丽新广西 环保妈妈在行动》等系列环保展板引起了广大居民的关注①。

活动主办方表示,希望组织动员广大妇女和家庭积极参与垃圾分类,以"大手拉小手"的方式将环保实践与家庭教育结合起来,引导和鼓励由妈妈带领孩子和家庭成员参与垃圾分类,改善生活环境,倡导环保生活,建设美丽家园。推动建立以法治为基础、政府推动、全民参与、协同推进、因地制宜的垃圾分类制度,将生活垃圾分类作为推进绿色发展的重要举措,不断提高生活垃圾减量化、资源化、无害化水平,加快推进"美丽广西·宜居城市"和"美丽广西·宜居乡村"的建设。

2019 年 7 月,梧州市生态环境局举办了三期公众开放日活动,通过向公众开放长洲中学环境空气质量自动监测站、梧州市梧源医疗废物处置有限公司、梧州德润环保实业有限公司,引导市民参观环保重点工程和环保设施设备,展示我市环境保护工作在生态保护、环境监测和固体危险废物防治等方面取得的成效和进展,推动公众支持环保、参与环保,有力推动生态文明良好风尚的形成②。

生态环保队伍的人员是有限的,但是群众的力量是无穷的。守护好我们的青山、碧水、蓝天,人人有责,需要每个人都行动起来,"守护绿水青山"不是一个简单的口号,是一种持之以恒的行动。自治区生态环境系统开展多样化的环保公益活动,引导市民群众身体力行,彰显其打赢污染防治攻坚战的决心,也说明自治区扎实推进生态文明建设,让广西发展"壮"起来,生态环境"美"起来。

三、完善环境违法有奖举报办法

为加强区域环境保护,广西壮族自治区环境保护厅向社会发布广西环保 APP、广西环保微信公众号及 12369 环保微信举报平台。广西民众可利用上述三种渠道实时了解广西环境状况,并可线上举报环境污染问题。据介绍,广西环保 APP 可为公众提供实时水气质量状况,并涵盖了主要城市企业的最新环保情况;公众从中可咨询企业试生产、废弃污染、环保违法等内容,参与在线环评、在建项目验收、举报环保违规等。

广西官方还推出了"12369 环保微信举报平台",重点受理公众对环境污染

---

① 李敏军,周雨乐. 广西"寻找 10000 名环保妈妈"活动启动 [EB/OL]. 人民网,http://gx. people. com. cn/n2/2018/0326/c347802 - 31384208. html,2018 - 3 - 26.

② 曾韵. 美丽中国我是行动者,我市强化环保宣教巩固六五环境日系列活动成效 [EB/OL]. 梧州日报,http://www. wuzhoudaily. com. cn/html/2019 - 07/05/content_223521. htm,2019 - 7 - 5.

问题的举报。举报范畴包括：企事业单位和其他生产经营者，在生产建设或其他活动中，产生废水、废气、废渣、粉尘、恶臭、噪声等污染环境行为。举报者只需针对环保污染事件提交相关图片或视频，并附文字说明情况，该平台便可将举报事项传递给属地环保部门处理。

广西是欠发达地区，部分区域经济发展模式仍然以资源型、高能耗和重污染为主，环保工作历史欠账较多，高浓度有机废水排放和涉重金属污染问题突出，特别是有些企业私埋暗管，或利用溶洞、渗井、雨水管道等排放污水，规避环保部门的监管，环境风险隐患大，极有可能造成突发环境事件，危害环境安全和人民群众的身体健康。

为了更好地解决这些问题，进一步提高公众环境保护意识，调动广大群众参与环保的积极性和主动性，自治区环保厅充分吸取全国各地探索环境有奖举报工作的经验教训，制定了《广西壮族自治区环境保护厅环境违法行为有奖举报办法》，该办法于 2014 年 4 月 20 日实施，对环境违法行为举报线索给予人民币2000 元至 10 万元的奖励，让广大群众成为环保部门的"千里眼""顺风耳"，全社会共同监督环境违法行为，使企业的环境违法行为无处遁形①。

第三节 持续开展流域环境治理工程和生态保护修复项目，推进综合治理

党的十八大以来，广西认真贯彻落实习近平生态文明思想、"两山"理念和中央关于生态文明建设的决策部署，持续实施山水林田湖草生态修复提升工程，积极开展流域生态环境综合治理和河流生态修复，推进土地综合整治、绿色矿山建设、石漠化治理等项目，不断加大生态环境保护和生态修复力度，确保广西"山清水秀生态美"金字招牌越擦越亮。

一、开展中小河流治理工程

广西境内河流众多，分属珠江流域、长江流域、桂南沿海诸河和红河流域四大流域和六大水系。境内河流的主要特征是：山地型多，平原型少；水量丰富，

---

① 陈江.《广西环境违法行为有奖举报办法》正式实施［EB/OL］. 广西日报, http：//www. gxjjw. gov. cn/staticpages/20140422/gxjjw5355bbca－93557. shtml, 2014－4－22.

季节性变化大；水流湍急，落差大；河岸高，多弯曲，多峡谷、险滩；河流含砂量少；岩溶地区地下伏流普遍发育。据统计，广西境内集水面积在 50 平方千米以上的河流共有 1210 条，境内河流总长 44496 千米（省级、国界河流折半计算，下同），河网密度为 0.188 平方千米。其中，集水面积在 200～3000 平方千米的中小河流共有 312 条，其中山丘河流 158 条，平原河流 38 条，其他河流 116 条。312 条中小河流涉及广西全部 14 个地级市，沿河中小河流干流分布的县城城区有 39 个，沿岸分布的乡镇驻地有 350 多个，还分布有众多的村屯及肥沃的耕地。广西中小河流基本情况如表 8－1 所示。

表 8－1 广西中小河流情况

序号	面积范围 （平方千米）	河流条数 （条）	沿河县城个数 （个）	沿河乡镇个数 （个）
1	200～500	190	10	144
2	501～1000	68	11	74
3	1001～2000	36	8	73
4	2001～3000	18	10	59
5	小计	312	39	350

资料来源：广西水利电力勘测设计研究院。

广西通过多举措，加强对中小河流治理项目监督治理工作。一是将中小河流治理工作督察列入水利厅重点督察内容，质量与安全监督部门要采取措施，加强对中小河流治理项目督察。要把好项目前期工作质量关。二是中小河流治理项目必须严格执行国家防洪标准，同时要因地制宜，综合治理，改善水环境，避免单一渠化、硬化河道。三是项目初步设计阶段要按规定办理项目用地预审、水土保持、环境影响评价等审查审批手续。四是深入调查研究，综合考虑工程技术方案与征地拆迁方案。五是加强项目技施设计管理，项目初步设计批复后，项目业主要督促设计单位开展技施设计，及时提供施工图及预算。六是按照有关规定及时做好项目招标设计，确保项目招标预算评审顺利开展。同时规范招标预算评审，明确以《广西壮族自治区水利水电工程设计概（预）算编制规定》及《广西壮族自治区水利水电工程设计概（预）算定额》作为评审依据，优化工作程序，限时完成评审。建立和完善绩效考评制度，将中小河流治理工作列入市、县级人民政府对各职能部门的绩效考评内容，确保各项工作落实到位。

中小河流治理工程的实施，也获得了百姓的赞誉。"金龙水库整治前，这一片都是菜地和脏乱臭的水塘，整治后我家成了湖景房，家门口成了公园，大家都喜欢带小孩来玩。"望着碧波轻漪、岸绿水清的美景，广西壮族自治区崇左市新城屯屯长黄广西的心里美滋滋的。

水清了，城市的面貌焕然一新。昔日的那考河是人人唯恐避之不及的臭水沟，如今这里水清岸绿，水鸟归来，治理成效令人连连称赞。于是，南宁市在亭子冲、心圩江流域治理山水林田湖草工程中，将那考河海绵化建设、全流域治理理念引入。附近的居民梁丽珍老人说道："我在这里住了10年，以前这条河的水全是黑的，垃圾发臭苍蝇多，现在水清了，鱼也多了，还经常有人来钓鱼。"据南宁市建宁水务投资集团有限公司项目负责人黄希嘉介绍，亭子冲河道整治以"控外源、减溢流、除底泥、水流动、做长久"为基本治理思路，使其成为一条具有防洪、生态、景观、文化等功能的健康河道，达到长治久清的目标，进一步提升南宁城市形象。

心圩江位于南宁的"母亲河"邕江北岸，是南宁市流域最长、支流最多、服务人口最多的内河。通过实施山水林田湖草工程项目，巩固和扩大黑臭水体治理成果，也解决了老百姓家门口的突出环境问题。项目的实施极大地改善了全市水环境质量。南宁市生态环境局局长韦好鹏介绍道："2019年南宁市提前3个月完成69个县级饮用水水源地环境问题整治，百姓'水缸'安全得到保障。2019年5月，南宁以全国第二的成绩入围2019年城市黑臭水体治理示范城市。截至2019年11月，全市主要流域水质优良率继续保持100%。市区下游的六景断面首次达到Ⅱ类水质，巩固了'Ⅱ类水入境、Ⅱ类水出境'。市、县两级饮用水水源水质达标率100%。"

"水治好后，我们也脱贫了"。2017年，乐业县大利水库因水质监测总磷超标被自治区生态环境厅通报，水源地环境问题成为压在大家心上的石头。随后，乐业县成立了以县委政府主要领导为组长的饮用水水源地保护工作领导小组，开展专项整治工作。乐业县城主要水源地为上岗水库和大利水库，水库水质的下降，主要是因为周边生产生活所产生的生活污水、固体垃圾、农药、化肥、畜禽粪污等乱排乱放。因此，治理饮用水水源地的环境就得从污染源着手。乐业县通过流转土地、退耕还林，有效控制农药、化肥使用，确保了农业面源不受污染，最大限度地减少污染物排入库区。这从根本上控制了污染的源头。两个库区流转土地共952.66亩，通过土地流转种植甜楠竹，每亩每年产值8000元左右，大大增加了农民收入，山水林田湖草项目与生态扶贫相结合，使饮用水源保护形成良性循环。通过治理，2018年至今乐业县县级集中式饮用水水质监测达标100%，保障了县城及周边4万多名居民的饮用安全。

广西高度重视加强海洋环境保护,全面落实近岸海域环境保护目标责任,强化陆海水域养殖污染管控。严格实施海洋生态红线控制管理,规范海域开发管理,海域海岛资源实现节约集约利用。强化水环境整治,沿海各市近岸海域环境质量得到进一步改善。严格按照《水污染防治行动计划》《近岸海域污染防治方案》《广西水污染防治行动计划工作方案》等相关要求,全面推进近岸海域污染防治工作。

二、开展流域生态保护修复工程,推进综合治理

左右江流域山水林田湖草生态保护修复工程如期推进。2017年12月,广西启动该项工程并成功纳入国家第二批山水林田湖草生态保护修复工程试点。工程涉及崇左市、百色市全部区域和南宁市3个县(区),涵盖国土面积5.83万平方公里。实施内容包括左右江流域水环境保护与综合整治、土地整治和土壤改良、石漠化防治与水土流失治理、矿山环境治理与修复、生态系统和生物多样性保护与恢复五大类,共308个子项目,总投资125.56亿元。截至2019年10月底,项目已分批获得中央奖补资金20亿元;有270个项目立项,开工建设213个;52个项目完成验收,完成投资51.92亿元;119个奖补资金项目已开工60个,完成投资3.33亿元①。目前,项目区已基本完成南宁市西乡塘区美丽南宁·宜居乡村区域生态环境修复与建设二期工程、百色市田阳县巴某—露美—桥马片区环境综合治理及生态产业建设工程、崇左市水系生态修复工程等典型项目,在修复改善生态环境质量、促进乡村生态旅游和生态农业发展中发挥了明显作用。

桂林漓江流域生态保护和修复提升工程进展顺利。针对过去流域治理缺乏系统性、历史遗留问题多、生态脆弱等状况,广西将桂林漓江流域生态保护和修复提升工程纳入了自治区重大工程建设规划。该工程实施内容包括漓江综合治理、漓江生态保护、漓江生态修复、城市生态提升、产业生态提升及漓江生态保护和修复提升重点支撑工程六大类,由147个子项目组成,预算总投资918.8亿元。

近年来,广西着力打造了一批生态修复效果好、资金撬动作用大、直观效果好的亮点工程项目。这些项目在修复改善当地生态环境质量、促进乡村生态旅游和生态农业发展、产业多元化结构调整中作用明显,为助力脱贫攻坚、统筹山水林田湖草系统治理提供了示范样板和经验借鉴。作为广西左右江流域山水林田湖

---

① 唐广生,黄尚宁. 广西以生态修复提升擦亮金字招牌［EB/OL］. 广西日报,http://www. gxzf. gov. cn/gxyw/20191128-780687. shtml,2019-11-28.

草生态保护修复工程系列项目之一，金龙水库（湖）在近期完成生态修复后，立时成为崇左市生态修复的亮丽名片，也吸引了多家银行机构、园林公司等资本投资崇左市生态水系修复，创造了利用不到 1 亿元山水林田湖草奖补资金，却"四两拨千斤"撬动 35 亿元投资的喜人成效。金龙水库治理是广西左右江流域山水林田湖草生态修复工程的项目之一。截至 2019 年底，308 个项目中，开工建设 252 个，开工率 81.82%，57 个项目已完成验收，完成投资 61.58 亿元。这些项目在修复改善当地生态环境质量、促进乡村生态旅游和生态农业发展、产业多元化结构调整中作用明显，为助力脱贫攻坚，统筹山水林田湖草系统治理提供了经验借鉴①。

多项生态保护修复工程共同推进，不断加大生态环境保护和生态修复力度，协调绿水青山和金山银山的关系，牢固树立保护生态环境就是保护生产力、改善生态环境就是发展生产力的理念，更加自觉地推动绿色发展、循环发展、低碳发展，绝不以牺牲环境为代价去换取一时的经济增长。这是保护和改善生态环境就是保护和改善生产力的全新价值理念，把自然生态环境视为推动生产力发展的活跃因素。

第四节　发展绿色生态乡村游，打造民族特色内涵

一、发展绿色乡村生态旅游

"绿水青山"喻指人类持久永续发展所必须依靠的优质生态环境，它是自然本身蕴含的生态价值、生态效益；"金山银山"则喻指人类社会以物质生产为基础的一切社会物质生活条件，它是人类开发利用自然资源过程中产生的经济价值、经济效益。"绿水青山"和"金山银山"之间是有矛盾的，但又可以辩证统一。广西通过发展绿色乡村生态旅游，有效地将生态效益和经济效益有机结合，同时传播了地区特色文化。

在乡村旅游体验中，大多数游客很喜欢参观极具民族特色的村落建筑，体验

---

① 余锋，昌苗苗. 小资金撬动大项目——左右江流域山水林田湖草生态保护修复工程侧记［EB/OL］. 广西壮族自治区人民政府门户网站，http：//www. gxzf. gov. cn/gxyw/20200109 - 789161. shtml，2020 - 1 - 9.

民风民俗，品尝农家美食，参与农村劳作，在这一系列活动中，让自己缓解紧张的工作压力，呼吸乡野新鲜空气，欣赏乡村自然风光。大多数游客生活在城市，甚至其中一些人从出生开始就没有离开过城市，他们向往自然，渴望融入自然，而乡村生态旅游的诞生正好迎合了这一部分人的心态，导致乡村游越来越热，越来越多的市民在周末和节假日涌入农村。此外，广西少数民族众多，但是许多汉族人并没有去过少数民族的村寨，没有体验过他们的生活，随着乡村旅游业的兴起，越来越多的少数民族村寨开始对外开放，吸引许多汉族人前去参观体验，进一步促进了乡村生态旅游的发展。

世界文化遗产左江花山岩画、世界自然遗产桂林、环江喀斯特地貌、"天下第一滩"银滩……广西旅游资源得天独厚，生态优势出类拔萃。习近平总书记视察广西时强调"广西生态优势金不换"。为把生态资源优势转化为旅游效益、经济效益、发展效益，广西在"生态休闲"上大做文章，朝着建设"生态旅游大公园"的总目标奋力奔跑。2017 年，全区累计建立农家乐近 4800 个，乡村旅游点 1320 多个，规模休闲农业园 756 个，年接待游客 6300 多万人次，产业总收入230 亿元，同比增长 20% 左右①。

2017 年，通过开展星级乡村旅游区、农家乐、旅游名村名屯创建等乡村旅游品牌创建，广西全年新创建四星级以上乡村旅游区 122 家，在全区推出 15 条乡村旅游精品线路，进一步打响乡村旅游品牌。2017 年，自治区政府与新奥集团签订战略合作协议，后者在广西投资 220 亿元，开发建设红水河及巴马长寿养生国际旅游区等项目②。作为上规模、上档次、有特色、影响力大、带动性强的中高端旅游精品项目，巴马长寿养生国际旅游区正成为全国领先、特色鲜明、设施完善的长寿养生健康旅游目的地。此外，恒大集团计划在广西投资 1000 多亿元建设 7 个特色旅游小镇；东方资产管理集团、泛海集团将投资过百亿元建设文化、健康旅游项目等，一批百亿元重特大旅游项目落户八桂大地。

发展乡村生态旅游，广西有着得天独厚的优势，因其 80% 以上的旅游资源都分布在农村、山区和少数民族地区。广西的乡村生态旅游起步较晚，但随着近年来生态旅游的升温及国家西部大开发战略的实施，乡村生态旅游产品日益受到游客的青睐，极大地推动了广西乡村生态旅游的发展进程。经过多年的发展，广

① 陈静. 广西生态旅游景点满八桂［EB/OL］. 广西日报，http：//www. gxzf. gov. cn/gxyw/20180501 – 692370. shtml，2018 – 5 – 1.

② 陈莹. 生态旅游景点满八桂［EB/OL］. 广西日报，http：//m. xinhuanet. com/gx/2018 – 05/01/c_1122767203. htm，2018 – 5 – 1.

西乡村生态旅游已呈现出政府、农户、行业协会、农业科研机构、高校、企业以及社会其他经济成分经营实体等多渠道、多主体参与发展的模式，呈现出区、市、县、乡（镇）、村多层次推动，多类型发展的新格局。乡村生态旅游产品日益丰富，从单一走向多元，三大类型的乡村生态旅游产品逐渐占据了广西乡村旅游市场，如图8-3所示。

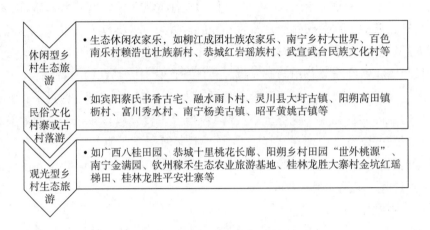

休闲型乡村生态旅游
• 生态休闲农家乐，如柳江成团壮族农家乐、南宁乡村大世界、百色南乐村赖浩屯壮族新村、恭城红岩瑶族村、武宣武台民族文化村等

民俗文化村寨或古村落游
• 如宾阳蔡氏书香古宅、融水雨卜村、灵川县大圩古镇、阳朔高田镇栎村、富川秀水村、南宁杨美古镇、昭平黄姚古镇等

观光型乡村生态旅游
• 如广西八桂田园、恭城十里桃花长廊、阳朔乡村田园"世外桃源"、南宁金满园、钦州稼禾生态农业旅游基地、桂林龙胜大寨村金坑红瑶梯田、桂林龙胜平安壮寨等

图8-3 广西三大农村生态旅游类型

此外，特色乡村生态旅游产品不断深化开发，如南宁青秀山"雨林大观"、龙胜龙脊梯田"诗景家园"、恭城观光农业"四季园——春花、夏林、秋果、冬乐"等景区在丰富产品体系、提升广西旅游业竞争力及增强旅游业吸引力方面都发挥了重要作用，乡村生态旅游精品线路也在不断形成。通过创建全国农业旅游示范点，丰富旅游产品类型，广西乡村生态旅游促进了传统农业向旅游农业、传统农民向旅游从业者、传统居住型乡村向旅游接待型社会主义新农村的转变，真正成为富民、惠民、利民的工程。乡村生态旅游日趋红火，已成为广西旅游开发的一大特色，成为广西旅游业的品牌。

二、推进"三大生态旅游圈"建设

环首府生态旅游圈、桂中生态旅游圈、桂东南岭南风情生态旅游圈"三大生态旅游圈"建设如火如荼。其中，《南宁首府生态旅游圈规划（2017~2025年）》已编制完成，进一步强化规划对旅游圈的开发引领；柳州市牵头整合来宾、河池、贵港等地旅游资源，共建桂中生态旅游圈，打造桂中民俗生态旅游品牌，策划以柳州为中心，来宾—河池—贵港二日游、三日游、五日游等"短中线游"

为核心产品的精品路线；梧州、贵港、玉林、贺州四市政府共同签署协议，成立桂东南岭南风情生态旅游圈，共同建设桂东南山地休闲旅游示范区、西江风情旅游带、岭南文化休闲旅游区等五个旅游产业集聚区或示范区。"绿水青山，现在真的成了金山银山。"龙胜各族自治县龙脊梯田景区大寨村支书潘保玉感慨。2018 年春节，大寨村 264 户村民领取了 530 多万元年终分红①。大寨金坑梯田景区正式对外开放时，村委与旅游公司签订了共同开发协议，村民负责种植水稻和维护梯田景观，旅游公司每年将门票收入的 7% 返还给村民分红。大寨村是广西旅游扶贫的典型。广西积极探索"旅游+""+旅游"产业融合扶贫新模式新机制，"公司+农户""合作社+农户""景区+农家""企业带动+村寨联盟""能人+农户"等多种经营主体合作模式在全区遍地开花。2017 年，广西乡村旅游辐射带动 142 个旅游扶贫村脱贫摘帽，约 3.3 万户共 14.71 万贫困人口脱贫②。"大力发展休闲农业和乡村旅游，对于拓展农业的多种功能，促进农村一二三产业融合，增加农民的工资性收入，推进广西农业供给侧结构性改革具有重要意义。"自治区农业厅主要负责人说。目前，全区累计创建国家级休闲农业与乡村旅游示范县 11 个、示范点 22 个、中国美丽休闲乡村 18 个、中国美丽田园 8 个、"全国休闲农业星级企业"69 家、广西休闲农业与乡村旅游示范点 113 个，各级现代农业示范区共 1744 个③。

除了乡村旅游，森林旅游也在全区蓬勃兴起。姑婆山国家森林公园荣获 2016 年《中国国家旅游》年度"最受欢迎新兴旅游目的地"奖，大容山国家森林公园被评为旅游服务最佳景区……森林公园"提质增量"工程，让全区森林公园数量进一步扩大，品质进一步提升；森林旅游"510 工程"则进一步丰富了森林旅游产品。目前，全区已建有森林公园 65 处、林业自然保护区 63 处、湿地公园 24 处，基本形成以森林公园、湿地公园、自然保护区以及其他森林旅游景区为依托，集食、住、行、游、娱、购各要素为一体的森林旅游发展格局。自治区旅发委负责人介绍说："下一步我们将实施旅游业乡村振兴三年行动，到 2020 年，新创建全区星级乡村旅游区（农家乐）300 家、农旅融合标志性品牌 120 个，重点打造乡村旅游产业集聚区（乡村旅游带）30 个、乡村旅游精品线路 15 条。"④

① 赵琳露，唐梦宪. 广西龙胜梯田景区"两栖农民"年终分红：千人分得 530 多万元［EB/OL］. 新华社，https：//www. sohu. com/a/221658822_267106，2018－2－8.

②③ 陈静. 广西生态旅游景点满八桂［EB/OL］. 广西日报，http：//www. gxzf. gov. cn/gxyw/20180501－692370. shtml，2018－5－1.

④ 张文卉. 广西：2018 年将建设各层次的森林公园 50 个以上［EB/OL］. 南国早报，http：//www. gxnews. com. cn/staticpages/20180117/newgx5a5ef61b－16850403. shtml，2018－1－17.

第五节　不断创新探索，开启广西"两山"实践的智慧时代

一、运用高端科技信息技术进行污染防治

良好的生态环境是最公平的公共产品，是最普惠的民生福祉。为了还老百姓蓝天白云、清水绿岸、鱼翔浅底的景象，让老百姓吃得放心、住得安心，近年来，广西以习近平生态文明思想为指引，全面落实习近平总书记"五个扎实"新要求，创新探索出一系列新举措、新经验，发力推进生态环境保护建设，开启了大气污染防治的"智慧"时代。

在当前城市发展快速化、治理主体多元化和信息甄别复杂化的时代背景下，传统人工检查治理城市环境问题遇到了更多的难题，再加上如今5G、人工智能、智慧城市的发展和各种"互联网＋"技术的普及给城市环境治理带来新的机遇。当前在各大中城市中，已经基本形成了以物联网技术为基础的城市环境监测与预警网络，将大气、水体、固体废弃物、噪声乃至光污染纳入在线环境监测平台的掌控之中，改变了以往以人工为基础的环境监察模式，为城市环境治理提供了新的思路和方法。自治区环保部门也积极响应，引进大气污染防治的"智慧"装备，结合本地情况进行合理运用，体现在以下几个方面：

（1）"慧眼"治尘，实现智慧治理。自治区环境监测中心站、广西环境保护科学研究院的两个大气复合污染自动监测站，共同构成了广西大气污染防治的"双子星"，为相关科研工作、一线环保卫士提供了更多的"智慧"对策和科技支撑。近年来，南宁充分利用智慧城市建设成果，建立扬尘治理视频综合管理"慧眼"系统，接入交警、交通、环保、城管等职能部门，充分实现信息资源互通、共享以及应用。该"慧眼"系统将全市300多个有土方作业的建设工地、153个采石场、44个搅拌站、54个消纳场、9个扬尘污染联合执法卡点以及主要运输道路等监控视频资源纳入平台统一监控，实现扬尘污染源全流程监控[1]。其搭建起的覆盖全市的智慧网，促进被动式、救火式、善后式城市管理模式向主动

---

① 南宁"慧眼"系统智慧治理扬尘［EB/OL］．老友网，http：//www.nntv.cn/wap/xwzx/nnxw/2017－10－9/1507550732416.shtml，2017－10－9．

式、前瞻式、预防式的管理模式转变，从而引领了全广西扬尘污染治理的"智慧"时代①。

（2）智慧河长，治水有方。在全区开发的河长制信息化监督管理平台，通过"互联网＋河长制"助推城市实现"河畅水清岸绿景美"的美好蓝图。该平台整套系统应用"互联网＋"可实现基础信息在线查询、任务通知在线发布、巡查问题在线处理、重点项目在线统计、动态信息在线监测、目标责任在线考核等功能。该平台有 PC 版、手机 APP、微信公众号等多个端口，不仅方便了河长履职，也让河长制工作更明晰。

（3）水是生命之源、生产之要、生态之基。广西水资源利用和保护不仅事关全区人民的饮水安全和经济发展，还关系到下游的广东及香港、澳门的用水数量和质量。为了打好碧水保卫战，保障一江清水向东流，近年来，广西以改善水环境质量为核心，以重点流域为水污染防治重点，实施精准治污，建立重点流域污染防治三维地理信息系统，通过信息化手段全面直观掌握漓江、南流江、钦江、九洲江等重点流域水污染状况，并不定期组织水专家团队开展现场指导，全区水环境质量持续改善且位居全国前列。2019 年生态环境部公布的 1~9 月全国地表水环境质量状况显示，广西 9 个设区市水质入围全国前 30 强，6 个设区市位列前 10 名，分别是：来宾（第 1 名）、柳州（第 2 名）、桂林（第 4 名）、河池（第 6 名）、贺州（第 7 名）、梧州（第 9 名）、崇左（第 21 名）、百色（第 22 名）、贵港（第 28 名）②。据介绍，广西严格按照国务院《水污染防治行动计划》《广西水污染防治行动计划》部署要求，以中央环保督察及中央环保督察"回头看"反馈问题整改为契机，着力打好水污染防治攻坚战，全区地表水水质明显改善。2018 年 1~9 月，广西 52 个国家地表水考核断面中，50 个达到或优于水质考核目标，水质优良比例为 96.2%③。

二、创新环境治理广西模式

在科学治理模式上，广西积极探索，充分借鉴全国先进的环境治理体系，在一些方法上取得了突出成果，如"封、造、退、管、沼、补"的石漠化治理林

---

① 创新管理手段 智慧治理扬尘——"美丽南宁·整洁畅通有序大行动"之扬尘污染治理成效报道 [N]．南宁日报，2017 - 10 - 9．

② 生态环境部发布 1~9 月全国地表水环境质量状况 [EB/OL]．广西柳州市人民政府门户网站，http：//www.liuzhou.gov.cn/xwzx/zwyw/201910/t20191028_1361899.html，2019 - 10 - 28．

③ 9 市水质入围全国前 30 强 [EB/OL]．广西日报，http：//gxrb.gxrb.com.cn/html/2019 - 10/28/content_1639472.htm，2019 - 10 - 28．

业建设"六字"方针和水环境治理的 PPP 模式，充分运用市场化手段，破解资金、理念和技术等难题。

图 8-4　石漠化山区的毛葡萄种植

首先是石漠化治理林业的"六字"方针。2018 年，广西石漠化土地净减 38.72 万公顷，减少率为 20.2%，净减面积超过 1/5，石漠化治理成效继续稳居全国第一。全国岩溶地区第三次石漠化监测结果显示，截至 2016 年底，广西岩溶地区石漠化土地总面积为 153.29 万公顷，占全区国土面积的 6.5%，涉及河池、百色、桂林、崇左、南宁、来宾、柳州、贺州、贵港 9 市 76 县（市、区）。广西石漠化土地相对集中于河池和百色两个市，面积分别为 57.91 万公顷和 35.07 万公顷，分别占全区石漠化土地面积的 37.8% 和 22.9%[1]。全区各级林业主管部门将石漠化综合治理作为林业重点生态工程着力推进[2]。通过实施新一轮退耕还林、珠江防护林、森林生态效益补偿等林业重点生态工程项目，岩溶地区

① 周映，张雷. 广西石漠化治理成效全国第一［EB/OL］. 广西日报，http：//www. gxzf. gov. cn/sytt/20190430-746102. shtml，2019-4-30.

② 邓玲. 广西石漠化土地 5 年减 38.72 万公顷治理成效全国居首［EB/OL］. 南宁新闻网，http：//www. gxzf. gov. cn/xwfbhzt/qgyrdqdscsmhjcjggxzlcxwfbh/mtbd/20190429-745992. shtml，2019-4-29.

生态环境显著改善。在治理过程中,各地探索出"竹子+任豆""任豆+金银花"等10多种混交造林模式,提高治理科技含量。全区积极推广石漠化治理林业建设"六字"方针,即"封"(封山育林)、"造"(人工造林)、"退"(退耕还林)、"管"(林木管护)、"沼"(建沼气池)、"补"(生态补偿),建立了100多个治理示范点,带动生态治理工作全面推进,探索出一条"生态促进经济发展"的广西特色持续发展之路①。

其次是水污染治理的 PPP 模式。近年来南宁市大力开展内河整治,打造"中国水城",但受制于资金、理念和技术等因素,整治效果未达预期,为此,南宁市选取竹排江上游植物园段(那考河)流域治理项目作为首个 PPP 项目,先行先试(见图8-5)。专业的人做专业的事,南宁市聘请专业的交易顾问和技术顾问,借助外脑力量对 PPP 项目的技术路线、交易结构、投资回报、绩效考核等核心边界条件进行优化设计,采用 DBFO(设计—建设—融资—经营)的运作方式,按照"全线多断面考核、按效付费"的理念,构建了"水质、水量、防洪"三合一绩效考核办法,政府依据绩效考核结果向项目公司付费。目前,那考河由"纳污河"变身为湿地公园,水质状况及环境景观明显改善,为河道治理探索出了可行的实施路径,优化技术路线、交易结构等核心边界条件。为确保打造高品质示范样本,项目实施机构聘请专业咨询顾问机构(团队)提供交易顾问和技术顾问服务。项目咨询机构结合海绵城市、全流域系统水环境治理技术和理念,经过市场测试和与政府相关部门反复讨论,对项目的合作内容和技术路线重新进行了论证。项目建设内容由原可研报告中的四部分调整为七部分,在原河道整治工程、河道截污工程、河道生态工程、沿岸景观工程的基础上增加了污水处理厂建设工程、海绵城市示范工程和信息监控工程,调整后总投资约10.01亿元。项目建成后,水质达Ⅳ类标准,监控断面最小流量不得低于同点位、同水文期多年平均径流量的60%,河道行洪满足50年一遇标准,抽排按雨洪同期最大24小时20年一遇排涝标准设计②。

与传统的政府自行建设或采用 BT(建设—移交)模式相比,PPP 项目其他商务边界条件的创新设计优势明显。根据南宁市水功能规划的要求(2020年竹排江上游植物园段水质达到Ⅴ类,2030年达到Ⅳ类)和社会投资人的合作意愿,

① 青山绿水 展现辉煌——广西林业绿色发展建设生态文明七十年纪实 [EB/OL]. 广西日报, https://baijiahao.baidu.com/s? id=1645977185845439011&wfr=spider&for=pc, 2019-9-29.
② 南宁探索推行水环境治理的 PPP 模式 [EB/OL]. 南宁新闻网, http://www.xinhuanet.com/info/2019-09/24/c_138417360.htm, 2019-9-18.

确定十年合作期。基于质量改善的全流域治理，项目采用 DBFO 的运作方式，给予社会投资人充分优化设计的权利，合作期满将项目资产和经营权移交给政府，建设运营一体化。根据风险最优分配原则、风险收益对等原则和风险有上限原则，将项目用地风险、政策风险、法律风险、审批延误风险和上游水质不达标风险等分配给政府方承担，而主要的建设风险、运营风险由社会资本承担，对于不可抗力、宏观经济和行业政策规定变化风险双方共担。风险分配的结果落实到 PPP 项目协议中。

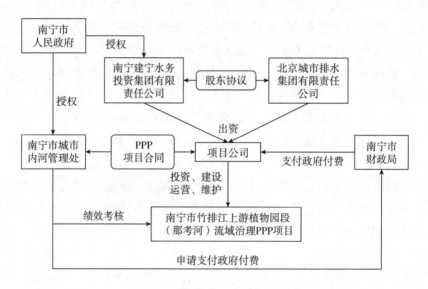

图 8 - 5　南宁市竹排江上游植物园段（那考河）流域治理项目 PPP 结构

水环境治理的 PPP 模式建立激励相容的回报机制，采用流域治理服务费的形式使社会资本获得回报，将河道治理后，以影响商业开发产生的收益作为激励项目公司的抓手，并建立超额收益共享机制，激发社会资本积极性。破解项目实施与水环境改善挂钩难题，以结果为导向，建立了全部流域治理服务费与绩效考核结果挂钩机制，即当且仅当绩效考核结果不低于 90 分时，项目公司才可以得到 PPP 项目协议中约定的流域治理服务费；若绩效考核结果为 60 ~ 90 分，则相应扣减当期的流域治理服务费；若绩效考核结果小于 60 分，则当期政府不向项目公司支付流域治理服务费，直至绩效考核结果合格后一并支付，支付比例为约定流域治理服务费的 65%，倒逼社会资本从全流域着眼，重视项目建设、运营质量和环境治理效果。在绩效考核体系上，抓住主要矛盾，建立三合一的绩效考核指标体系，分别在那考河干流及支流流域内上、中、下游设置了四个监控断面和监控点，建立了水质、流量、配套设施的维护、植物抚育养护和日常保洁管理等为主要指标的考核体系。项目公司则因地制宜地对项目进行设计，根据"外源截污、内源治理、清水补给、活水循环、水质净化和生态修复"的六项原则，从全流域治理的角度进行优化设计：改变传统用灰色设施的"工程治水"做法，注重对河道自然生态功能的修复；对污水采用分布式处理，就近截流进入污水处理厂，做到处理后回灌河道的水量不小于处理污水量的 90%，实现了水系上游与下游的水生态、水循环、水景观、水安全的有机统一；采取"渗、滞、蓄、净、用、排"等海绵城市技术措施，降低汇水区域面源污染物对河道的污染，同时达到景观和功能完美的结合，提高了雨水利用，降低了补水能耗，并对公共绿地等进行海绵化改造，通过不同种类海绵化措施的有效串联，把那考河及周边流域建成了一个雨水控制整体联动的大海绵体，达到了"生态治水"的目标要求①。

项目的成功实施，达到了"引资""引智"和"引制"三大效果，还实现了良好的经济、社会和环境效益。项目明显带动了项目周边区域的价值提升，年接待游客超 30 万人，促进了旅游等相关产业的发展，产生了较好的经济效益，社会公众对流域治理的满意度达 90% 以上。本项目年均接待参观学习 1000 余人次，接待海绵城市学习交流及环保科普等人员超 500 人次，极大地提升了市民满意度和南宁作为"水城"的良好形象。环境效益方面，年污水排放量减少 1300 万立方米以上，实现 COD 削减量不低于 1300 吨，氨氮削减量不低于 280 吨，河道生态补水量超 1000 万立方米，回用水和绿化灌溉取代自来水量分别达到 100 万立方米以上，海绵城市渗滞蓄净用排蓄存净化利用雨水量达到 150 万立方米以上。区域生态物种持续改善，水土流失现象得以控制，降雨水体面源污染情况得到有效控制，达到了可持续的治理效果②。

在贯彻习近平生态文明思想，各地积极探索"两山"理念的有效转化路径中，广西也获得了一些荣誉。2019 年 11 月，经审核，生态环境部决定命名广西壮族自治区金秀瑶族自治县等 23 个地区为第三批"两山"实践创新基地，在全国各地积极创建国家生态文明建设示范市县过程中，广西壮族自治区三江侗族自治县、桂平市、昭平县从 84 个市县中脱颖而出，荣获第三批国家生态文明建设示范市县称号③。

①② 南宁探索推行水环境治理的 PPP 模式［EB/OL］. 南宁新闻网，http：//www. xinhuanet. com/info/2019 – 09/24/c_138417360. htm，2019 – 9 – 18.

③ 成科. 生态环境部命名第三批国家生态文明建设示范市县［N］. 中国环境报，2019 – 11 – 18.

图8-6　南宁市竹排江上游植物园段（那考河）流域治理 PPP 项目景观效果图

资料来源：南宁探索推行水环境治理的 PPP 模式［EB/OL］. 南宁新闻网，http：//www. xinhua-net. com/info/2019-09/24/c_138417360. htm，2019-09-24.

　　对于有着数千年农耕文明的中国而言，珍惜和合理利用每一寸土地关乎社稷民生。广西作为全国 14 个重金属污染综合防治重点省区之一，近年来相关工作走在全国前列。2016～2018 年，广西获得土壤污染防治专项资金 8.95 亿元，支持 54 个土壤污染防治项目实施[①]。通过专项资金支持，实施了污染源综合治理、技术示范、民生应急保障、历史遗留类重金属污染防治项目，取得显著成效。其中，河池市创新探索出了一种走在全国前沿的土壤污染防治新模式，给当地社会经济、生态环境带来可观效益，也给全国土壤污染防治提供了可推广复制的新"样本"经验。优美的生态环境，如今已成为广西吸引人才、资本和重大项目的"金字招牌"。2018 年以来，广西印发了一系列涉及大气、水、土壤污染防治攻坚和生态环境保护基础设施建设的文件，明确了 2018～2020 年一系列生态环境相关工作的目标任务和重点举措，从而开启全面治污新征程，守护好八桂大地的绿水青山，让人民群众有更多的获得感和幸福感。

---

　　① 广西河池市土壤污染综合防治成效显著［EB/OL］. 中国环境新闻网，http：//www. cfej. net/city/zxzx/201905/t20190520_703444. shtml，2019-5-20.

第九章 广西践行"两山"理念的
进一步认知

第一节 制度环境进一步认知

一、发展经济倒逼环境退让

城市建设规划存在侵占自然保护区的现象，2015 年 6 月，为建设钦州滨海新城，将茅尾海自治区级红树林自然保护区 29% 的面积调出保护范围，实际调减面积 1413 公顷。根据钦州滨海新城、北海铁山港东港区和龙港新区的建设规划，还将占用茅尾海和铁山港区域约 595 公顷原生态红树林①。

北部湾在开发建设中未充分考虑战略环评要求，北海、钦州、防城港三市均大量引进钢铁、铁合金等产业，没有落实此类产业布局规划要求。已投产的 46 家相关企业中有 35 家分散在钦州市多个工业园区。钦州市皇马工业园区没有建设集中式污水处理设施，废水通过渗坑排放，违规引进祥云飞龙再生科技公司等生产工艺落后、重金属污染严重的企业。近年来，北部湾优良生态环境已经受到威胁。

与此同时，许多东部产业，特别是广东部分制造业往广西转移，经济得到了发展，环境也遭到了破坏。例如，藤县、梧州承接了大部分广东陶瓷、不锈钢产业，现在藤县已经建成了 20 多个陶瓷工业园，陶瓷厂产业承接一方面可以吸收

---

① 王硕. 中央环保督察组：广西为建设钦州滨海新城 侵占千余公顷红树林 [EB/OL]. 新京报网，http：//www. bjnews. com. cn/news/2016/11/17/423878. html，2016 - 11 - 17.

接纳藤县的劳动力，另一方面会造成大量废水废气排放，污染水资源，破坏了空气质量。

二、监管力度不够

相关部门监督机制不够完善，管理制度也存在问题，环境保护法没有形成一套行之有效的程序，也没有一套专门为监督管理设立的规章制度。地方官员为了一个地区的经济发展，不惜保护地方污染产业，经济纵然发展了，可是环境污染问题日趋严重，在执法过程中，执法人员执法不严，处罚也不够重，使污染环境的成本比较低，从而企业在企业发展与处罚中选择了收益较高的企业发展。

三、管理制度机制不完善

有利于推进生态环境保护的一些管理体制机制建设滞后，绩效考评、政绩考核机制有待完善，推动形成主体功能区的措施办法落实不够到位，督政力度还需加强，生态环境损害责任追究、环保督察巡视等制度急需落地，自治区级以下环境保护机构监测监察执法垂直管理制度改革有待推进。生态补偿制度不够完善，流域生态补偿机制尚未建立，环保投融资渠道有待进一步拓宽，尚未真正形成生态保护成效与资金分配挂钩机制；用能权、用水权、排污权初始分配制度改革有待进一步探索，市场化排污权交易尚未建立起有效的平台①。

四、思想存在误区

部分人认为目前广西的环境很好，污染也不算严重，当前的重要问题是先攻坚脱贫、发展经济，等经济发展好了，再来保护环境，因此地方官员和部分工作人员对环境问题盲目乐观自信，一味只追求高效率的经济发展，甚至把环境保护看作经济发展过程中的包袱，对生态保护绿色发展不上心、不主动，只是在污染事件发生之后，才被动做出一些行动。

五、绿色经济政策体系不完善

广西的用水权、用能权、碳排放权初始分配制度改革有待进一步探索，市场化排污权交易也尚未建立起有效的平台。目前生态补偿机制尚不完善，流域生态补偿机制还未建立，多元化投融资机制仍不完善，融资渠道和主体单一、投入不

---

① 李红. 关于加强广西生态文明的思考［J］. 广西质量监督导报，2019，000（002）：61–62.

足。以部门为主导的生态补偿，责任主体不明确，缺乏明确的分工，管理职责交叉，在整治项目与资金投入上难以形成合力。生态补偿领域过窄、标准偏低。绿色发展价格体系尚未形成，资源性产品定价机制不完善，如资源产权市场化程度低，对垄断行业的成本监管缺乏科学手段和制度性规定，资源税费和环保税费整体偏低。再生资源价格高于初始资源价格，导致资源再生、循环利用的动力不足。废弃物处理成本高于排放成本，使治理污染主动性不强。

六、支撑体系尚未建立，促进循环经济发展的体制机制尚不健全

跨省、跨地市、跨流域、跨部门的横向管理体制尚在探索阶段；绿色经济发展的各方面均存在技术人才和高技能人才缺乏的问题；科技创新的管理体制和运行机制需进一步完善；公众参与生态文明建设的机制有待健全。2018 年广西科技进步水平指数为 42.09%，在全国排第 25 位；研究与试验发展经费支出占 GDP 的比重仅为 0.65%，在全国排第 26 位，排名都比较靠后①。

第二节 节能减排进一步认知

一、高耗能和资源型产业偏高

广西产业结构矛盾依然突出，呈现"二三一"格局，高耗能高排放的传统粗放发展模式特征明显，主导产业大多是冶金、有色金属、火电、水泥、化工、造纸、制糖等传统高耗能工业，资源型产业比重高达 70%，规模以上高耗能工业企业能源消费量占规模以上工业企业的 70% 以上；目前已形成的 10 个千亿元产业多为资源型产业，结构调整任务十分艰巨，转型升级压力较大。2015 年，广西高耗能产业占规模以上工业比重近 40%，高技术产业增加值仅占规模以上工业增加值的 8.6%。产业层次偏低，支柱产业主要集中在能耗高、排放大的冶金、有色金属、制糖、水泥等传统行业，资源型工业占比高的经济结构没有根本改变。第三产业发展相对滞后，2015 年，第三产业增加值 6520.15 亿元，占全区地区生产总值的 38.8%，比全国平均水平低 11.7 个百分点。2018 年以来，广西

---

① 参见《2019 年广西壮族自治区国民经济和社会发展统计公报》。

经济下行压力进一步加大，工业传统行业主要集中在低端低效的资源型产业和高耗能行业，受去产能和环保督察影响，工业增长动能削弱；广西双核驱动发展战略和产业布局的重点区域在沿海沿江，北部湾部分地区"两高一资"项目重复布局，新兴产业不足；珠江—西江经济带（广西）原有的落后产能短期内难以全部完成转型升级，新产业布局也对资源环境带来一定压力；九洲江流域农业经济比重大、生产方式落后，产业结构调整面临巨大压力①。

二、能源结构仍需进一步优化

2018 年，广西一次能源生产总量为 3300 万吨标准煤左右，90% 的煤炭和几乎全部的石油、天然气依靠外省或进口；化石能源消费比重仍超过 70%，煤炭消费依然保持较高比重，向清洁低碳高效转型发展的压力较大；电力结构有待多元化，水电能源虽然清洁且装机容量占比大，但受丰枯期季节性因素影响较大；核电、太阳能发电仍处于起步阶段，风电、太阳能发电并网问题没有得到根本解决，新能源和可再生能源规模依然不大，发挥替代效应尚需时日②。

三、减排治理设施建设滞后

县级污水处理厂收集率低、负荷率低、处理率低的"三低现象"依然存在，江河生活污水直排口截污工作尚未完成。自治区级以上工业园区建成或在建集中式污水处理设施的仅占 1/3。园区规划环评执行力度偏弱，园区环境监管能力较薄弱，环境风险防控压力依然较大。部分地区养殖布局不合理，畜禽养殖废弃物治理设施建设滞后，网箱养殖等造成的内源污染已成为部分湖库和水源地主要污染问题，已建治理设施的运行监管有待加强。钢铁、水泥、有色等部分重点行业脱硝装置等环保设施改造进展滞后，大多数工业园区环保基础设施建设滞后，一些已建成的园区污水处理厂无法保证设施正常运行。历史遗留的重金属污染问题尚未根本解决。环境风险、安全隐患依然存在。城市饮用水水源保护区内污染隐患尚未完全消除，部分城市水源单一，备用水源/应急水源建设滞后。历史遗留尾矿库多、治理难度大，涉重行业和排放地区相对集中。广西危险废物利用处置能力不足，难以满足全区危险废物处理处置需求；危险化学品环境管理有待加强，持久性有机污染物治理与国家要求有一定差距；企业违规建设和生产、违法

---

① 陈婷，林华，李世泽，程文豪，甘日栋．广西生态经济发展现状、问题及对策［J］．环境科学导刊，2016，35（S1）：1 – 5.

② 参见《广西节能减排降碳和能源消费总量控制"十三五"规划》。

排污的问题尚未得到完全遏制①。

四、技术制约问题尚未解决

从发展环境看，广西节能减排降碳和循环经济发展的法规政策、体制机制还不健全，企业融资难、融资贵的问题依然存在。从技术方面看，实力雄厚、装备先进、技术领先的科研机构少，科研人员和管理专家严重缺乏，从事节能减排降碳和发展循环经济的科技人才缺乏的状况没有根本改变，节能减排技术与装备创新能力和水平仍不足，成果应用转化周期长、转化率还不够高。全民参与节能减排降碳的浓厚氛围没有完全形成。

五、污染风险依然较大

推动企业整体或部分重污染工序向有资源优势、环境容量允许的地区转移或退城进园较慢；对不符合产业政策要求的落后产能和"僵尸企业"，以及环境风险、安全隐患突出而又无法搬迁或转型企业，尚未完全依法实施关停。工业聚集区尚未完全配备高效治污设施。城市建成区新增和更新的公交、环卫、邮政、出租、通勤、轻型物流配送车辆采用新能源或使用清洁能源汽车的推进速度缓慢。工业污染和城镇生活污染集中治理处理基础设施建设较慢。多数畜禽养殖场所尚未配套粪便及其污水处理设施，已建设污染配套处理设施的使用效率较低。2015 年环保厅排查的 2 万多家企业中，违法企业 2800 多家，罚款企业 1000 家，罚款金额 1.2 亿元。依据新《环境保护法》配套办法，按日计罚 1 起，查封扣押 16 家，限产停产 20 家，移送公安机关行政拘留 8 起，涉嫌环境污染犯罪 5 起。

第三节 美丽乡村进一步认知

随着农村经济的发展，越来越多企业在农村、郊区建厂房，在带动乡镇经济发展的同时，环境治理问题日趋明显，加之农村居民的环境保护意识不够强烈，生产方式简陋粗放，地方政府环境治理不能触及农村基层，从而在"两山"理

① 参见《广西节能减排降碳和能量消费总量控制"十三五"规划》。

念实践过程中，仍然出现了一些问题。

一、农村饮用水达标率不高

农村饮用水大多靠地下水，但是调查表明，农村地下饮用水达标率不足30%，有些乡镇企业的污水排放存在问题，不集中排放或排放指标不达标依然排放，但这只是其中一部分原因，还有部分原因是农村居民的粪便处理方式简单粗放，粪便未经处理就排放入水，这些都影响了地表饮用水质量。农村环境基础设施滞后，农村地区居民居住分散，目前除县城和个别有条件的乡镇建有污水处理厂外，绝大部分乡镇和村屯的污水问题没有得到解决。同时，农村规模化畜禽养殖场污染治理设备简陋，有的甚至没有。一些规模化畜禽养殖场由于投资主体大多是农民群众，资金规模小，盈利空间小，治污成本高。加之长期以来监管不力，多数投资者从建场之初就没有规划建设治污设施，即使有，也是很简单的。

根据自治区环境保护厅发布的《广西壮族自治区2016年农村环境质量检测报告》，2016年广西抽检的27个县58个村庄的检测结果显示，各种水质类别所占的比率为：Ⅰ类0%、Ⅱ类3.1%、Ⅲ类26.2%、Ⅳ类23.6%、Ⅴ类47.1%。按照划分标准，Ⅲ类以上才算达标，那么，全区农村地下水饮用水源地水质达标率为29.3%，不达标率为70.7%[1]（见图9-1）。与农村地表水饮用水源地水质达标率（90.8%）相比，农村地下水饮用水源地水质达标率明显偏低，相差高达三倍多（见表9-1）。可见，农村地下水饮用水源地水质状况令人堪忧。

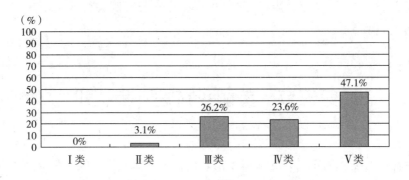

图9-1 2016年检测村庄地下水水源地水质状况

---

① 广西壮族自治区统计局. 2019年广西壮族自治区国民经济和社会发展统计公报［R］. 2019.

表 9 - 1　2016 年地下水、地表水水源地水质类别比重对比

水质类别	地下水占比（%）	地表水占比（%）
Ⅰ类	0	18.7
Ⅱ类	3.1	60.4
Ⅲ类	26.2	11.7
Ⅳ类	23.6	7.6
Ⅴ类	47.2	0.63
劣Ⅴ类	0	0.97

资料来源：广西壮族自治区 2016 年农村环境质量检测报告。

二、农药化肥频繁使用导致环境问题

目前，农村大部分经济来源仍然是农业经济，农业经济要发展，农作物要生长态势良好，就要依靠农药化肥。但是农药化肥频繁、过度使用会影响土壤质量，经过雨水冲刷，又会影响水源，使用何种化肥农药，如何使用才会尽可能减少对环境的危害，这些都是需要考虑的问题。

表 9 - 2 和表 9 - 3 是 2017 年西部邻近五省区的化肥和农药使用量，可以看出广西每公顷化肥施用量排在五省区中第一位，农药使用量也排在五省区第一位。农药对水体的污染主要来自：①直接向水体施药；②农田使用的农药随雨水或灌溉水向水体的迁移；③农药生产、加工企业废水的排放；④大气中的残留农药随降雨进入水体；⑤农药使用过程中，雾滴或粉尘微粒随风飘移沉降进入水体以及施药工具和器械的清洗等。一般来讲，只有 10% ~20% 的农药附着在农作物上，而 80% ~90% 则流失在土壤、水体和空气中，在灌水与降水等淋溶作用下污染地下水。化肥对土壤质量的影响是多方面的。首先，从对土壤物理性质的影响来看，单独施用化肥，将导致土壤结构变差、容重增加、孔隙度减少；其次，施用化肥可能使土壤有机质上升速度减缓甚至下降、部分养分含量相对较低或养分间不平衡，不利于土壤肥力的发展；再次，单独施用化肥将导致土壤中有益微生物数量甚至微生物总量减少；最后，由于部分化肥中含有污染成分，过量施用（其中特别是磷肥）将对土壤产生相应的污染。目前广西大部分耕地质量退化，对化肥的依赖性越来越强，主要是大量施用化肥的后果。与化肥、农药对土壤的污染相比，农膜对土壤的污染主要是物理性的。由于大量使用农膜，且回收率低，导致其在土壤中残留，影响土壤的通气透水等物理性质，使土壤中养分的迁

移受到阻碍，并因此影响作物的生长发育和产量。化肥对大气环境的影响中最令人关注的是氧化氮与全球气候变暖，在氧化还原交替状态下，土壤中的硝态氮易被还原为氧化氮，虽然我国目前还没有人对氧化氮排放量与全球气候变暖之间的关系做十分深入系统的研究，但从已有的研究结果来看，氧化氮的排放量与氮肥施用量、温度、土壤水分状况等密切相关，我国氮肥的当季利用率一般仅为30%～50%，损失的氮素中无疑有相当一部分要以氧化氮的形式排放到大气中。

表 9 - 2　2017 年各地区耕地灌溉面积和农用化肥施用情况

地区	耕地灌溉面积 （千公顷）	化肥施用量 （万吨）	氮肥施用量 （万吨）	磷肥施用量 （万吨）	钾肥施用量 （万吨）	复合肥施用量 （万吨）
广西	1669.9	263.8	76.0	31.0	58.4	98.3
重庆	694.3	95.5	47.2	16.9	5.5	25.8
四川	2873.1	242.0	117.0	47.1	17.6	60.2
贵州	1114.1	95.7	46.5	11.5	9.2	28.4
云南	1851.4	231.9	112.9	34.7	26.2	58.1

资料来源：《中国环境统计年鉴》。

表 9 - 3　2017 年各地区农用塑料薄膜和农药使用量情况

地区	塑料薄膜使用量（吨）	地膜使用量（吨）	地膜覆盖面积（公顷）	农药使用量（吨）
广西	47693	36300	574517	72495
重庆	45479	24642	256632	17467
四川	130993	90949	996719	55751
贵州	51138	31901	320498	13399
云南	120150	96235	1065242	57675

三、农村土壤重金属超标问题较为突出

《广西壮族自治区 2016 年农村环境质量检测报告》显示，从 2016 年抽检的 39 个县 123 个村庄的土壤环境质量看，46 个村庄无污染，占 37.4%；24 个村庄轻微污染，占 19.5%；14 个村庄轻度污染，占 11.4%；18 个村庄中度污染，占 14.6%；21 个村庄重度污染，占 17.1%。总体来看，广西土壤环境质量达标率（无污染）较低，无污染或轻微污染只占 56.9%，轻度污染以上占 43.1%。

（1）从污染指标来看，土壤环境质量必测项目中，镉、汞、砷、铅、铬均存在超标。其中，首要污染物为镉，超标率为33.0%，其他依次为砷、铅、铬、汞，超标率分别为9.1%、9.1%、6.4%、5.3%（见表9-4）。

表9-4 各项污染指标

污染物名称	污染程度（超标率）		无污染（%）
	总计（%）	其中：轻度污染（%）	
镉	33.0	15.7	67.0
砷	9.1	6.0	90.9
铅	9.1	5.6	90.9
铬	6.4	4.6	93.6
汞	5.3	3.8	94.7

（2）从农村土壤环境质量监测结果看，农田土壤环境质量共监测119个村庄，从监测结果看，首要污染物为镉，超标村庄占监测村庄总数的37.8%，其他依次为砷、铅、铬、汞，超标率均在10%以下[1]（见表9-5）。

表9-5 2016年监测村庄农田土壤环境质量监测结果

项目	村庄数（个）	超标村庄数（个）	超标比例（%）
镉	119	45	37.8
砷	119	11	9.2
铅	119	10	8.4
铬	119	8	6.7
汞	119	6	5.0

（3）从水源地土壤环境质量监测情况看，水源地土壤环境质量监测村庄共107个（107个点位）。从检测结果看，首要污染物为镉，39个村庄超标，占监测村庄总数的36.4%；其次为砷，超标村庄占监测村庄总数的10.3%；汞、铅、

---

① 杨寿欧．广西农村生态文明建设现状与对策研究［J］．经济与社会发展，2017，015（005）：37-42.

铬超标率较低，均低于8%（见表9－6）。

表9－6　2016年监测村庄水源地土壤环境质量监测情况

项目	村庄数（个）	超标村庄数（个）	超标比例（%）
镉	107	39	36.4
砷	107	11	10.3
铅	107	7	7.5
铬	107	7	7.5
汞	107	7	6.5

资料来源：参见《广西壮族自治区2016年农村环境质量检测报告》。

从居民区周边土壤环境质量监测情况看，居民区周边土壤环境质量共监测70个村庄。从监测结果看，首要污染物为镉，22个村庄超标，占31.4%；其次为砷和铅，各占10.0%；铬和汞超标率较低，分别为5.7%和4.3%（见表9－7）。

表9－7　2016年监测村庄居民区周边土壤环境质量监测情况

项目	村庄数（个）	超标村庄（个）	超标比例（%）
镉	70	22	31.4
砷	70	7	10.0
铅	70	7	10.0
铬	70	4	5.7
汞	70	3	4.3

无论是农田土壤环境质量、水源地土壤环境质量，还是居民区周边土壤环境质量，都是镉金属超标的比例较大，所占的比例在31.4%～37.8%。

（4）垃圾乱扔现象时有发生。随着经济的发展，人民生活水平不断提高，农村正逐渐面临着和城市同样的垃圾问题。近年来，全区虽已下大力气整治农村垃圾污染问题，绝大部分县城都建有垃圾处理场，有条件的乡镇也建起了垃圾处理场或垃圾中转站，广大农村普遍建有垃圾焚烧炉。但由于受到资金和管理能力的限制，农村垃圾污染问题还没有得到完全有效控制，个别地方还存在生活用的塑料袋、农用塑料薄膜、废旧电池、破碎玻璃、破旧家具等生产、生活垃圾和建筑垃圾随地丢弃的现象。

第四节　自然环境进一步认知

一、水土流失严重

2018 年，广西水土流失的总面积为 39306.49 平方千米，占广西总面积的 16.6%，侵蚀以轻度侵蚀为主，中度侵蚀其次，强烈、极强烈和剧烈面积依次减少。2018 年全区共治理水土流失面积 1912.69 平方千米，比 2017 年新增治理面积 123.94 平方千米[①]。数据表明，广西水土流失主要是水力侵蚀，部分山丘地区存在泥石流、山体滑坡等强烈侵蚀，而沿海的城市，如防城港地区则存在极少量的风力侵蚀。广西属于水土流失较为严重的地区，既受自然环境的影响，也受人为因素的影响。广西地形较为复杂，四周以山地和高原为主，南部和中部多为平地，地势由北至南倾斜，大体呈盆地状，地层以古生界泥盆系、石炭系和中生界三叠系为主，沉积岩占绝对优势，广西地处亚热带地区，南邻海洋，全年潮湿多雨，且雨量丰沛，地层抗腐蚀性不强，加上常年雨水冲刷，容易造成水土侵蚀和水土流失。人为因素包括：

（1）不合理采矿。广西是锰矿资源储存量最多的省份之一，但是存在滥开矿滥采矿的情况，特别是一些资质不够的采矿公司或采矿个体户，采矿过程中不注意方式，缺乏专业的技术指导，采矿剩余废土废渣随意堆放，采矿之后也不注意回填，经过雨水冲刷之后，大量废土废渣被雨水带走，造成河流淤积，被开采的土地也受到影响。

（2）盲目开垦种植。广西属于喀斯特发育地带，岩溶山地面积占全区面积的 37% 左右，岩溶地区土层比较浅薄，但是人地矛盾一直比较突出，山地开垦过度，植被失去保护，其防风固沙、涵养水源、蓄水保土、保护生物多样性的功能就大大削减，造成土地石漠化、水土流失[②]。

二、酸雨影响大

2018 年，14 个城市酸雨频率范围为 0~69.0%，全区平均值为 19.5%，比

---

①　参见《2018 年广西壮族自治区生态环境状况公报》。

②　姜维，杨丽梅. 广西的水土流失及防治对策［J］. 中国水土保持，2012，000（003）：39−41.

2017 年上升 3.4 个百分点。其中贵港市、玉林市酸雨频率均为 0，桂林市酸雨频率最高，为 69.0%。14 个城市年平均 pH 值范围为 5.06～6.78，全区年平均 pH 值为 5.54，比 2017 年下降 0.12 个 pH 值单位；年平均 pH 值低于 5.60 的城市比例为 42.9%，比 2017 年上升 14.3 个百分点。酸雨的危害较大，会引起土壤酸化，广西地处南方，本来土壤大多呈酸性，再加上酸雨的影响，加速了土壤酸化进程，土壤中含有大量铝的氢氧化物，在土壤酸化后，可加速土壤中含铝的原生和次生矿物风化而释放大量铝离子，形成植物可以吸收的形态铝化合物。植物长期和过量吸收铝会中毒，甚至死亡。酸雨尚能加速土壤矿物质营养元素的流失，改变土壤结构，导致土壤贫瘠化，影响植物正常发育；酸雨还能诱发植物病虫害，使农作物大幅度减产，酸雨对森林植物也有很大的危害[①]。

三、近岸海域生态环境有待提高

广西北部湾属于南海海域，水质较稳定，但是也存在一些问题。随着经济的发展，广西地区的环境质量状况不容乐观，2015 年，根据空气质量新标准，南宁、桂林等 12 个设区市环境空气质量不达标，PM2.5 污染问题凸显，PM10 年均浓度较 2010 年上升 5.2%，57.1% 的设区市出现了重度及以上污染天气。全区 39 条主要河流监测断面水质达标率呈现下降趋势，与 2010 年相比，主要河流监测断面水质达标率下降了 3.8 个百分点，Ⅳ类及以上断面个数增加，九洲江、南流江、下雷河均存在断面水质超标现象，超Ⅲ类标准污染物主要为氨氮、总磷等。广西近岸海域水质曾出现下降势头，2015 年，清洁（一类水质）海域面积比例比 2010 年减少 2.9 个百分点，四类及劣四类水质海域面积比例比 2010 年增加了 3.9 个百分点，廉州湾、钦州湾口、茅尾海、防城东湾/西湾及北仑河口等局部海域污染严重，主要污染物为无机氮、石油类和活性磷酸盐。设区市建成区黑臭水体按期完成治理难度大。生态环境状况指数呈下降趋势，2015 年比 2010 年下降 17.2%。

（1）北部湾近岸海域水质良好，2016 年优良点位比例为 87.9%，主要超标因子为 pH、无机氮和活性磷酸盐。广西沿海城市中，防城港、北海近岸海域水质优，钦州近岸海域水质一般。北部湾的主要超标因子是无机氮和活性磷酸盐，其中钦州近岸海域无机氮点位超标率在 10%～50%，其他沿海城市近岸海域无机氮点位平均浓度均优于二类海水水质标准限值。广西整体近岸海域活性磷酸盐点

---

① 参见《2018 年广西壮族自治区生态环境状况公报》。

位超标率在10%以下（见图9-2），距离二类海水水质标准限值还有一定距离。在其他超标因子中，钦州 pH 点位超标率为2.6%①。

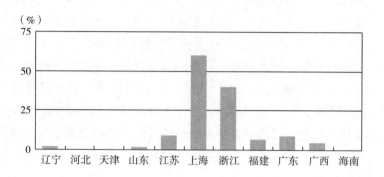

图9-2 2016年全国沿海省（区、市）活性磷酸盐点位超标率

（2）入海河流水质状况轻度污染，主要超标因子是氨氮、总磷（见表9-8）。

表9-8 河流入海污染因子 单位:%

省份	水质状况	I	II	III	IV	V	劣V	主要超标因子
辽宁	轻度污染	0	10.5	15.8	52.6	10.5	10.5	化学需氧量、氨氮、五日生化需氧量
河北	重度污染	0	8.3	16.7	33.3	0.0	41.7	化学需氧量、高锰酸盐指数、氨氮、五日生化需氧量
天津	重度污染	0	0	0	0	0	100	化学需氧量、高锰酸盐指数、五日生化需氧量
山东	中度污染	0	7.4	11.1	25.9	37.0	18.5	化学需氧量、五日生化需氧量、高锰酸盐指数
江苏	中度污染	0	0	38.7	35.5	12.9	12.9	化学需氧量、高锰酸盐指数、五日生化需氧量
上海	优	0	0	100	0	0	0	—
浙江	轻度污染	0	7.7	53.8	30.8	7.7	0	化学需氧量、五日生化需氧量、总磷
福建	轻度污染	0	18.2	54.5	18.2	9.1	0	总磷、五日生化需氧量、氨氮
广东	中度污染	0	30.0	30.0	17.5	2.5	20.0	氨氮、总磷、化学需氧量
广西	轻度污染	0	0	72.7	18.2	0	9.1	氨氮、总磷
海南	良好	0	31.6	52.6	10.5	5.3	0	化学需氧量、高锰酸盐指数、氨氮

① 北海近岸海域水质名列全国前十！［EB/OL］．北海市旅游文体局网，https://www.sohu.com/a/330680327_693105，2019-7-31.

（3）近岸海域海洋生态环境在退化。随着人口的增加、经济发展的加速，许多人为因素在影响着近岸海域的海洋生态环境，主要表现为过度的资源开发，开发方式简单粗放，对海洋生态环境的保护意识不够强烈。在20世纪前期，自治区的海洋生态状况是比较好的，保持着海洋生物多样性和海洋生态平衡，但是到了20世纪中后期，海岸生态环境遭受到不同程度的破坏，围海造田使大片红树林被毁，破坏了局部的生态环境。随着经济的发展，越来越多活动涉及近岸海域，保护海域也并未受到重视，不合理的开发越来越多，如围海养殖、围湖养殖，大量垃圾废水排入海，不仅破坏了海洋生物的多样性，还使近岸海域水质受到影响，超标因子增加，经济要发展，海洋环境保护也要受到重视。海洋渔业污染事故也会造成近岸海域海洋生态环境的退化：2016年7月，钦州外海浅海养殖区发生渔业污染事故，造成钝缀锦蛤、缢蛏、象皮螺大量死亡，污染面积达1333.3公顷，经济损失达1000万元，一旦造成严重破坏，将需要很长时间才能恢复①。

（4）生态环境破坏问题较为突出。北海市合浦县沙田镇新港综合发展有限公司从2011年至今，在山口国家级红树林生态自然保护区违规进行抽砂围填海及海砂销售，侵占保护区面积约70公顷，破坏自然红树林约20公顷。2010年以来，防城港市北仑河口国家级自然保护区核心区违法建设竹山村旅游栈道1397米，破坏红树林6.3亩，栈道附近7家"渔家乐"生活污水直排，截至督察时仍在违规经营。合浦儒艮国家级自然保护区部分海域被养殖侵占，侵占面积达349.2公顷，其中核心区144公顷。自治区各级海洋部门存在违规审批或监管不力等问题②。

桂林漓江流域非法采石问题突出，有18家采石场位于漓江国家级风景名胜区内，其中2家位于核心景区。桂林市海洋山自治区级自然保护区恭城县境内有3家采矿企业、6个采矿区，许可开采面积达58.4平方公里，长期违规开采，生态破坏严重。崇左市大新县恩城国家级自然保护区内有3个采石场，下雷自治区级自然保护区内有2个采石场，合计侵占保护区面积10.2公顷。桂林千家洞国家级自然保护区内5座小水电站中，有3座部分构筑物位于核心区和缓冲区，其中位于核心区的道江河水电站新大坝，2014年仍获得有关部门违规批准施工。

（5）山水林田湖缺乏统筹保护。滇桂黔石漠化片区、重要生态功能区、水

① 参见《2016中国近岸海域环境质量公报》。
② 广西存在环保让步发展建设的问题［EB/OL］. 网易新闻，http：//news. sina. com. cn/c/2016 - 11 - 17/doc - ifxxwmws3048098. shtml，2016 - 11 - 17.

电矿产等资源开发区相互重叠，区域开发与生态保护的矛盾突出。岩溶石漠化土地分布广、程度深，岩溶土地面积833万公顷，占广西土地总面积的35%，其中重度及以上石漠化占石漠化土地总面积的13%，植被恢复有待加强①。各项开发利用活动改变了水生生境，造成生境破碎化、阻隔鱼类洄游通道、生境萎缩等问题，使区内生物资源在种类和数量上发生了明显的变化。森林结构单一、森林质量不高、森林生态效益有待提高，生态屏障有待进一步加强。全区违法侵占林地、农田频繁，占优补劣问题仍然存在，耕地资源减少不可逆转，人增地减的矛盾更加突出。湿地公园建设刚刚起步，湿地保护任务艰巨。红树林、珊瑚礁、海草、滨海湿地等典型海洋生态系统受到威胁，海草床生态系统处于退化状态，海洋自净能力下降。部分区域紫茎泽兰、互花米草、红火蚁等外来生物危害严重。

（6）生态产品供给不足。森林、湿地、海洋等自然生态系统的生态产品供给和生态公共服务能力，与人民群众的期盼相比还有很大差距。绿色发展理念深入人心，人们对身边增绿、社区休憩、森林康养的需求越来越迫切。生态体验设施缺乏，森林湿地难以感知，生态资源还未有效转化为优质的生态产品和公共服务，生态服务价值未充分显化和量化。绿色生态城区建设有待加强，城乡环境基础设施建设滞后，农业面源污染和农村环境治理难度较大，环境污染对农产品质量安全造成威胁。

（7）污染减排形势依然严峻。"十三五"时期，随着工业化城镇化快速发展，广西化学需氧量、氨氮、二氧化硫、氮氧化物等主要污染物新增排放量依然大，预计分别为16.57万吨、1.46万吨、8.27万吨和8.63万吨，城镇生活污染源、移动污染源等成为新增污染排放的主要来源②。随着污染减排工作的不断推进，广西的工业减排空间逐步变小，减排潜力收窄；城镇生活污水处理设施及配套管网建设滞后，生活垃圾处理设施不完善，生活污染物新增排放量短期内难以消化；规模化畜禽养殖粪污综合利用技术方法较为粗放、单一，治理设施运行监管有待加强，缺乏深度治理，减排工作推进难度大；部门间协调机制亟待完善，减排统计监测考核体系和环境监管能力建设有待加强③。

四、资源环境承载力下降

2015年，除北海市、防城港市外，其余12个设区市细颗粒物（PM2.5）污染问题凸显，57.1%的设区市出现重度及以上污染天气。广西39条主要河流监

---

① ② ③ 参见《广西环境保护和生态建设"十三五"规划》。

测断面水质达标率与 2010 年相比下降了 3.8 个百分点。部分河流湖库水质恶化，南流江干流水质降至Ⅳ类，北海市西门江老哥渡断面、钦州市钦江西桥断面水质近年来降至劣Ⅴ类，南宁市城市内河黑臭水体问题突出，武思江水库等 5 个重点湖库 2015 年水质下降明显①。

由表 9 - 9 可以看出，2010 ~ 2015 年，只有二氧化硫的指标下降比较明显，大气中的二氧化硫主要源于含硫燃料的燃烧过程，及硫化矿物石的焙烧、冶炼过程。火力发电厂、有色金属冶炼厂、硫酸厂、炼油厂和所有烧煤或油的工业锅炉、炉灶等都排放二氧化硫烟气。二氧化氮下降了两年之后又开始升高，最后仍然与 2010 年指标相差不多，由此可见，大气污染治理仍需加强。人为产生的二氧化氮主要来自高温燃烧过程的释放，如机动车尾气、锅炉废气的排放等，二氧化氮还是酸雨的成因之一，所带来的环境效应多种多样，包括：对湿地和陆生植物物种之间竞争与组成变化的影响，大气能见度的降低，地表水的酸化、富营养化（由于水中富含氮、磷等营养物藻类大量繁殖而导致缺氧）以及增加水体中有害于鱼类和其他水生生物的毒素含量。可吸入颗粒物，通常是指粒径在 10 微米以下的颗粒物，又称 PM10，2010 ~ 2015 年，PM10 的指标不降反升，可吸入颗粒物在环境空气中持续的时间很长，对人体健康和大气能见度的影响都很大。通常来自在未铺的沥青、水泥的路面上行驶的机动车、材料的破碎碾磨处理过程以及被风扬起的尘土。可吸入颗粒物被人吸入后，会积累在呼吸系统中，引发许多疾病，对人类危害大。

表 9 - 9　2010 ~ 2015 年广西空气环境质量状况

年份	二氧化硫	二氧化氮	PM10	PM2.5
2010	31	24	58	—
2011	31	25	62	—
2012	24	22	57	—
2013	25	24	62	—
2014	20	23	69	—
2015	18	21	61	41

资料来源：《2016 年广西环境质量公报》。

---

① 参见《广西节能减排降碳和能量消费总量控制"十三五"规划》。

<h1 style="text-align:center">第五节 重大挑战</h1>

一、工业化、城镇化快速发展带来的压力凸显

"十三五"时期,广西要实现"两个建成"目标,地区生产总值和城乡居民人均收入年均增长需高于全国平均增速才能逐步缩小与全国平均水平的差距。然而,广西属资源富集的西部地区,发展资源型产业是广西现阶段推进工业化的必然选择,依靠传统要素驱动增长的格局短期内难以根本改变,原有的落后产能短期内难以全部完成转型升级,对资源和环境容量的需求不会降低。未来五年,广西常住人口城镇化率将达到54%,将有460万人由农村转移到城镇,分别新增城镇生活化学需氧量、氨氮排放量12.42万吨、1.39万吨[1],而城镇环境保护基础设施建设相对滞后,城镇开发地区预防生态破坏和环境污染的压力将加大。工业化、城镇化快速发展带来的环境健康问题与环境风险正逐步显现。

二、进一步改善环境质量的压力加大

广西环境质量已处于全国前列,水环境质量位居全国第二,但是广西部分主要污染物减排压力尚未完全缓解,新压力显现,污染物类型从常规污染物向常规污染和新型污染物的复合型转变;污染物介质转变为大气、水、土壤三者共存,累积型、长期型、复合型的环境污染问题正集中显现,一部分长期累积的环境污染问题难以在短时间内有效根治。冶金、有色金属、水泥、化工、造纸、制糖等传统高耗能主导产业转型升级压力大,短期内难以完成;广西北部湾经济区将打造石化、冶金、林纸一体化等为主的临港产业集群和国家级产业基地;珠江—西江经济带(广西)将继续布局冶金、食品、化工、建材等产业,打造制糖、冶金、有色金属、茧丝绸等工业基地。并且广西要与全国同步建成小康社会需要解决460万人口的脱贫问题,坚持发展仍是第一要务。"十三五"时期,广西的生态环境问题进入多型叠加期,受经济因素影响,污染治理主体承受力步入下降期,全区进一步改善环境质量的压力较大。

---

① 参见广西"十三五"规划数据库。

三、环境风险防范难度越来越大

广西沿海地区石化、重工修造船、有色金属冶炼等海洋产业和临海工业逐步聚集，海洋环境污染风险增大；部分危险废物环境风险以及土壤污染状况尚未完全摸清，重金属、危险废物、持久性有机物污染的隐患短时间内无法根除，仍有发生突发环境事件的可能；一些企业偷排违法行为时有发生，非法小企业隐蔽生产转移污染排放尚未杜绝，极易发生环境事件。广西环境风险防范的源头预防、过程控制、事故应急、损害赔偿的体系尚需进一步完善，区域协作联动机制尚不健全，环境监管能力仍不能完全适应环境保护工作新形势新任务的要求。

四、生态资源保护压力不断加大

"十三五"时期，是全区加快推进新型工业化、信息化、城镇化、农业现代化和绿色化的重要时期，社会对土地资源需求将进一步增大。目前破坏海洋、湿地、森林资源的现象仍屡禁不止；先破坏后治理、边保护边破坏的现象还普遍存在；滥捕滥猎、毁林开垦和非法占用林地、农田等行为频发；气候异常导致森林火灾、农林业病虫害发生频繁；林区治安、森林火灾防控、野生动植物保护、湿地保护、近岸海岸保护、农林业有害生物防治压力日益增大。全区未纳入森林生态效益补偿的天然林面积近239.07万公顷，全面保护天然林的任务十分繁重。全区仍有43个县石漠化问题比较突出，石漠化防治任务还比较重。

五、公众对良好环境的期待迫切

随着人们的生活水平明显提高，环境和生态状况信息公开程度的加强，公众的环境权益观日益增强，环境污染、食品安全事件使群众对土壤中的重金属、空气中的PM2.5、饮用水安全、看不见的辐射等环境问题越来越关注，对良好生态环境是公共产品和民生福祉的理念不断强化，对环境质量改善以及影响损害健康的环境诉求越来越强烈，凸显了良好生态环境在群众生活幸福指数中的地位不断上升。环境污染投诉和邻避事件的发生率不断上升，环境质量改善速度和老百姓需求差距较大。环境问题已成为重大民生问题，被社会各界广泛关注。

第 三 篇

"两山" 理念的政策篇

第十章　其他省份"两山"理念的
践行经验及对广西的启示

第一节　浙江："两山"理念的发源与发展经验

2005 年 8 月，习近平在浙江工作期间，提出了浙江要走"绿水青山就是金山银山"的"两山"生态文明建设之路。14 年过去了，浙江省以 14 年磨一剑的定力，践行"绿水青山就是金山银山"的"两山"发展理念，初步走出了一条保护环境、培育生态资源、让自然资本增值的"两山"发展之路。

一、主要经验

第一，从意识的角度看，浙江省党委和政府一任接着一任干，不断开创着生态文明建设新局面。2005 年，时任浙江省委书记的习近平同志来到安吉县余村考察时，提出了"绿水青山就是金山银山"的科学论断。践行"两山"理念，14 年来，历届浙江省委一任接着一任干。从"千村示范、万村整治"、建设美丽乡村到推进万村景区化建设，从"811"美丽浙江建设行动到打造环保执法最严省份，从"三改一拆""五水共治"到浙江省第十四次党代会提出的实施"碧水蓝天"工程，浙江不断开创着生态文明建设新局面。2017 年 8 月，浙江安吉县发布了《建设中国最美县域行动计划》。当地考虑的就是如何把美丽的村庄转化为美丽经济，在带动老百姓共同致富的同时，真正实现"绿富美"。

第二，从动力的角度看，浙江找到了经济发展与环境保护的新平衡，为高质量发展和乡村振兴探索出了诸多新业态，形成了欠发达地区的精准扶贫新模式。

依托绿水青山资源，促进一二三产融合发展，乡村旅游表现出快速发展态势。2017 年浙江省农家乐休闲旅游接待游客 3.4 亿人次，增长 21.6%；营业总收入 353.8 亿元，增长 20.5%，其中，直接营业收入 281.3 亿元、销售农产品等收入 72.5 亿元，分别增长 20.6% 和 19.9%。旅游人数和旅游收入均保持了 20% 以上的增长。到 2018 年，浙江省共接待游客 4 亿人次，增长 17.4%，营业总收入 427.7 亿元，增长 20.9%。2018 年，浙江省设立省级休闲旅游示范村，包括杭州市余杭区径山镇小古城村等 122 个村落入选。利用物联网技术，大量发展农村电商，解决了农产品进城的难题。遂昌县，一个 5 万人口的县城却聚集了几千家网店。中国社科院发布"遂昌模式"，被认为是中国首个以服务平台为驱动的农产品电子商务模式。竹炭、烤薯、笋干、菊米、土鸡、土猪等，以前都只是遂昌本地人自己吃或送礼、待客的土特农产品，而如今成为网络火爆的稀缺的高价土特农产品①。

　　第三，从机制的角度看，浙江高度重视"两山"理念在经济发展中的地位，并通过体制机制创新，积极践行"绿水青山就是金山银山"的发展理念。例如，以八个优势、八项举措构成的"八八战略"为总纲，强调进一步发挥浙江的生态优势，创建生态省，打造"绿色浙江"；进一步发挥浙江的山海资源优势，大力发展海洋经济，推动欠发达地区跨越式发展，努力使海洋经济和欠发达地区的发展成为浙江省经济新的增长点。在生态文明建设上先行先试，将绿色发展之路越走越宽。

　　在环保制度创新中，浙江痛下决心实行环境保护，许多政策走在全国前列，不仅促进了生态经济发展，也形成了推动企业产业升级的倒逼机制。浙江在环境治理上采取的做法是：抓制度建设要硬，把治理环境制度建设上升为生态立省的第一要务。目前浙江省围绕环境保护已经初步形成了一套严密的环境治理、监督、考核管理制度。

　　在政府考核创新中，浙江使具有生态资源禀赋优势地区，发展生态经济创造良好环境，对丽水、衢州等重要水源地政府取消 GDP 考核，对不同区域有着不同的功能定位，实行差异化考核，为地方政府发展生态经济创造了良好环境，也激发地方保护环境的自主动力。

　　在市场机制创新中，浙江省充分发挥市场对生态资源配置的决定性作用，期间经历了三个阶段。第一个阶段，通过政府推动的环境治理与环境保护制度建

------

　　① 参见《2017 年浙江省国民经济和社会发展统计公报》。

设,唤醒社会对生态资源价值的认识。第二个阶段,通过把环境保护与发展生态经济相结合,吸引社会资本投入生态经济领域,市场机制开始在生态经济中发挥作用。第三个阶段,当生态资源开始被社会所认识、被市场所接纳后,适应不断发展生态市场经济的发展,就需要有新规则和新制度来约束。例如,2010年,开始实施最严格的水资源管理制度,建立健全节能交易制度;2014年,探索建立与污染物排放总量挂钩的财政收费制度等。浙江践行"两山"理念的具体措施、效果及启示如表10-1所示。

表10-1 浙江践行"两山"理念的具体措施、效果及启示

措施	效果	启示
从区域发展战略的高度统一思想、长远规划,充分认识生态文明建设"五个统筹""系统治理"的重要性和必要性	形成绿色发展政策的统一性、连贯性、有效性,走出具有中国特色的生态文明发展道路	强化意识
以生态文明为导向,在推进高质量发展和乡村振兴的过程中,探索出一条以乡村生态产业为基础,以现代物联网为手段,在政府扶持下的转型发展、乡村振兴、精准扶贫之路	财富增长与环境保护实现新平衡;高质量发展与乡村振兴涌现新业态;欠发达地区绿色发展形成新模式	增强动力
加强社会治理,要完善党委领导、政府负责、社会协同、公众参与、法治保障的社会治理体制	形成有利于将绿水青山转换为金山银山的创新制度环境,推动绿色发展道路越走越宽	创新机制

二、主要成就

在"两山"理念的发源地安吉,绿水青山真正变成了金山银山。安吉让人们看到了一个活生生的"两山"发展的样本。安吉财富是真正绿色财富、生态资本创造的财富。2017年,安吉实现地区生产总值360.31亿元,人均GDP为11419美元,实现财政总收入67.28亿元。地区生产总值和财政总收入分别是2005年的4.07倍和8.61倍。比全省的3.86倍和4.87倍提高了21%和77%[①]。坚持走生态经济的安吉,终于从一个省级贫困县跻身为全国百强县,完成了一次漂亮的转型升级。安吉财富主要来自以下四个方面:

---

① 徐祖贤. 浙江安吉:"两山"理念催生全域大花园 [EB/OL]. 中国经济时报, https://www. so-hu. com/a/289744898_115495, 2019-1-18.

一是环境治理，恢复自然资源创造财富能力。安吉痛定思痛，从 2003 年开始，大刀阔斧启动生态立县建设，以壮士断腕式的自我救赎，启动对 112 家污染企业的综合治理，强制关闭 33 家严重污染企业。其中规模和税利在全县名列第一（安吉 1/3 的税源）的孝丰造纸厂制浆生产线也被无情拆除。二是依托绿水青山发展生态农业，实现传统农业向现代生态农业的转型。安吉的 108 万亩竹海，每年直接给农民带来 11 亿元收入。围绕 17 万亩白茶园，由 15800 余户种植户、350 家茶叶加工企业、31 家茶叶专业合作社，形成的白茶产业链从业人员达到 20 多万人次，每年平均为每位农民创收 5800 元。三是依靠生态资源的生态工业成为财富创造的新模式。在安吉，每一根竹子都要"吃干榨净"，竹制品从单一的竹凉席发展到了竹地板、竹家具、竹饮料等七大系列 3000 多个品种。深度加工，让一根竹子的价值从 15 元提高到了 60 元。仅竹制品加工一年产值就达 150 亿元，占工业总产值的 1/3，从业人员近 5 万人，全县现有竹产品配套企业 2400 余家，竹地板产量已占世界产量的 60% 以上，竹工机械制造业占据了 80% 的国内市场。四是依托绿水青山资源的生态旅游。近年来，安吉"农家乐"旅游人次、门票收入和旅游收入年均增幅在 40% 以上①。

　　在桐庐县芦茨村，静静流淌的溪水见证了这个小山村的绿色蜕变。现在，村里变砍树为护树、变种树为种景色，山林重新焕发生机，芦茨村也摇身一变成为全国首个乡村慢生活体验区，吸引八方游客。盛夏的芦茨村，满目葱翠，这里不仅吸引着游客戏水避暑，还让国外时装设计师远道而来、寻求创作灵感。村子变化太大，生活也越来越富裕。民宿常常爆满，一年的收入就有 30 多万元。

　　浙江的绿水青山正显露出勃勃生机。"金杯银杯"不如游客的口碑，在景宁，30 多公里的绿道串联起城乡，正在畲乡举行的泼水狂欢节，每天都吸引数千名游客；在德清莫干山，密林深处的高端民宿、洋家乐宾客盈门，一张床铺的年收益超过 10 万元；在江山，曾经千疮百孔的沙石场，整治后成为当地首个"渔光互补"光伏电站。建设美丽浙江，照着"绿水青山就是金山银山"的路子走下去，浙江已找准绿色发展的跑道，以生态优势赢得发展先机，全力奔向"绿富美"②。

　　① 绿色城镇化研究之安吉篇——安得绿水青山吉四方［EB/OL］．中国城市网，https：//www. so-hu. com/a/31804504_251546，2015－10－14.

　　② 周文，李婷，管晴川．浙江践行"两山理论"奔向"绿富美"［EB/OL］．浙江在线，http：//zj. sina. com. cn/news/s/2017－08－11/detail－ifyixhyw7230326. shtml，2017－8－11.

第二节　河北：塞罕坝林场绿色发展经验

塞罕坝位于河北省北部，曾经是茫茫荒原。1962 年以来，河北塞罕坝林场的建设者们听从党的召唤，在"黄沙遮天日，飞鸟无栖树"的荒漠沙地上艰苦奋斗、甘于奉献，创造了荒原变林海的人间奇迹，用实际行动诠释了"绿水青山就是金山银山"的理念，是推进生态文明建设的一个生动范例。

一、主要经验

第一，从意识的角度看，塞罕坝林场无畏坚守护好绿。百万亩林海来之不易，为了看护好这片绿色，林场积极加强防火扑火体系建设，防火瞭望员每年有七八个月驻守在山顶的望火楼上。许多员工在这里一干就是 30 年。即使条件艰苦，但所有人从不后悔当初的选择。在 52 年的发展历程中，塞罕坝林场曾经多次陷入困境。1963 年造林失败，几万亩耕地大减产；1977 年 50 多万亩的森林遭遇冰冻；20 世纪 80 年代十几万亩林地遭受严重干旱……一代代塞罕坝人接过老一辈手中的接力棒，将治沙造林进行到底。52 年来，塞罕坝机械林场没有发生过一起森林火灾。海拔高、气温低、气候变化剧烈，职工医疗、孩子就学条件差，文化生活单调。然而，他们以坚定的信念和坚强的意志，始终坚守在这里。

第二，从动力的角度看，不断加快产业结构调整，培育新的绿色经济增长点，走出了一条绿色发展、循环发展、低碳发展之路。可观的经济效益。保护生态环境就是保护生产力，改善生态环境就是发展生产力。塞罕坝林场林地面积由建场前的 24 万亩增加到 112 万亩；林木总蓄积由建场前的 33 万立方米增加到 1012 万立方米，累计为国家提供中小径级木材 192 万立方米。据中国林科院核算评估，林场森林资产总价值为 202 亿元①。

科技创新是生态文明建设的有力支撑。建设生态文明，要以资源环境承载能力为基础，以自然规律为准则。在生态文明建设过程中，人类必须尊重科学、顺应自然规律。塞罕坝的成功，正是贵在科技兴林、矢志创新的坚守，成在钻研技术、永不言败的担当。把沙漠变绿洲，向绿洲要效益。他们在荒山沙地、贫瘠山

---

① 蔡庆悦．塞罕坝的生态发展［EB/OL］．求是网，http：//www. wanfangdata. com. cn/details/detail. do？_type = perio&id = qianx201710021，2017 – 11 – 17.

地、石质荒山展开攻坚造林战，坚持科技兴林，多项科研成果获国家、省部级奖励，部分成果填补了世界同类研究空白；坚持创新发展，主动降低木材蓄积消耗，将一度占全部收入90%以上的木材产业比重降到41.6%，森林旅游、绿化苗木、风电等绿色经济收入逐渐占据了半壁江山。

塞罕坝通过自筹资金、向上争取、招商引资等形式，完善了"吃、住、行、游、购、娱"等要素。2017年，景区日接待能力达1万余人次。在景点开发上，采取"边发展、边投入、边建设"的滚动开发模式，围绕"皇家、生态、民俗"三大品牌，自主打造了白桦坪、亮兵台、七星湖等18处景点，延长了游客驻留时间，由过去的"一日游"变成"两日游"或"三日游"。同时，积极探索各种营销手段，借助旅游专列、会议宣传、媒体宣传、网络宣传、节庆活动、人力促销等，进市场、进社区、进企业，使塞罕坝的知名度、美誉度、影响力不断扩大，旅游客源市场由京津冀及周边省份拓展到全国30个省份。

在各界大力支持下，塞罕坝国家森林公园年入园人数由2001年的9万人次，增加到现在的60万人次，年旅游直接收入由原来的104万元，增加到现在的6200多万元。截至目前，公园累计接待中外游客超过520万人次，实现直接经济效益近4亿元，年均纳税700余万元，每年为社会提供就业岗位2.5万个，累计创造社会综合效益近30亿元，有力地拉动了景区周边乡村游和县域经济的发展，有效地发挥了旅游扶贫、旅游富民的功能作用①。

第三，从机制的角度看，完善生态公益林补偿机制，把绿水青山变为金山银山。2016年，林场造林碳汇项目首批国家核证减排量（CCER）获得国家发改委核准，成为迄今为止全国签发碳减排量最大的林业碳汇自愿减排项目。塞罕坝全部475吨碳汇实现交易，可获益1亿元以上。看到了碳汇产业今后大有文章可做，塞罕坝把碳排放交易的主动权抓在手里，赢得新的发展空间和经济增长点。

严格的制度和稳定的体制是生态文明建设的保障。建设生态文明，是一场涉及生产方式、生活方式、思维方式和价值观念的革命性变革，技术要求高、见效周期长，因此离不开严格的制度法治、稳定的管理体制、科学合理的考核评价体系等。塞罕坝林场的成功，正是贵在严格的制度，成在稳定的体制。多年来，塞罕坝林场因地制宜，坚持探索在生态脆弱地区林场建设和管理的模式，坚持加强森林资源管护等制度建设，在护林防火、有害生物防治、经营管理、质量考核等方面形成一套行之有效的制度成果，为林场提供了良好的发展环境。塞罕坝林场

① 赵云龙. 塞罕坝：践行"两山"理念　发展生态旅游［EB/OL］. 中国经济网，https：//www.sohu. com/a/168512417_120702，2017－8－31.

建立初期隶属于原国家林业部，1968 年归河北省林业厅管理。这种稳定的高层直管体制为林场提供了足额的资金保障、有力的技术支撑和稳定的人才队伍。林场因此步入良性循环，取得举世瞩目的成就。

河北践行"两山"理念的具体措施、效果及启示如表 10 - 2 所示。

表 10 - 2　河北践行"两山"理念的具体措施、效果及启示

措施	效果	启示
57 年的艰苦奋斗，推进绿色发展，一张蓝图绘到底，集中力量办大事，树立大局观、长远观、整体观	形成了世界上最大的人工林海，生动诠释了发展与保护的内在统一	强化意识
以资源环境承载能力为基础，以自然规律为准则，积极寻找绿色增长点，推进科技兴林建设	森林旅游、绿化苗木、风电等绿色经济收入逐渐占据了半壁江山；有效发挥了旅游扶贫、旅游富民的功能作用，在生态脆弱地区中走出一条绿色发展、绿色脱贫的道路	增强动力
严格的制度法治、稳定的管理体制、科学合理的考核评价体系等	推动林业碳汇自愿减排项目，推动森林资源管护制度建设，提高绿色财政转移效率	创新机制

二、主要成就

1962 年以来，河北塞罕坝机械林场三代人同土地沙化顽强抗争，在荒原筑起了为京津阻沙源的绿色长城。坚持植树造林，建设了百万亩人工林海。如今，塞罕坝每年为京津地区输送净水 1.37 亿立方米、释放氧气 55 万吨，成为守卫京津的重要生态屏障[①]。

塞罕坝机械林场像一条绿色长龙横亘于内蒙古高原南缘，有效地阻滞了浑善达克沙地南移，成为"为首都阻沙源、为京津保水源、为国家增资源、为地方拓财源"的绿色生态屏障。森林公园被评为"国家 AAAA 级旅游区""中国最佳森林公园""河北最美的地方"。

塞罕坝林场建设实践是关于加强生态文明建设的重要战略思想的生动体现，要深刻领会关于加强生态文明建设的重要战略思想的丰富内涵和重大意义，总结

---

① 杨柳. 河北承德塞罕坝机械林场：荒原上筑起绿色长城［EB/OL］. 中国文明网，http：//www. wenming. cn/ddmf_296/dx/201405/t20140501_1911339. shtml，2014 - 5 - 1.

推进绿色小康　建设壮美广西

推广塞罕坝林场建设的成功经验，大力弘扬塞罕坝精神，加强生态文明建设宣传，推动绿色发展理念深入人心，推动全社会形成绿色发展方式和生活方式，推动美丽中国建设，做出生态文明建设的优异成绩。

第三节　贵州：首批国家生态文明试验区的发展经验

2016 年，贵州被列为首批国家生态文明试验区，赋予了贵州为全国生态文明体制改革探索经验的重任。两年来，生态文明建设的"贵州实践"在生态文明制度改革、推进国家生态文明试验区建设和高质量发展有机统一、践行"绿水青山就是金山银山"的理念等方面进行了成功的探索，形成了以"一大战略、五个绿色、五个结合"为主要支撑的试验区建设格局的"贵州经验"。

一、主要经验

第一，从意识的角度看，贵州将绿色发展提升到战略高度。"守住发展和生态两条底线"的嘱托，展开大生态战略行动。贵州省第十二次党代会将大生态上升为继大扶贫、大数据之后的第三大战略行动。大生态就大在覆盖自然生态空间全方位，融入经济社会发展全领域，推动党政军民工农商学全参与，贯穿人民生产生活全过程。

坚持把建设国家生态文明试验区作为重大政治任务、重大责任担当和重大历史机遇，以建设多彩贵州为总体目标，以生产空间集约高效、生活空间宜居适度、生态空间山清水秀为基本取向，以绿色为多彩贵州的底色，坚持生态优先、绿色发展，大胆改革创新，系统全面推进，奋力开创百姓富、生态美的多彩贵州新未来。

第二，从动力的角度看，推进五个绿色发展，通过增加经济发展点，用实际行动践行"绿水青山就是金山银山"的理念，以绿色发展推动高质量发展。一是因地制宜发展绿色经济。坚持多彩贵州拒绝污染，聚焦发展生态利用型、循环高效型、低碳清洁型、环境治理型"四型"产业。目前，贵州绿色经济"四型"产业占生产总值的比重已提高到 37%。二是因势利导建造绿色家园。率先划定生态保护红线，25 个县被列为国家重点生态功能区，30% 的县（区、市）完成县域乡村建设规划编制，城市污水处理率、生活垃圾无害化处理率均达到90%以上，创建"四在农家·美丽乡村"省级新农村示范点157个、新农村环境综合治理省级示范点192个①。三是持续用力筑牢绿色屏障。大力实施"青山""碧水""蓝天""净土"四大工程，完成退耕还林607万亩，治理石漠化面积2708平方公里、水土流失面积5406平方公里；强力实施六盘水市水城河环境污染源等十大污染源治理和磷化工、火电等十大行业治污减排全面达标排放专项行动，启动实施磷化工企业"以渣定产"，实施草海综合治理五大工程，全面全域取缔网箱养鱼；中央环保督察组交办的3478件群众举报投诉件全部办结。四是与时俱进完善绿色制度。开展生态产品价值实现机制、省级空间规划、自然资源资产管理体制、自然资源资产负债表编制、领导干部自然资源资产离任审计、生态环境损害赔偿制度改革等国家试点，全面加强生态文明法治建设，取消地处重点生态功能区的10个县GDP考核，强化环境保护"党政同责""一岗双责"，实行党政领导干部生态环境损害问责。五是培育绿色文化。连续十年举办生态文明贵阳国际论坛，将每年6月18日确定为"贵州生态日"，举办"保护母亲河·河长大巡河"和"巡山、巡城"等系列活动，编制大中小学、党政领导干部生态文明读本，全面开展生态县大胆改革创新，系统全面推进生态村等生态文明创建活动②。

贵州坚持把发展生态利用型、循环高效型、低碳清洁型、环境治理型绿色经济"四型"产业，作为守住发展和生态两条底线的最佳结合点，坚持生态产业化、产业生态化，加快生态要素向生产要素、生态财富向物质财富持续有效转变。两年来全省绿色经济"四型"产业占比提高了7个百分点，可达到40%，预计2020年将达到50%左右。一是狠抓产业规划布局。印发绿色经济"四型"产业发展指引目录，将"四型"15大类产业细化为400个具体条目。编制实施旅游发展、大健康产业、水产业等相关"四型"产业专项规划。二是狠抓生态环保重大项目建设。发布实施大生态工程包、绿色经济工程包项目332个、总投资2534亿元。2017年与大生态相关的生态环保产业完成投资1922.8亿元，增长42.3%③。三是狠抓绿色改造提升。深入实施"千企改造"工程和"万企融合"大行动，运用大数据手段加快传统产业改造升级。贵阳经济技术开发区等三个开发区成为长江经济带国家级转型升级示范开发区。2017年完成"千企改造"工程企业1597户、项目1643个，完成技改投资近千亿元。四是狠抓绿色金融支

①②③　王淑宜．贵州：全力筑牢长江上游绿色屏障［EB/OL］．国家林业和草原局，http：//www. forestry. gov. cn/main/5115/20180724/094852234268049. html，2018－7－24.

撑。贵安新区获批国家绿色金融改革创新试验区，贵州银行、贵阳银行等成立绿色金融事业部。设立绿色债券项目库，推动设立大健康绿色产业基金和赤水河流域生态环境保护投资基金。在遵义市、黔南州、贵安新区开展环境污染强制责任保险试点。

第三，从机制的角度看，大胆改革创新，系统全面推进绿色制度创新。一是大生态与大扶贫相结合。实施生态扶贫十大工程，计划用三年时间助推全省30万以上贫困户、100万以上建档立卡贫困人口实现增收。最近正在开展单株碳汇精准扶贫试点，探索"互联网＋生态建设＋精准扶贫"的扶贫新模式。二是大生态与大数据相结合。在加快大数据产业发展的同时，运用大数据手段改造提升传统产业，推动环境大数据监控全覆盖。2016年以来，国家大数据综合试验区、国家绿色数据中心等获批建设，苹果中国云服务、华为数据中心、腾讯数据中心等项目落地贵州。三是大生态与大旅游相结合。2017年贵州成为西南地区唯一的"国家全域旅游示范省"，接待游客人次、旅游总收入分别增长37%和41%。梵净山成功申遗，贵州世界自然遗产地达四处，数量居全国第一位，多彩贵州正风行天下。四是大生态与大健康相结合。促进绿色与健康相得益彰。2017年大健康医药产业重点工程累计完成投资780亿元，中药材种植总面积达650万亩，产业增加值突破1000亿元。五是大生态与大开放相结合。坚持生态优先、绿色发展，正确处理"五个关系"，以共抓大保护、不搞大开发为导向积极融入长江经济带发展。与云南、四川共同设立赤水河流域横向生态保护补偿基金。与重庆、四川、云南共同建立长江上游四省市生态环境联防联控、基础设施互联互通、公共服务共建共享机制和长江上游地区省际协商机制。与重庆建立绿色产业、绿色金融等领域务实合作机制[①]。

贵州践行"两山"理念的具体措施、效果及启示如表10－3所示。

表10－3　贵州践行"两山"理念的具体措施、效果及启示

措施	效果	启示
充分利用国家政策，长远规划，充分认识生态文明建设"五个统筹""系统治理"的重要性和必要性	形成绿色发展政策的统一性、连贯性、有效性，走出具有中国特色的生态文明内生发展道路	强化意识

①　贵州生态文明八项制度创新试验：绿就是金［EB/OL］．中国经济导报，https：//www．sohu．com/a/241415618_100000105，2018－7－16．

续表

措施	效果	启示
以生态文明为导向，在推进高质量发展和乡村振兴的过程中，探索出一条以乡村生态产业为基础，以现代互联网、物联网为手段，在政府、市场和社会的合力下，实现转型发展、乡村振兴、精准扶贫	经济增长与环境保护实现新平衡；高质量发展与乡村振兴涌现新业态；欠发达地区绿色发展形成新模式	增强动力
加强社会治理，要完善党委领导、政府负责、社会协同、公众参与、法治保障的社会治理体制	形成有利于将绿水青山转换为金山银山的创新性制度环境，开拓欠发达地区的绿色发展道路	创新机制

二、主要成就

从贵州实际出发，走出一条新型工业化、山区新型城镇化和农业现代化的路子，在发展中升级，在升级中发展，实现产业崛起和生态环境改善的共赢。贵州省是长江、珠江上游重要生态屏障，既面临全国普遍存在的结构性生态环境问题，又面临水土流失和石漠化仍较突出、生态环保基础设施严重滞后等特殊问题；既面临加快发展、决战决胜脱贫攻坚的紧迫任务，又面临资源环境约束趋紧、城镇发展和农业生态空间布局亟待优化的严峻挑战。

在这样的背景下，贵州尝试推进生态文明制度体系的创新建设，适应转方式调结构优供给、推动绿色发展的需要。以建设"多彩贵州公园省"为总体目标，以完善绿色制度、筑牢绿色屏障、发展绿色经济、建造绿色家园、培育绿色文化为基本路径，以促进大生态与大扶贫、大数据、大旅游、大开放融合发展为重要支撑，大力构建产权清晰、多元参与、激励约束并重、系统完整的生态文明制度体系，加快形成绿色生态廊道和绿色产业体系，实现百姓富与生态美有机统一。用实际行动践行"绿水青山就是金山银山"的理念，以绿色发展推动高质量发展。

第四节　对广西践行"两山"理念的重要启示

一、强化意识，以生态文明建设为总方向，树立绿色发展新理念

通过顶层设计，体现战略定力，深层着力、久久为功，切实推动"两山"

理念在广西的长期、有效、可持续践行。一定要树立大局观、长远观、整体观，将"两山"理念协同纳入广西"三大定位"新使命和"五个扎实"新要求，融入高质量发展的大格局，实现绿色发展协同管理体制机制的创新，以长效机制，协调地方政府，明确生态开发建设和保护各方的责、权、利。切实编制并落实在时间格局可持续、空间格局可联动的具备刚性的"多规合一"的总体规划。强调坚定不移走绿色发展道路，立足生态优势，盘活生态资源，开发生态产品，形成"咬定青山不放松""一代接着一代干"的大战略、大格局，切实把绿水青山变成金山银山。

理念是行动的先导。"两山"理念，是习近平治国理政新理念、新思想、新战略的重要组成部分，是习近平生态文明思想的核心理念，是与时俱进的发展观、政绩观、财富观、价值观，必须牢固树立和始终践行"两山"理念，坚定不移地按照习近平总书记指出的道路走下去，正确处理和平衡经济发展与生态保护的关系，走出一条人与自然和谐共生、经济与生态互促共进的新路子。山水林田湖是一个生命共同体，必须像保护生命一样保护生态。牢固树立"保护生态环境就是保护生产力，改善生态环境就是发展生产力"的理念，持之以恒推进环境保护和生态建设，实行最严格的环境保护制度，坚决守住生态红线，坚决打好污染防治攻坚战，坚决守护好"绿水青山"，努力满足人民群众对美好生态的需要。践行"两山"理念，必须强化绿色发展理念，把生态作为最大特色，把绿色作为最靓底色，以生态文明理念倒逼产业转型升级，改造提升"老"字号，深度开发"原"字号，培育壮大"新"字号，构建绿色生态产业体系，实现绿色循环低碳发展①。

广西生态文明建设应以价值认同与观念创新为主要内容，不断培育生态环境保护的理念，为推进生态文明建设提供理念支撑。生态文明建设是一场涉及思维方式、生产方式和生活方式的伟大变革，是一项基于理念支撑和公众参与的复杂而艰巨的系统工程。随着广西经济社会的持续发展和各项经济权益的不断实现，人们从祈求温饱到谋求环保，从渴望生存到渴求生态，从讲求生活水平到追求生活品质，对生态环境质量的诉求越来越强烈，心理诉求与现实状况的反差，使生态环境的"短板"越发凸显。诚然，人们的生活品质与生态环境的质量密切相关，良好的生态环境质量可以为人们提供安心、放心、舒心、开心的衣食住行。

---

① 中共湖州市委书记陈伟俊．坚定不移践行"两山"理念奋力率先走向社会主义生态文明新时代［EB/OL］．中国湖州门户网，http：//www.huzhou.gov.cn/hzzx/bdxx/20170815/i725776.html，2017－8－15.

然而笔者在基层调研中发现，人们不同程度地对生态环境保护形势、资源能源挑战、生态权益共享等方面存在认识偏差，从而在生态文明建设的价值认同与观念创新上失之偏颇，影响了公众生态参与的自觉性与主动性。为此，首先，应对全区开展的生态文化教育活动进行统一规划与部署；其次，要大力加强生态环境质量及其保护知识的宣传与教育，形式可以喜闻乐见、灵活多样，如利用知识竞赛、公益讲座、企业征文、电视互动等形式，不断增强人们的环境危机意识、环保知识教化与生态情感认同；最后，要通过政策引导和鼓励以生态环境保护为内容的文学和影视作品的艺术创作，利用艺术形象在全社会营造"保护生态环境光荣，破坏生态环境可耻"的良好舆论氛围，增强人们对于生态环境保护的观念认可与价值追求。

二、增强动力，以生态优质发展为总要求，形成绿色发展新动能

广西将生态优势转化为发展优势，以绿色新动能推动高质量发展。穿"新鞋"、走"绿道"，同步提升"含金量"和"含绿量"，实现经济增长与环境保护的新平衡；催生高质量发展与乡村振兴的新业态；形成贫困地区的绿色发展新模式。以产业发展生态化、生态建设产业化为主线，大力发展生态经济和绿色产业。生态工业重点发展新能源和清洁能源汽车、可再生能源开发、生物医药、新材料、节能环保等产业。在乡村产业振兴过程中，建立和创造符合当地实际情况，体现农业多功能性的产业融合体系。超越产业分割局限的政策视角，积极整合已有政策资源。改造提升原有乡村绿色产业，开发深度生态体验产品；推行绿色经营理念，大力发展绿色生态酒店、绿色有机餐饮、绿色文创商品，做好新业态的生态化，生态农业突出打好"绿色牌""长寿牌""富硒牌"；生态服务业着力做好"生态＋"文章，积极发展文化旅游、健康养生等产业，努力把生态优势利用好、发挥好、转化好，形成乡村产业的绿色增长点，激发县域经济活力①。

从经济的角度看，资源价值的实现必须以产品、劳务的形式加以体现。实现"绿色青山"向"金山银山"的转化，必须让生态走向市场，形成可供消费的生态产品，在满足市场需求中实现经济价值，让"美丽生态"变成"美丽经济"。应重点念好"三个生态经"——生态农业经、生态工业经、生态旅游经，实现自然生态、生产生态、生活生态的融合共生。"两山"理念的最终目标是实现全体人民的共同富裕，生态文明建设应将生态成果公平地惠及全体人民。环境就是

① 自治区生态环境厅厅长. 壮大生态经济 推动绿色发展［EB/OL］. 广西日报, https：//baijia-hao. baidu. com/s？ id = 1642983713429688177&wfr = spider&for = pc, 2019 - 8 - 27.

民生，青山就是美丽，蓝天就是幸福。良好的生态环境是最公平的公共产品，是最普惠的民生福祉。生活富裕但环境退化不是我们的追求，山清水秀但贫穷落后不是我们的目标。我们的目标是拓宽"绿水青山"转化为"金山银山"的通道，实现生态富民、生态惠民、生态乐民。依托良好的生态资源，加快发展美丽经济，让绿色青山成为老百姓增收致富的"聚宝盆"，让人民群众共享"生态红利"，分享"绿色福利"。在脱贫攻坚的道路上，将绿色发展融入"核心是精准、关键在落实、确保可持续"的要求，在聚焦"两不愁、三保障"和深度极度贫困地区脱贫攻坚，提高脱贫质量的过程中，鼓励当地居民为旅游者提供生态化服务设施和工具，培养一批生态化农户①。

三、创新机制，以生态制度建设为总宗旨，开创绿色发展新格局

管根本，管长远，制度建设是生态文明建设的重中之重。将践行"两山"理念放在工作突出位置。各级党委要抓住关键，以更宽视野、更大气魄解放思想，实现绿色发展体制机制的改革创新，切实从制度层面推进"两山"理念的实践。深化生态文明体制改革，形成党委领导、政府负责、社会协同、公众参与、法治保障的综合治理体制。充分发挥市场对生态资源配置的作用，形成引导和鼓励各类社会资本投入绿色发展的制度环境，让社会资本更好地为生态文明建设提供必要的要素支撑。进一步完善绿色发展的激励办法，研究制定利用领导班子长效考评激励、部门激励、项目激励等相关规定，最大限度地调动各方面参与绿色发展的积极性。结合实际，因地制宜，逐级形成清晰可行的生态文明绩效评价考核机制和生态补偿机制。建设和完善生态文明和绿色发展"黑名单"制度以及领导干部自然资源资产离任审计制度，加强督促落实，提升生态治理力度，提高生态治理水平。加快推进广西"多规合一"改革，建立国土空间与自然环境开发保护制度和用途管制制度，不断健全资源环境承载能力监测预警机制。

生态文明建设的制度安排，应当做到在程度上必须威严，在内容上必须全面，在过程上必须衔接，形成全社会的制度认同与制度思维。这就说明，好的制度重在落实。好的制度设计必须付诸实践，使之成为行动的规制、规约和规范，才能取得预期的善治效果。应当充分推广生态文明示范区和试验区在"先行先试"进程中所探索与形成的生态补偿和常态化等生态责任制，并使其落地生根开花结果。尤其是由实践而形成的制度理念与范式，是培育形成主体合力的生态制

---

① 王德胜. 践行"两山"理念的样板地模范生［EB/OL］. 中国社会科学网，http：//www. cssn. cn/dq/jl/201812/t20181205_4788599. shtml，2018－12－5.

度文化的重要内容和重要载体。

践行"两山"理念是一个系统工程，广西践行"两山"理念必须推进生态文明立法和体制机制改革创新，构建"立法＋标准＋制度"三位一体的生态文明法规制度体系，建立健全最严格的环境保护制度，深化资源要素配置市场化改革，实行差别化电价、水价、地价政策，探索建立水源地保护生态补偿、矿产资源开发补偿、排污权有偿使用和交易等制度，将绿色GDP纳入考核指标体系，推行绿色生态考核办法和市县分类考核办法，开展自然资源负债表编制和领导干部自然资源资产离任审计试点。加大生态环境领域的改革力度，构建完备的生态文明制度体系，为生态文明建设注入强劲动能。第一，全面清理现行法律法规中与建设生态文明不相适应的内容，健全节能评估审查、生态补偿、湿地保护等方面的法律法规。第二，积极探索林业碳汇、排污权、水权等交易制度改革，激励、引导各类主体投身生态文明建设。第三，建立独立公正的生态环境损害评估制度，加快形成生态损害者赔偿、受益者付费、保护者得到合理补偿的运行机制。第四，健全部门联动执法、生态环保公益诉讼等制度，严格落实社情民意反映、专家咨询、社会公示等制度。第五，把生态文明建设纳入经济社会发展综合评价体系，大幅提高考核权重；探索编制自然资源资产负债表，对领导干部实行自然资源资产和环境责任离任审计。

在推动绿色创新方面，加快绿色化技术创新体系建设，集中力量研发、示范、推广一批行业清洁生产技术，分行业逐一推进工艺流程生态化改造。在建立绿色标准方面，制定绿色生产强制性标准体系，对企业从原材料选择、产品及工艺设计、销售运输、废弃物回收等全过程落实严格的国家标准。在实施绿色技改方面，出台财税、用能等激励措施，鼓励企业自觉增加环保设备、实施工艺改造，以实现无排放清洁生产。在发展循环经济方面，按照"减量化、再利用、资源化"的原则，加快建立循环型工业、农业和现代服务业，构建覆盖全社会的资源循环利用体系，提高全社会资源产出率。

四、立足文化，以生态文化建设为总支撑，培育绿色发展新风尚

生态文明建设是功在当代利在千秋的伟业。我们必须通过培育系统的生态文化不断提升生态文明水平。生态文化作为促进生态文明建设的理念创新、制度规约、行为典范和物质文化，通过教化、规制、示范、样板等进行生态文化培育，旨在为推进生态文明建设提供系统的理念文化、制度文化、行为文化和物质文化支撑。

习近平总书记指出，"生态兴则文明兴，生态衰则文明衰"。解决好发展中的生态环境问题，补齐发展中的生态"短板"，确保包括生态文明在内的全面建成小康社会奋斗目标如期实现，是我们的历史责任与使命担当。应当看到，我国发展中的不平衡、不协调、不可持续问题依然突出。尽管导致生态环境问题的原因是多方面的，但生态文化的缺失是其重要原因。生态文化是先进文化的重要组成部分，也是发展生态经济的坚实支撑。广西各地有着独特而深厚的生态文化底蕴，正在积极探索将其融入产业发展之中，使之成为重要的经济品牌。"印象·刘三姐"是全国第一部"山水实景演出"项目，开启了山水、文化、旅游融合发展的模式。桂林阿丽拉阳朔糖舍酒店和南丹的歌娅思谷泥巴酒店也是利用白裤瑶文化打造文旅项目的成功案例。但与周边省份相比，还需加大力度，生态文化搭台，吸引资本投入，打造出更多生态经济品牌，为经济高质量发展注入强劲动力①。

在观念文化认同和制度文化内化于心的基础上，做到在实践中外化于行，通过开展生态文化活动促进形成生态文明的价值取向、道德内省，先进带动、榜样示范，才能将生态行为文化贯彻于人们的具体实践中，形成强大的精神动力与行动合力。首先，积极倡导节约资源、保护环境行为并使之成为人们的行为习惯养成。由于人们的认识上不到位、观念上不跟进、行为上不规范，总在不知不觉中浪费资源能源、破坏生态环境。其次，推广先行示范区与试验区建设的经验与做法，发掘和培育先进典型，使之成为生态文明建设的行为导向与实践典范。

五、惠及民生，以促进共同富裕为总目标，开辟绿色发展新道路

生态环境一头连着人民群众生活质量，一头连着社会和谐稳定；保护生态环境就是保障民生，改善生态环境就是改善民生。走生态文明之路，既是当今世界发展的主流和趋势，也是人民群众的共同愿望和追求。绿色生态是最宝贵的资源，也是一个地区的核心竞争力。保护好青山绿水，让人民享有更多的生态福祉，是我们肩负的神圣使命和责任。践行"两山"理念，要注重不断保障和改善民生。良好生态环境质量是最普惠的民生福祉。党的十九大报告指出，保障和改善民生要抓住人民最关心、最直接、最现实的利益问题，既尽力而为，又量力而行。尽力而为，就是要对党和人民高度负责，牢固树立"四个意识"，真正重视生态环境保护，下大力气切实解决突出环境问题。尽力而为不是乱作为，要充

---

①　广西：壮大生态经济　推动绿色发展［EB/OL］．广西日报，https：//baijiahao. baidu. com/s？id = 1642983713429688177&wfr = spider&for = pc，2019 – 8 – 29.

分认识到 GDP 增长不完全等于经济社会质量提升，要不断优化区域经济社会发展规划，调整发展目标。量力而行，就是要有科学审慎的态度，结合地方经济社会实情，一步步扎实推进工作。同时，要不断克服领导干部内心不正确的政绩冲动，不能为了政绩大干快上，搞"面子工程""形象工程"，最终建了一批污染治理设施却不能运行，成了"晒太阳"工程①。

广西践行"两山"理念要把最广大人民的根本利益摆在首位，切实解决广西经济社会发展的不平衡不充分问题。党的十九大报告指出，中国特色社会主义进入新时代，我国社会主要矛盾已经转化为人民日益增长的美好生活需要和不平衡不充分的发展之间的矛盾。解决不平衡不充分发展的问题，需要准确认识金山银山的要求和内涵。不同地区的资源禀赋和经济社会条件，其金山银山的本质一样，但具体的目标定位却不尽相同。对于经济相对落后的区域，发展不平衡不充分的问题主要表现为贫困人口状况和教育、医疗等基本社会保障不到位，实现金山银山就是要按期完成扶贫攻坚等任务，坚守住生态底线。对于经济相对发达的区域，发展不平衡不充分的问题主要表现为产业水平不高和研发创新能力不强等，实现金山银山主要是要优化产业结构，建立高水平的增长模式。践行"两山"理念，要注重实现普惠民生，不能只是锦上添花，更要雪中送炭，要更多关注区域内的发展落后地区，生态环境保护的相关公共服务要逐步实现全覆盖。

广西应把解决突出生态环境问题作为民生优先领域。70 年来，人民群众从"盼温饱"到"盼环保"，从"求生存"到"求生态"，生态环境在人民群众生活幸福指数中的地位不断凸显。不断满足人民日益增长的优美生态环境需要，必须坚持以人民为中心的发展思想，把解决突出生态环境问题作为民生优先领域。当前，不同程度存在的重污染天气、黑臭水体、垃圾围城、农村环境问题依然是民心之痛、民生之患。要从解决突出生态环境问题做起，为人民群众创造良好生产生活环境，走生产发展、生活富裕、生态良好的文明发展道路。70 年实践经验表明，发展是解决我国一切问题的基础和关键，生态环境问题也必须通过发展来解决。发展经济不能对资源和生态环境竭泽而渔，保护生态环境也不是要舍弃经济发展。绿水青山就是金山银山，改善生态环境就是发展生产力。良好生态本身蕴含着无穷的经济价值，能源源不断创造综合效益，实现经济社会可持续发展。从根本上解决生态环境问题，必须贯彻落实新发展理念，加快形成节约资源和保护环境的空间格局、产业结构、生产方式、生活方式，把经济活动、人的行

① 鹿心社. 建设生态文明增进民生福祉［EB/OL］. 人民网，http：//theory. people. com. cn/n/2014/1028/c40531 - 25919471. html，2014 - 10 - 28.

为限制在自然资源和生态环境能够承受的限度内，给自然生态留下休养生息的时间和空间①。

六、加强治理，以解决环境问题为总抓手，打造绿色发展新空间

在发展中保护，在保护中发展，是加强环境保护的总要求。良好的环境是发展所需。做好环境整治工作，不仅能够塑造良好的地域形象，凝聚起民心，提升群众居住的舒适感和幸福感，同时也能够推动本地区的发展。良好的生态环境，相比于其他地区更加具有竞争力，能够引进更多的项目和资金。优美舒适、干净整洁的环境对于外来的投资者来说，壮美广西更是一个天然广告。

广西作为经济欠发达后发展的少数民族地区，发展任务十分艰巨。当前，随着广西经济总量突破万亿元大关后，经济总量将呈迅速扩张的趋势，工业化、城镇化将呈现快速推进的趋势，经济社会发展也将处于快速发展时期。大投入、大发展将对环境和生态带来严峻挑战，广西又地处江河上游和边境海疆，保护生态环境不仅关系自身发展，也关系到下游地区和周边国家。当前，全区环境保护面临污染减排压力大，农村环境连片整治任务艰巨，重金属污染防治历史欠账多，治理难度大、周期长、见效慢，防范突发环境事件能力弱，装备不足，不能适应新形势的要求。广西应围绕坚持以科学发展为主题，以加快转变经济发展方式为主线，大力改善城乡环境质量，着力解决影响科学发展和民生改善的突出环境问题，要在五个方面取得突破②。

（1）在环境隐患大排查中取得突破，确保环境安全。要防止发生环境污染事故，确保环境安全，首先要坚持预防为主，要从源头防范，完善预警制度，降低风险，全方位监管，确保环境安全。按照自治区党委、政府的统一部署和要求，结合全国整治违法排污企业保障群众健康环保专项行动的工作要求，在全区开展环境风险和安全隐患大排查，重点排查广西有色金属企业及其涉重金属行业企业、制糖企业、海洋生产作业和船舶污染等存在的环境风险和安全隐患，查找企业存在的问题和薄弱环节，逐一建立档案和数据库，打击环境违法行为，确保广西环境安全和可持续发展。

（2）在重金属污染防治上取得突破。广西有色金属矿产资源较丰富，涉重

---

① 李干杰. 人民群众从"盼温饱"到"盼环保" [EB/OL]. 人民日报，http：//www. cnxww. cn/Info. aspx？ ModelId = 1&Id = 34280，2019 – 6 – 3.

② 李新雄. 广西"五个突破"解决环境突出问题 [N]. 广西新闻网，http：//news. gxnews. com. cn/staticpages/20120611/newgx4fd51fd5 – 5429103. shtml，2012 – 6 – 11.

金属行业较多。长期以来，由于对重金属污染的认识不足和对重金属行业的低准入及监管不力，涉重金属企业生产工艺技术、治理水平不高，重金属污染物产生量大等，均存在严重的环境隐患。涉重金属地区必须制定重金属污染防治管理办法，采取根本措施推进重金属行业的清洁生产，建立以人民群众健康为核心的重金属污染防控体系，使重金属污染得到有效防治。

（3）在主要污染物中减排取得突破。实施污染减排，从群众最关心的环境问题入手，维护群众环境权益和身体健康，是维护民生的重要体现。按照国家要求，全区化学需氧量、氨氮、二氧化硫和氮氧化物排放量分别比 2011 年减少1%、0.5%、0.5% 和 0.5%，这些都是约束性指标，必须坚决完成。

（4）在农村连片整治中取得突破。建立健全农村环境综合整治长效机制，加强农村饮用水水源地保护和农村生活污水、垃圾治理以及土壤污染防治，完成500 个村庄农村环境综合整治项目，生活污水处理率达到60% 以上，生活垃圾定点存放清运率达到100%。

（5）在环保能力建设中取得突破。要全面加强环境监测、监察、应急、宣教、能力建设，提升环境风险防范和突发环境事件应对能力。支持南宁和柳州、桂林先行开展 PM2.5 监测，到 2014 年所有地级市全部开展这两项监测业务并向社会公布监测结果。南宁、柳州、桂林、北海监测站要实现饮用水水质 109 项全指标分析能力。认真按照环保部提出的"核与辐射安全是最大的环保工作"要求，提高核与辐射安全监管和快速反应能力，加快推进自治区辐射站以及南宁、防城港、桂林等 8 市核与辐射应急监测调度平台建设，提高全区的辐射监测和辐射事故应急能力。

第十一章　广西践行"两山"理念的基本思路

第一节　指导思想

党的十八大以来，随着生态文明制度建设的全面推进，绿水青山就是金山银山的生态理念作为核心理念和基本原则被全面贯彻到生态文明建设的各项制度之中。党的十九大报告明确提出要加快生态文明体制改革，深刻指出建设生态文明是中华民族永续发展的千年大计，必须树立和践行"绿水青山就是金山银山"的理念，为人民创造良好的生产生活环境，为全球生态安全做出贡献，推动形成人与自然和谐发展的现代化建设新局面。全面贯彻党的十八大、十九大全会精神，深入贯彻习近平总书记系列重要讲话精神，紧紧围绕统筹推进"五位一体"总体布局和协调推进"四个全面"战略布局，坚持发展是第一要务，牢固树立和贯彻落实新发展理念，认真落实党中央、国务院决策部署，以"建设壮美广西，共圆复兴梦想"作为新时代广西发展的总目标和总要求，把贯彻"三大定位"新使命和"五个扎实"新要求作为广西改革发展的主线，以"两山"理念融入全面对外开放新格局、产业升级新动能、精准扶贫新阶段、乡村振兴新画卷。立足生态优势，盘活生态资源，开发生态产品，把绿水青山变成金山银山，加快实现开放发展、创新发展、绿色发展、高质量发展。

第二节　战略目标

一、高质量发展开放廊道

改革开放以来，我国经济一直处于高速增长阶段，发展效果创造了世界奇迹，中国人民实现了从"站起来"到"富起来"再到"强起来"的伟大飞跃。经过多年的快速发展，中国成为世界第二大经济体，在经济飞速发展的背后背负的是环境恶化、资源短缺、贫富差距拉大、能源过度消耗等问题的日益加剧。党的十九大报告中指出，我国经济已由高速增长阶段转向高质量发展阶段，正处在转变发展方式、优化经济结构、转换增长动力的攻关期，建设现代化经济体系是跨越关口的迫切要求和我国发展的战略目标。要持续保持我国经济健康发展，必须推动经济发展质量变革、效率变革、动力变革，提高全要素生产率，从简单追求速度转向坚持质量第一、效益优先，从微观层面不断提高企业的产品和服务质量，提高企业经营效益。要坚持以供给侧结构性改革为主线，加快转变发展方式、优化经济结构、转换增长动力，加快推动产业结构升级，增加中高端产品和服务的供给，不断提高产品和服务的附加值和竞争力，在更高水平上实现供需结构的动态均衡①。当今世界，形势风云变幻，矛盾错综复杂，和平与发展仍然是时代的主题。习近平总书记在庆祝改革开放 40 周年的大会上强调"必须坚持扩大开放，不断推动构建人类命运共同体"，对于经济高质量发展，只有将经济和开放结合起来才能实现经济高质量发展。

改革开放以来，广西立足沿边沿海的区位优势以积极的态度主动融入国家改革发展大局，广西几十年的经济面貌得到了显著改变。党的十八大以来，以习近平同志为核心的党中央高度重视广西的对外开放合作和发展格局，2015 年 3 月赋予广西"三大定位"新使命，2017 年 4 月提出"五个扎实"新要求，2018 年 12 月又为广西壮族自治区成立 60 周年题词，提出了"建设壮美广西，共圆复兴梦想"的殷切希望，这些都为广西提高发展水平指引了前进的方向。在习近平新时代中国特色社会主义思想指导下，广西立足实际、面向东盟、放眼世界，充分掌

---

① 刘世锦．推动经济发展质量变革、效率变革、动力变革［EB/OL］．中国共产党新闻网，http：// theory. people. com. cn/n1/2017/1116/c40531－29649519. html，2017－11－16.

握天然区位优势，加深了对外开放的广度和深度，形成了"南向、北联、东融、西合"面向国内国际的开放合作新格局，实现富民兴桂事业不断登上新的台阶。

高质量发展开放廊道是利用某一地区沿边沿海的边贸优势建立起对外开放的新渠道，借助廊道优势提高地区对外开放水平，拉动区内产业高质量生产的积极性以及生产的高效性。众多生产商利用开放廊道的平台，能够放眼省外国外，汲取国外优质的生产技术和绿色资源从而提高自身的生产能力，优化绿色生产链，对该地区经济发展具有显著促进作用。随着广西在中国—东盟交流合作中的地位和作用越来越明显，广西已由西南地区出海通道上升为连接中国与东盟的国际大通道，胜利完成了中央交给的任务，战略地位日益突出。同时，广西成功推动了泛北部湾合作由共识走向实施。广西应当紧紧抓住机遇，坚持开放优先，以大开放促进大开发、以大开发促进大发展，乘势而上，打造良好营商环境，加快实施更加积极主动的开放带动战略，激活区位优势，加快构建"南向、北联、东融、西合"面向国内国际的开放合作新格局，全方位形成以大开放引领大发展的崭新态势。

广西崇左市位于中国的南大门，沿边、近海、连东盟。崇左市共4个县（市）与越南接壤，边境线长 533 公里，是广西陆地边境线最长的地级市，是"一带一路"南向通道的重要节点城市。应坚持以开放发展为主基调，充分发挥"边"的优势，积极抢抓"一带一路"建设重大机遇，重点面向东盟开展全方面、多层次、宽领域的开放合作，实现"通道经济"向"口岸经济"的转型升级①。

广西防城港市地处广西北部湾经济区的核心区域和华南经济圈、西南经济圈与东盟经济圈的接合部，与越南相连，是中国唯一一个与东盟陆海相通的城市。依托沿边优势和多重利好政策，加快对外开放步伐，全力推进口岸、互市点基础设施建设。立足区位和资源优势，逐步实现从通道经济到口岸经济的转型升级，沿着从通道经济转型为口岸经济的发展路径，该区边贸发展正从以边民互市为主的单一模式向以贸易、投资、加工、旅游等协调发展的综合模式转变，口岸经济的杠杆带动效应日渐凸显。

广西钦州市依靠港口，成为北部湾开放开发前沿，发展成为面向东盟、服务西南中南地区的区域性国际航运中心和集装箱枢纽港。钦州将计划建设以钦州保税港区为核心的北部湾航运服务集聚区、北部湾船舶交易所，成为北部湾港集装

---

① 童政，马春阳．"口岸经济"掀起对外开放热潮［EB/OL］．经济日报，https：//baijiahao. baidu. com/s？id＝1618788834631597385&wfr＝spider&for＝pc，2018－12－3.

箱物流的核心区。

二、绿色新业态创新高地

新业态是发展的新动能。当前，随着信息技术的深刻变革和广泛渗透，新业态新模式新产业不断涌现，必须加快把科教人才优势转化成创新发展优势，积极培育新业态、探索新模式，实现产业以新促高、推陈出新的跃升。绿色生态是发展的核心竞争力。广西自然禀赋优越，生态环境优良，已具备一定的绿色技术基础，非粮生物质能源技术在全国处于领先位置，新能源货车生产技术已实现重大突破，沼气生产利用技术相当先进。但广西绿色技术与国内外先进水平相比，还有很大的差距，特别是新能源设备制造技术几乎空白，高效节能技术匮乏。广西应当夯实科技支撑，建立健全自主创新体系。

绿色新业态的"新"表示一种与旧质不相同的状态和性质，相对于传统模式衍生出来的新模式；"业态"一词来源于日本，是典型的日语汉字词汇，大约出现在 20 世纪 60 年代。萧桂森在给清华大学职业经理人培训中心编写的教科书《连锁经营理论与实践》中，给业态下的定义是：针对特定消费者的特定需求，按照一定的战略目标，有选择地运用商品经营结构、店铺位置、店铺规模、店铺形态、价格政策、销售方式、销售服务等经营手段，提供销售和服务的类型化服务形态[①]。"绿色"顾名思义即为绿色产业、环保产业，在生态环境极为严峻的今天，产业发展应当建立在绿色环保之上。构建绿色产业，发展绿色经济，才能更好地实现绿色转型，让"绿水青山"变成"金山银山"。当今世界，无论是发达国家还是新兴经济体，都把发展绿色产业，推进绿色转型作为促进经济复苏的重要引擎。绝不能以牺牲生态环境为代价，换取一时一地的经济增长。要把好"入口"关，做大做强绿色经济增量。将"新业态"和"绿色"结合起来，放置在生态环境领域就是要把绿色作为发展的指导思想，针对不同的产业制定发展策略，在保证绿色的前提下发展经济。以往的做法中，鼓励发展高耗能产业，使高耗能产业生产效率持续变低，在生产效率低下的情况下，对生态环境的污染却只增不减，并且这种危害是不可逆的，对厂商及广大人民的生态环境都造成了不可挽回的损失。

"互联网+现代农业"平台也是绿色新业态的一种新发展模式，该平台支持种养大户、家庭农场、合作社、龙头企业、微商网红借助电商平台开展农产品网

---

① 萧桂森. 连锁经营理论与实践 [M]. 海口：南海出版社，2004.

上销售、大宗交易、订单农业等业务，拓宽产品的销售渠道，形成全区农产品上行体系，特优区项目3年内实现线上销售农产品达到50%以上。同时，助推休闲农业、乡村旅游向规模化、园区化拓展，催生和壮大农产品物流业。永福县建成一个电子商务服务中心以及260多个电子商务服务点，拥有网店1407家，电商销售罗汉果占全县总销售量的56%；灵山荔枝2018年销售超过2000万件；田东百色芒果特优区销售网店近1400家，2018年电商销售11万吨，占总产量的近50%①。全区运用互联网和大数据等技术，搭建信息化追溯平台，统一追溯模式、统一业务流程、统一编码规则、统一信息采集。隆安火龙果特优区实行"一果一码"制度，逐步实现对火龙果生产投入品、生产过程、流通过程的全程追溯，构建从田间到餐桌全程控制、运转高效、反应迅速的特色农产品质量管理体系。广西具备良好的绿色生态资源，具有其他地区不可替代的生态优势，把生态优势变为经济优势、发展强势，铆足力量发展绿色产业、迎战"风口"，引领广西地区经济成功转型升级。

广西城市采用的创新发展模式如表11－1所示。

表11－1　广西城市采用的创新发展模式

都安县创新"贷牛还牛"模式	政府引进企业大力繁殖良种牛犊，企业"贷小牛"给农户，农户"还大牛"，企业回收、屠宰加工、冷链、物流销售
河池市推动企业"出城入园"	建设生态环保型有色金属产业示范基地，积极推动产业转型升级，形成低能耗、低排放、高效能、高效益的产业体系
恭城瑶族自治县	大力发展有机农业、绿色农业，带动旅游休闲、健康养生等产业快速发展，被联合国评为"发展中国家农村生态经济发展的典范"
九洲江、南流江	综合治理探索种养结合治污，极大助力流域水质改善，获全国推广②
百色市右江区永乐镇"华润希望小镇"	建立了三个人工生态湿地污水处理系统及配套污水收集管网，可基本解决小镇1500多名居民日常生产生活污水处理。人工生态湿地还成了一道独特的生态绿色景观，吸引了区内外人员进行参观
广西贵港	该市围绕"生态荷城"和城区"一江、一库、两渠、三湖、七河、多景点"的总体目标，形成"双向引导，政府推动，多维共建，民生共享"的水生态文明建设模式

① 农产品做特做优才能做强［EB/OL］. 广西日报，http：//finance. sina. com. cn/roll/2019－02－28/doc－ihsxncvf8593063. shtml，2019－2－27.

② 广西：壮大生态经济　推动绿色发展［EB/OL］. 广西日报，http：//www. gxnews. com. cn/staticpages/20190827/newgx5d646442－18620206. shtml，2019－8－29.

三、生态扶贫共享发展区

贫困的根源、成因和演化与生态环境是循环往复相辅相成的，在国家扶贫工作开展过程中，经过几轮大规模的扶贫开发后发现，大部分深度贫困地区所处的地理环境也是生态环境脆弱区。贫困与生态环境相互作用，是贫困人口陷入"贫困—生态环境脆弱—贫困"的恶性循环。对于深度贫困地区来说，打破恶性循环必须从恶劣的生态环境入手，提高贫困地区生态环境承载力，将自然资源转变为自然资产，给予贫困地区产业资源，让贫困人口获得致富途径，具备谋得生计的能力。生态扶贫的概念随着国家贫困形势应运而生，成为当前国家实施精准扶贫的必然选择，与生态文明建设、绿色健康发展理念相结合，加快全面建设小康社会的步伐。

生态扶贫是脱贫攻坚的重要途径之一，它是指把精准扶贫、精准脱贫作为基本方略，将贫困地区、生态环境脆弱区、生态环境功能区三者高度有机结合，它不同于贫困地区的生态环境保护，而是解决贫困地区人口长久生计以及生态环境致富的问题，终极目标是实现人与自然和谐共生的一种扶贫模式。从生态服务层面的价值来看，通过生态环境修复和保护工程增加贫困地区的生态资源存量，提高区域内生态产品供给能力，增进区域内老百姓的生态福祉；从经济发展层面来看，通过生态产业发展使绿水青山转化为金山银山，提高贫困人口的财产性收入和经营性收入，使贫困人口获得可持续的生计，从根本上摆脱贫困；从制度实施层面来看，通过生态补偿、生态产品市场化供给等公共政策手段，优化配置生态产品供给，缓解生态产品分配和财富分配的矛盾关系，使贫困地区从环境保护中得到好处，提高保护生态环境的积极性[①]。生态建设与扶贫开发同步进行，生态恢复与脱贫攻坚相互协调。在保护和修复生态环境的同时，为生态脆弱地区贫困人口提供相对稳定的生态建设相关工作岗位和财政补贴收入，确保生态脆弱地区贫困人口抓住生态保护的机会，长期稳定脱贫，在需要重点保护的区域实行异地搬迁扶贫。生态扶贫强调，通过实施重大生态工程建设、加大生态补偿力度、大力发展生态产业、创新生态扶贫方式等，加大对贫困地区、贫困人口的支持力度，以达到推动贫困地区扶贫开发与生态保护相协调、脱贫致富与可持续发展相促进的扶贫模式，最终实现脱贫攻坚与生态文明建设"双赢"的结果。生态扶贫既要补齐农村环境"短板"，建设生态文明，又要推动乡村振兴，帮助乡

---

① 孟维娜．习近平生态扶贫论述及其对广西脱贫攻坚的启示［J］．经济与社会发展，2019，17（03）：1－6.

村实现绿水青山与金山银山的良性循环，使乡村具备"内生发展"能力，让脱贫可持续、有质量。广西农村贫困人口多，对于国家扶贫工作来说，广西扶贫攻坚的任务非常繁重，将生态文明建设与扶贫结合起来，为广西农村地区脱贫工作找到一条捷径。

广西各地旅游扶贫模式如表 11 - 2 所示。

表 11 - 2　广西各地旅游扶贫模式

北海合浦县大田村	按自治区五星级乡村旅游区标准打造三角梅农业示范区与乡村游目的地
罗城仫佬族自治县	呈现"三升三降"的良好态势（"三升"是农村居民人均可支配收入从 2015 年的 5793 元上升到 2018 年的 8046 元，森林覆盖率从 67.5% 上升到 69.71%，林业产业总值从 20.5 亿元上升到 26.7 亿元。"三降"是农村贫困人口由 2015 年底的 8.39 万下降到 2018 年底的 3.07 万，贫困发生率由 28% 下降到 10%，石漠化土地面积由 54.5 万亩下降到 38.3 万亩）[1]
西林县	实施生态护林员扶贫，助贫困群众实现稳定增收
龙州县	依托"红色边关·天琴古韵·岩画瑰宝·秀美龙州"资源禀赋，培育发展观鸟旅游经济、澳洲坚果种植、生态乡村旅游等生态扶贫产业
河池市	河池市的核桃种植面积已达 215.9 万亩，其中 200 万亩是近 3 年新种的，河池把核桃作为开发扶贫产业之首"整市推进"[2]
金秀瑶族自治县	依托本地自然生态资源优势，对野生茶资源进行保护性开发，创立生态茶品牌，把它作为山区群众脱贫致富的重点产业强力推进；依托"生态、民族、长寿"三大优势，不断完善金秀旅游设施

四、山水生态乡村先行区

乡村是国家地域构成的重要组成部分，具备自然、社会和经济等特征，能够进行生产和消费活动，与城镇地区相辅相成、互相依存、缺一不可。乡村地区对

---

① 蓝天将. 河池石漠化土地披了绿富了民 ［EB/OL］. 河池日报，http：//www. gxhcxf. gov. cn/html/djjj/szyw/24063. html，2017 - 3 - 28.

② 朱晓玲，庞冠华. 小核桃书写生态扶贫大文章 ［EB/OL］. 广西日报，http：//gx. people. com. cn/n/2015/0416/c355958 - 24514766. html，2015 - 4 - 16.

一国发展具有重要作用，而在我国发展初期，主要将发展重心放在城镇地区，大力发展城市经济并取得了明显成效，导致乡村发展落后，城乡差距拉大。我国仍处于并将长期处于社会主义初级阶段的发展阶段很大程度上是由于乡村发展的限制，我国社会主要矛盾即人民日益增长的美好生活需要和不平衡不充分的发展之间的矛盾在乡村地区较为突出，农民幸福感和获得感也被大打折扣。为缩小差距、增加农村经济实力，农村地区通过投入大量化肥、农药等化学产品以及用机械设备代替人力、畜力来提高我国农业生产率，但农业生产率提高的同时农村生态环境问题却日益突出。党的十九大报告把"实施乡村振兴战略"作为贯彻新发展理念、建设现代化经济体系的重要举措，明确提出"要坚持农业农村优先发展，按照产业兴旺、生态宜居、乡风文明、治理有效、生活富裕的总要求，建立健全城乡融合发展体制机制和政策体系，加快推进农业现代化"。乡村振兴战略是化解新时代我国社会主要矛盾的必然选择，也是建设社会主义现代化强国的必经之路，旨在缩小城乡贫富差距、补齐全面建成小康社会的"短板"，在发展乡村地区经济的同时注重生态文明建设、改善乡村环境。

近年来，我国现代化农业正突破单一产量标准，形成一个包含政治、经济、社会、文化、生态等诸多组成部分的系统性工程，特别是生态要素的提出，为美丽乡村的全面建设赋予重要使命。建设生态乡村有助于解决当前乡村存在的上述问题，生态乡村是指运用生态学与生态经济学原理，坚持可持续发展战略，通过采取一些措施对乡村生态体系进行调整与整合，弘扬乡村生态文化建设，发展乡村生态产业发展，达到乡村经济、乡村生态环境、社会效益协同并进发展。广西大力推进质量兴农、绿色兴农、品牌强农，现代特色农业示范区初步构建了"一村一品""一乡一业"新格局，生态农业百花齐放、成果丰硕，但仍存在高投入、高能耗、高污染、低效率、破坏生态等恶性循环现象，其中养殖业尤为突出。

广西有发展生态农业的先天优势，应立足"合理利用＋生态保护"，创新模式，形成规模化效应。例如，建立三产融合系统，扩大产业体系，把项目区内从第一产业的农户种植到第二产业农产品加工再到第三产业旅游产业、养老旅居等相关产业的全部产品和服务进行融合，使各项产业成为利益共同体相互促进，相互带动发展。同时，广西乡村地区应当立足优势，践行将旅游和生态相结合的发展模式。

生态旅游具有双重作用。一方面，利用乡村优美的环境和农家体验给来当地旅游的游客回归大自然的亲身感受，呼吸洁净的空气、观赏美丽的风景、品尝特色的农家风味，目的在于让游客享受与城市不一样的体验感，陶冶情操，增进健康；另一方面，通过人们的亲身体验达到对人与自然和谐共生理念的宣传入心，倡导人们在日常生活中保护生态环境，节约资源，减少浪费，对我国生态文明建设贡献自己的绵薄之力。

图 11 –1　成龙湖公园夜景

资料来源：广西 11 个村落入选全国乡村旅游重点村名单［EB/OL］. 南宁新闻网，http：www. mnews. net/yaowen/p/3008164. html. 2019 – 07 – 31.

图 11 –2　青明山庄园

资料来源：广西 11 个村落入选全国乡村旅游重点村名单［EB/OL］. 南宁新闻网，http：www. mnews. net/yaowen/p/3008164. html. 2019 – 07 – 31.

罗城仫佬族自治县在抓好村屯绿化、饮水净化、道路硬化的同时，依托秀美的山水风光，把生态乡村建设和旅游开发相结合，推进农家乐等乡村休闲旅游，将生态资源转化为旅游资源，推动旅游业加快发展，实现环境破坏最小化，经济效益和社会效益最大化。该县先后建成一批生态旅游示范点，如小长安镇崖宜新农村与武阳将景区、水上相思林景区融为一体，以清新美丽的田园风光和淳朴浓郁的农家风情跻身广西特色旅游示范村、河池"最美乡村"，该景区集果品采摘、休闲垂钓、森林体验、健身娱乐于一体的青明山庄园成为国家 AA 级景区、广西四星级农家乐和广西生态农业旅游示范点；武阳江景区荣获国家 AA 级景区，米椎林度假村被评为自治区四星级农家乐、河池市十佳乡村旅游点，成龙湖公园被评为国家 AA 级旅游景区，东门镇石围屯跻身"中国少数民族特色村寨"。这都极大地提升了罗城的旅游知名度，对当地经济发展起到了巨大的提升作用①。

　　2019 年 7 月 28 日公布的全国乡村旅游重点村名单里，广西共有包含南宁市马山县古零镇小都百屯在内的 11 个村入选。

图 11 - 3　贺州市富川瑶族自治县朝东镇岔山村

　　资料来源：广西 11 个村落入选全国乡村旅游重点村名单［EB/OL］. 南宁新闻网，http：www. mnews. net/yaowen/p/3008164. html. 2019 - 07 - 31.

---

　　①　罗城石围屯入选"中国少数民族特色村寨"［EB/OL］. 广西节能减排网，http：//gx. sina. com. cn/travel/message/2014 - 10 - 09/105423068. html？from = gx_tttj，2014 - 10 - 9.

图 11 - 4　崇左市大新县堪圩乡明仕村

资料来源：广西 11 个村落入选全国乡村旅游重点村名单 ［EB/OL］. 南宁新闻网, http：www. mnews. net/yaowen/p/3008164. html. 2019 - 07 - 31.

图 11 - 5　龙胜各族自治县龙脊镇大寨村

资料来源：广西 11 个村落入选全国乡村旅游重点村名单 ［EB/OL］. 南宁新闻网, http：www. mnews. net/yaowen/p/3008164. html. 2019 - 07 - 31.

图11-6　三江侗族自治县八江镇布央村

资料来源：广西11个村落入选全国乡村旅游重点村名单［EB/OL］.南宁新闻网，http：www.
mnews. net/yaowen/p/3008164. html. 2019-07-31.

图11-7　河池市巴马瑶族自治县那桃乡平林村

资料来源：广西11个村落入选全国乡村旅游重点村名单［EB/OL］.南宁新闻网，http：www.
mnews. net/yaowen/p/3008164. html. 2019-07-31.

　　根据国家颁布的《建立以绿色生态为导向的农业补贴制度改革方案》，到
2020年，我国将基本形成以绿色生态为导向、促进农业资源合理利用与生态环
境保护的农业补贴政策体系和激励约束机制。可以预见，以绿色防控为主体的绿
色生产模式将会在全国持续推进，最终将构建起农业生产同耕地、水源、空气等

资源禀赋共生的机制，为农业强、农民富、农村美筑牢生态根基。

第三节　"两山"理念的前行路径

一、做好生态优先、绿色发展的战略布局

党的十九大报告指出："人与自然是生命共同体，人类必须尊重自然、顺应自然、保护自然。人类只有遵循自然规律才能有效防止在开发利用自然上走弯路，人类对大自然的伤害最终会伤及人类自身，这是无法抗拒的规律。"这一论述为推进绿色发展、建设绿色美丽的广西指明了思路：其一，强调人与自然是生命共同体，就要求在促进经济社会发展上要有"天—地—人"的整体观；其二，强调尊重自然、顺应自然、保护自然，就要求各族群众有追求真、善、美的品质，欣赏并保持自然的宁静、和谐、美丽；其三，强调遵循自然规律，就要求不仅要在开发利用上，也要在提升保护恢复生态上遵循系统性与协调性的思路。

绿色发展不是简单的山清水秀、环保有机。绿色发展是当今世界的潮流，是以习近平同志为核心的党中央尊重自然规律、经济规律和社会规律，顺应世界发展潮流，为推动我国绿色发展和可持续发展做出的重大战略决策和部署。生态优先、绿色发展是马克思主义生态文明理论同我国经济社会发展实际相结合的创新理念，是辩证统一的思想论、方法论，是治国理政、依法行政、为民服务的思维方式、行为模式的全面提质转变，是深刻体现新阶段我国经济社会发展规律的重大理念。绿色发展理念是更宽视野、更深层次、更高要求的开放发展观，是在新时代下运用大数据、云平台，提供更好、更强、更优、更有机健康的产品和更为透明、便捷、舒适和高效的公共服务产品。绿色发展意味着广西拥有更广阔的平台和市场以及更多的消费者，意味着广西迎来更多更好更快的发展机遇和更加美好的时代。因此，广西要实现绿色发展，必须在经济社会发展、生产生活方式等方面进行系统创新、转型、升级，进一步加强生态文明建设，打造全国乃至世界绿色发展的示范区，甚至为世界提供生态文明建设和绿色发展的中国智慧、中国经验，推动中国成为全球生态文明建设的重要参与者、贡献者和引领者①。

---

① 张庆安．践行习近平生态文明思想，推进民族地区高质量绿色发展［N］．中国民族报，2018－07－20（006）．

二、加强绿色发展的顶层设计，建立总体协调机制

习近平总书记强调："我们要建设的现代化是人与自然和谐共生的现代化，既要创造更多物质财富和精神财富以满足人民日益增长的美好生活需要，也要提供更多优质生态产品以满足人民日益增长的优美生态环境需要。"国家经济走向由高速增长转变为高质量增长，注重发展质量，提升经济效益，在发展经济的同时注重绿色发展理念，保护生态环境。

广西要向高质量发展阶段迈进，必须贯彻创新、协调、绿色、开放、共享的发展理念，摆脱发展的"速度情结"、路径依赖，只注重速度不注重质量，甚至造成资源枯竭、环境污染的不可逆结果，加快形成节约资源和保护环境的空间格局、产业结构、生产方式、生活方式，给自然生态留下休养生息的时间和空间。要深化包括转变政府职能在内的体制改革，充分发挥政府在经济发展中扮演的角色，结合实际情况制定合理政策，加强顶层设计，建立总体协调机制，站在总体观的角度推进广西地区绿色发展体制机制创新。

广西具有鲜明的民族传统文化、自然资源、优美景色、植被覆盖率高，但广西社会经济发展一直处于相对落后的状况，产业基础薄弱、自身造血能力不强，有必要坚持中央大力支持和激发内生动力相结合的方针，采取差别化政策措施，多多偏向支持少数民族和民族地区发展绿色产业。在国家层面上，近两年来，中共中央、中央深改组、国务院以及有关部门出台了一系列从顶层设计到具体落实的政策措施。

广西应在国家生态文明建设的总体思路和国家、自治区出台的各项规划的指导下，立足新的国土功能区划分和要求，结合不同区域的发展实际情况，运用精准思想，发挥地区比较优势，制定适应本地区生态文明建设绿色产业发展的顶层设计和总体协调准则。特别是在具体工作中，要抛弃"GDP"为大、争项目资金和产业发展求大求全的传统思维模式和惯性。同时，在绿色产业发展中，要突出企业主体与市场化运作的理念，充分发挥社会各方面力量的作用，建立全民参与的绿色产业发展机制，实现经济社会又好又快的跨越式发展。

三、发挥资源优势，激活绿色产业发展新动能

资源丰富多样、生态环境优美和民族文化异彩纷呈是广西地区推动绿色发展的最大优势和重要支撑，广西的发展离不开丰富的自然资源，广西在地理环境上具有得天独厚的优势资源，具有丰富的土地资源、生物资源、海洋资源、森林资

源等。广西发展绿色产业，有助于本地企业转型升级，提升企业生产效率和质量，更好地获得国家政策支持，国内外市场的认可，准入、份额的扩大和创新的驱动。广西应结合本地优势，充分从技术、产品、人才、管理等方面挖掘传统产业的绿色基因，优化产业链，加快推进产业绿色化改造与优化升级，达到生态文明建设要求。要按照中央统一部署，以绿色发展为引领发展绿色产业，推进新型工业化、新型城镇化、农业现代化建设。

具体而言：一要扎实开展生态资源保护。生态资源是发展之基、生态之源、民生之本，开发利用和保护贯穿生态文明建设的全过程，我国不断加强自然资源的开发和保护，出台了一系列与自然资源保护相关的法规文件，积极实行激励性政策措施，并且取得了良好的成效。广西应当坚持全面保护、系统保护，强化对自然保护区、名胜风景区、森林公园、地质公园、湿地公园等重要生态功能区的保护。加强环保监管能力建设，在土壤采样及重金属前处理监测能力建设、监察及环境应急能力建设以及环境监测、监管、信息网络等方面进一步加大力度。实施区域国土空间用途管制，生态环境问题归根结底是自然资源过度开发利用、粗放利用、奢侈浪费造成的，要以统一、协调、权威的国土空间规划为依据建立空间规划体系，推行"多规合一"并监督实施规划。一张蓝图干到底，就是要绘出蓝图的空间底图，划出生态红线和资源开发利用上限，让人们知道哪些地方能开发，哪些地方能保护。

二要积极推进生态环境建设。广西生态环境当前面临着生态系统退化和环境污染严重问题，森林林龄结构和树种结构不合理，天然林减少、人工林增加，导致树种单一；水土流失严重、石漠化严重；水资源、大气等都存在不同程度的污染。要进一步实施好退耕还林（草），建设生态公益林，开展石漠化治理，打造铁路、公路、景区景观林带，打击违法砍伐、采挖、捕猎行为，实现森林面积、蓄积量和覆盖率"三增长"。针对自然保护区严格执法，强化监管，对保护区内建设项目从严审批，并加强项目施工期和运营期的监督管理，确保各项生态保护措施落实到位。

三要有力推进生态产业开发。市场竞争逐渐激烈，广西大力推进生态产业发展可以提升广西的经济实力和产业基础。要从实际出发，结合绿色扶贫，大力发展以生态文化旅游业、生态农业、生态林业、生态牧业、生态工业为主的绿色生态经济，加快形成走向全国和世界的绿色食品、旅游商品、生物制药和新能源、新材料等绿色环保产业品牌。坚持以龙头企业为引领，大力发展壮大龙头企业，采取"企业＋基地＋农户"的管理模式，着力抓好生态产业建设。

四、坚持创新协调融合，强化创新驱动发展

生态建设和环境保护需要不断创新的先进科学技术配合，创新是第一生产力，运用一项新技术和新工艺在生态建设和环境保护上，不仅会减少物质资源和自然资源的消耗，而且能将废弃物排放降到最低。相比全国，特别是经济发达地区，广西的环保产业增长速度不高、产业结构不够优化、生产规模较小、市场份额较小、技术水平缺乏竞争力，关键原因在于环保产业技术力量薄弱，达不到良好的环保效果。同时，广西对绿色发展认知度较弱、绿色产业集群度不高、绿色产业科技含量有限。要在新时代实现高质量发展，就要按照五大发展理念要求，统筹山水林田湖草系统治理，走创新融合发展之路。

具体而言：一要将生态文明建设与脱贫攻坚有机结合起来，大力推进绿色扶贫工作的开展。将"生态建设"与"脱贫攻坚"有机结合，既是当前治贫之举，也是长远固本之道，既有助于解决近期打好脱贫攻坚战的问题，也有助于解决广西绿色发展、高质量发展和永续发展的问题。以创建国家级生态文明建设示范区为载体，通过建立"生态＋扶贫"机制，大力实施乡村振兴战略，把国土绿化、退耕还林还草与发展林下经济、草牧业以及生态产业相结合，建立生态产业园示范区，重点发展生态扶贫产业，构建起高产高效的"生态＋扶贫"绿色产业体系，把经济扶贫与生态扶贫有机结合起来，围绕脱贫攻坚产业扶持、项目推动、产品生产市场营销等，鼓励贫困户发展特色产业经济，做强做大绿色产业，满足国内消费升级的需要。坚决打好污染防治攻坚战，探索建立农村人居环境改善长效机制，深入推进全域无垃圾城乡环境综合治理，实施农村垃圾、污水、厕所专项整治"三大革命"，打造农民安居乐业的美丽家园，动员全社会参与环境治理，携手建设天蓝、地绿、水清的美丽广西。

二要将工业化、城镇化和绿色化有机结合起来，坚决避免破坏生态环境。引进物质的循环流动发展模式，在区内大力发展生态工业，使之成为协调地区经济发展与环境状况的必要手段。由于交通地理和人才资源限制，广西许多工业园区会出现大项目、大企业和高科技企业"进不来、驻不下"的问题。因此，有必要进行功能区的差异化划分，加强重点示范绿色科技园区的建设，以"科技兴园""特色主题"为战略思想，按照差异化、绿色化、品牌化、创新化的总体发展思路，建立以政府为主导、市场为导向、企业为主体，产学研相结合的绿色创新产业体系和"小机构、大服务"的园区组织运行模式。此外，政府部门应加大发展生态工业和循环经济的宣传力度，引导企业把工业生态理念融入企业文化

和企业内部的激励系统中。

三要充分运用网络经济思维和模式，推动传统产业集群、物理区域空间集聚改变，打造跨空间的网络数字经济体。在产业发展上，在对口支援制度机制框架下，建立广西与发达地区共享的经济体。立足广西地区丰富的自然生态、民族文化资源，将生态文化旅游业作为广西绿色发展的主导产业。生态文化旅游必须实现协调发展、协作发展、共享发展，必须在互联网、云平台、立体交通背景下，运用区域经济、空间经济、地理经济等制定发展规划和实施方案，重在打造跨空间的网络数字旅游市场主体，为推动形成人与自然和谐发展的现代化建设新格局，建设美丽中国、构建人类命运共同体做出积极贡献。

五、建立生态文明示范区和生态补偿机制先行先试示范区

依据广西环境的突出优势，建立全国性的生态文明示范区对广西绿色经济转型有着促进作用。"山清水秀生态美"历来是广西的最强优势和最好名片。"加快建立生态文明示范区"是广西国民经济和社会发展的重要任务。随着对环境保护和生态建设的认识和理解不断加深，"生态立区、绿色发展"的战略思路已逐步成型，建设生态广西和生态文明示范区的目标在逐步实现。

具体而言，需要在多方面强化这一政策，以突出其对绿色经济的转型作用。首先，要创新生态文明建设的社会管理模式，由行政主导型向公共治理转变。生态文明体现的是以实现人与自然、人与人、人与社会全面发展为基本宗旨的新的价值追求。公共治理是由多元主体构成的共治体系和共治过程，在公共治理活动中，多元主体之间是相互依赖的伙伴关系，政府在公共治理中扮演"元治理"的角色，起着掌舵的作用。生态文明建设中的公共治理指的是围绕生态文明建设，政府、企业（市场）、非政府组织和公民之间进行相互协商、协调、合作的网络化管理过程。这一过程不仅有作为"元治理"角色的政府参加，而且还有其他主体的参与，不仅采取行政、法律、市场手段，而且还包括社会和文化教育等手段，改变了传统生态文明建设主体一元化和手段单一化的缺陷，实现由行政主导型模式向公共治理模式的转变。

其次，构建适应生态文明建设的政府考评体系，这主要指政府管理制度建设要围绕生态环境保护、为公众提供生态产品，形成致力于生态服务的一整套制度体系。从决策、管理、监督、人事及考核等方面进行政府内部管理体制创新；积极完善生态法律制度、生态责任制度和生态技术促进法则；综合运用行政和市场手段，建立和完善生态恢复补偿机制；建立科学的环境影响评估制度，并加大政府财政投入保证该制度的执行；改变"GDP 至上"的政绩考核体系，全面导入绿色 GDP 的目标绩效观，将生态指标纳入考核体系中。

再次，统筹安排、相互衔接，科学制定城乡发展规划，要逐步构建有利于环境保护和生态建设的制度保障体系，强化生态文明的法制建设，从落实主体功能区制度、生态文明制度，建立和完善生态环境与资源补偿机制等重大举措，及时公布生态环境信息，健全举报制度。建立陆海统筹的生态系统保护修复和污染防治区域联动机制。

最后，要加快推动建设一批生态重大项目与工程。从广西生态开发的过程来看，广西一直处于劣势，本着"谁开发谁保护，谁污染谁治理"的原则，积极争取中央将广西列入中央生态补偿机制试点范围，建立全国生态补偿先行先试示范区，纳入国家生态补偿重点省区，扩大重点生态功能区范围。一是争取中央充分考虑广西区域生态功能效益和保护成本支出，通过提高转移支付系数和规模等方式，在均衡性财政转移支付中加大对广西自然保护区、重点生态功能区、主要流域水环境保护区、矿产资源富集区等各重点领域生态补偿力度。二是争取中央准许先行先试增收生态补偿税和开征环境税，合理划分广西与中央财税分配比例，公平调整广西地方与央企、桂粤西江流域上下游地区的生态效益及资源利益分配关系，加大央企及广东受益地区对广西生态及水电、矿产、土地等资源价值的合理补偿力度，促进广西区域比较优势转化为可持续发展的经济和竞争优势。

六、凸显绿色生态旅游优势

绿色生态旅游是践行生态文明建设的先驱，是人与自然和谐共生的现实体现，是我国推动可持续发展理论在生态环境方面的反映。广西是少数民族集聚地区，具有鲜明的多民族习俗和文化特色，具备显著的绿色生态资源禀赋优势，生态旅游资源丰富多彩。奇观胜景遍布八桂大地，有以桂林山水、北海银滩为代表的旅游胜景，有世界最大的天坑群，有亚洲最大的跨国瀑布，还有少数民族山寨、边关风情、红色旅游等多种资源。同时，广西的城市绿化率在全国也名列前茅，首府南宁是国家园林化城市，桂林是山水城市，北海、梧州、玉林、柳州等城市也都是绿树成荫、山水环绕，空气质量全年优良。

要充分凸显绿色生态旅游优势，助力绿水青山发展理念，要做到以下几点：一是提升绿色生态、绿色品牌价值。伴随着经济快速发展而来的生态环境恶化和自然资源短缺等问题让高层次需求中的食品安全、生活环境质量受到了极大威胁。在这样的背景下，人们的消费观念和消费结构开始转变，绿色健康的消费方式逐步形成，绿色消费拉动绿色市场迅猛发展。为扩大绿色产品市场份额，获得差异化的竞争优势，建立良好的客户关系，绿色品牌成为企业适应绿色消费浪潮的必然选择。利用少数民族地区生态资源完好、气候条件宜人、民俗文化浓郁的比较优势，推动自然观光、医疗养生、农家体验、文化提炼等生态旅游资源的潜力开发，促进绿色旅游和民族文化的深度结合，打造绿色旅游名片，铸造生态旅游精品项目。在旅游产品中增加绿色成分，提升绿色品牌价值效应。

二是提升旅游产业生态链。加快构建集"餐饮、住宿、游玩、购物、娱乐"于一体的旅游产业生态链，完善旅游产业链的各环节，延长旅游产业链，注入生态核心理念，绿色优化旅游产业，给前来旅游的游客更加优质的体验感和舒适感。提高旅游宣传力度和服务质量，利用自媒体平台对当地旅游产业进行宣传，引导更多的旅游消费者来到当地感受特色生态旅游。通过构筑类似"桂贵滇旅游圈"等多片区结合的旅游模式，充分发挥各地区的比较优势，促进不同地区禀赋优势的旅游资源共享，从而拉动广西旅游业的发展。

三是大力发展相关第三产业。旅游业的发展可使现有交通运输、通信、餐厅旅馆等服务设施提高利用率，加快资金的周转来增加收益，用来增添新的服务设施。利用旅游产业的领头作用，吸引外地游客来广西感受特色旅游产业，拉动广西经济发展，对第三产业的发展也有正向影响。要加快交通、水电、通信等基础设施建设，消除经济上台阶的瓶颈制约，同时要延伸和优化产业链条，除第一、第二产业外，还要不断完善金融、物流、商务、航运、文化等相关第三产业的发展，丰富生态旅游所需的便捷条件，促进其他产业的均衡发展。

七、打造宜居绿色山水城镇

充分利用广西丰富的自然资源比较优势，突出生态城镇特色，打造宜居绿色山水城镇。一要善于科学规划。合理的规划对于地区发展具有重要作用，是地区发展的指南针，特别是像广西这样的少数民族地区，经济发展较为落后，更需要国家推出合理的政策来引领地区发展。城镇发展要根据少数民族地区的特色进行规划，在规划中突出持续性、科学性、可行性和特色性等特征，注重人与自然的和谐相处。在开发中秉持"绿色出行""生态和绿地系统""绿色建筑"等绿色发展理念，在建设中融入"可再生能源利用"理念，在规划布局上坚持"可持续性、可再生能源优先、安全高效"三大原则，把绿色生态的理念融入城镇建设中，让森林嵌入城镇、城镇融入森林，着力打造绿色生态宜居美丽新城，形成"山水一体，人乐山水"的生态城镇。

二要注重保护。丰富的自然资源是广西具有比较优势的资源禀赋，国家园林城市既是广西的品牌、荣耀，更能体现一座城市价值的追求和实践。在加快城镇现代化发展进程中，要注重自然环境和人文文化的保护。开发中要善于保护特色自然风光、民族村寨风情，让山水与城镇齐美。

三要加强绿色城镇综合治理。无论经济社会如何发展，都必须守住大气和水这条生命线。要注重善治思维方式的运用，在加强城镇公共事业管理时，调动企事业单位、民间社会组织及公众的积极参与，发挥绿色城镇治理的合力作用，深入开展城乡清洁工程、园林绿色工程、环境污染整治工程及整治问责反馈工程等。结合"生态排水＋循环利用"水资源综合利用模式，把海绵城市概念完全融进新区的开发建设中，推广绿色屋顶、雨水花园、下凹式绿地、透水铺装、生态停车场、蓄水池等多种技术措施，提升城镇的生态绿色化水平，改善人居环境。

八、提升公众生态环境偏好水平

目前，人们还没有充分认识到生态环境保护与人类生存和经济社会发展有着相互促进和相互制约的关系。错误地认为地球的承载能力是无限的，不知道人口与环境承载力之间存在着相互矛盾的关系，更不知道在一定的区域其生态环境承载力是有限的，放松对人口的有效控制；也没有资源意识、节约意识和环境保护意识，认为自然资源非常丰富，取之不尽、用之不竭。同时，在经济发展与生态环境保护的关系上缺乏全局的、发展的观念，只考虑眼前利益，没有意识到生态环境建设与经济社会发展是相辅相成、相互促进的关系；没有用科学发展观的思想来处理经济建设、人口增长与资源开发利用、生态保护的问题。"绿水青山"具有普惠性，人人共享，人人受益。"绿水青山"的保护与建设，不仅是生产者的责任，公众生活也会对环境产生不利影响。普通居民有享受"绿水青山"福利的权利，同时也要树立绿色生活理念，营造"绿水青山"共享共护的氛围，提升公众对"绿水青山"的偏好，对"黑山黑水"的厌恶，约束黑色分工演进水平及速度，激励绿色分工演进水平及速度，实现"绿水青山"的全民共享共造。

一方面，要畅通公众参与环境保护决策的通道，切实保障公民的生态文明建设权利。建立覆盖环保行政许可各领域、各层次的环境信息披露体系，建立公众参与环保事务的有效机制，营造环保公众参与氛围，引导和督促企业切实承担社会责任。充分发挥新闻媒体、环保社会团体督促推动作用，以保证公众对环境事务的有效参与。同时，有先进生态保护理念和意识并不意味着必定发生作用，公民的生态文明建设权利必须通过法律来保障。因此，需要健全公民生态文明建设的法律法规，通过法律法规来界定公民参与生态文明建设的权限及内容，从而使公民参与生态文明建设更具可操作性和规范性，让公民真正参与到生态文明建设活动中来。另一方面，鼓励环境违法检举，强化公民在生态文明建设中的监督作用。在公共治理视野下，良好的治理来自政府与公民间真诚而平等的对话，在这一对话中，公民对政府执政过程和执政效果进行评判，起到监督的作用。公众有权利、有义务对环境违法现象积极向环境执法部门进行检举，实现环境保护全民监督。增强公众举报环境违法行为的奖励力度，创新奖金领取办法，从举报到领奖采取匿名化，消除公众疑虑，最大限度地发挥公众在"绿水青山"守护中的作用。在当前，有些政府部门不仅不能很好地进行生态文明建设，反而在某种程度上破坏了生态和环境。因此，生态文明建设过程中公民不仅对政府执行生态保护和环境政策的情况进行监督，而且还对生态破坏和环境污染行为进行监督。

此外，倡导绿色生活、绿色消费，增强全民保护"绿水青山"的环保意识、生态文明建设意识，营造爱护生态环境的良好风气。要发挥公民在生态文明建设中的积极性，提高和改变的是公民的生态保护意识。因此，需要充分利用网络媒体、广播电视、报纸杂志等载体，结合公民的切身利益，广泛宣传生态文明与环境保护的知识，让破坏生态的危害意识深入人心，养成良好的生活工作习惯，从根源上提高公民生态保护意识。公众要践行节约消费，转变消费结构，降低公众的物质消费需求，提高对精神文化的消费需求，为实现全民保护"绿水青山"奠定广泛的群众基础。

九、倒逼生产者绿色转型

绿色消费是生活方式绿色化的重要标志。消费者的绿色偏好可以倒逼企业生产方式的绿色转型。相反，不当的消费行为和习惯，会进一步加剧生产环节的环境污染和资源消耗。因此需要从产品和服务入手，从消费环节向上游延伸，用产品和服务的资源环境标准引导消费，倒逼生产、流通以至于整个经济体系的绿色化转型。要倡导环境友好型消费，推广绿色服装、引导绿色饮食、鼓励绿色居住、普及绿色出行、发展绿色休闲。加大政府采购环境标志产品力度，鼓励公众优先购买节水节电环保产品。消费不仅是生产的终点，更是生产的起点，消费端和需求侧的变革将带动生产方式转变。生产者是生态文明建设的微观主体，是"绿水青山"保护与建设的重要力量，要把绿色发展作为广西生态建设的根本要求和路径，用更严格的排放标准和总量管控，倒逼落后产能退出，倒逼"两高"企业转型，倒逼传统产业升级，打造绿色低碳循环发展的产业体系，实现生产方式的绿色转变。要促进传统产业生态化改造，推动构建科技含量高、资源消耗低、环境污染少的产业结构，引领节能环保产业发展，要实行严格的生态环境风险红线控制，提高行业和企业的准入门槛。在"绿水青山"理论实践中，需要为生产者构建良好的市场环境，倒逼生产者进行绿色转型，完善生产者责任延伸制度，推行绿色供应链管理，推进绿色包装、绿色采购、绿色物流、绿色回收，大幅减少生产和流通过程中的能源资源消耗和污染物排放。

一方面，发展循环经济，增强对低质量经济的市场约束，走绿色经济发展之路。推进绿色经济发展需要补足发展循环经济中的"短板"，倒逼生产者进行技术创新，促使生产者应用高效的资源利用技术、清洁生产技术和循环利用技术，优化产业链。生产者不能局限于只满足当前的经济利益，而应以绿色可持续发展为最终目标，对可再生资源在自然承载能力范围内节约开发利用；对不可再生资源循环利用，降低资源消耗速度，积极探索可替代的可再生资源进行生产，最大限度地降低生产过程对生态环境的破坏。另一方面，加强外部性管理，增强对生产者生产负外部性的约束，降低生产对生态环境的负外部性。由于我国现行的征缴排污费存在征收面窄、不规范、收费成本高而收费金额低等缺陷，因此开征环境保护税来代替现行的收缴排污费显得很有必要。环保税的课征对象应该是直接污染环境的行为和在消费过程中会造成环境污染的产品。生产者应遵循经济与生态平衡发展规律，遵循"谁污染，谁治理；谁受益，谁承担成本"的基本伦理关系，在有效的环境监管和生态成本核算体系下，实现可持续发展。

第四节 践行"两山"理念的重点任务

一、加快转变经济发展方式

根本改善生态环境状况，必须改变过多依赖增加物质资源消耗、过多依赖规模粗放扩张、过多依赖高能耗高排放产业的发展模式，把发展的基点放到创新上来，塑造更多依靠创新驱动、更多发挥先发优势的引领型发展。这是供给侧结构性改革的重要任务。

（1）河池市整合涉重金属企业"出城入园"，走向高质量绿色发展。

（2）柳州市补齐汽车质检、研发与试验认证关键环节"短板"和产业链条，转型升级为汽车生产性服务业，推动了产业集群做大做强。

（3）建设综合型生态园区：以来宾电厂"热电联产"为核心，向园区内企业集中供热，造纸厂废弃白泥给电厂脱硫，既聚集群，节能减排，又降成本，促增收。

（4）广西共推进"双百双新"产业项目186项，项目总投资约1.3万亿元。从行业看，工业和信息化项目142项，总投资9527亿元；现代服务业及新经济项目20项，总投资366亿元；大健康旅游项目24项，总投资2987亿元（"双百"项目是指投资超过百亿元或产值超过百亿元的重大产业项目；"双新"项目是指新产业、新技术项目，其中新产业项目包括战略性新兴产业、新业态、新模式等重点项目，新技术项目是指采用新技术改造提升传统产业的重点项目。"双百双新"产业项目范围主要涵盖先进制造业、战略性新兴产业，并包括大健康产业等重大项目）。

（5）《广西"千企技改"工程实施方案》提出，广西将以高成长性企业技术改造为重点，实施"千企技改"工程，培育一批发展速度快、产品质量优、经济效益好的"专精特新"中小企业，发展一批产品技术优势突出、在国内细分市场占有率领先的行业小巨人和单项冠军企业，加快培育新动能。

（6）南宁市出台的《南宁市工业高质量发展行动计划（2018～2020年)》指出，南宁将坚持"工业强市"战略，通过实施重点产业提升、新兴产业倍增、传统优势产业提质等12个大行动，推动南宁工业实现高质量发展。

二、加大环境污染综合治理

要以解决大气、水、土壤污染等突出问题为重点，全面加强环境污染防治，持续实施大气污染防治行动计划，加强水污染防治，开展土壤污染治理和修复，加强农业面源污染治理，加大城乡环境综合整治力度。

（1）广西已累计建成城镇生活垃圾无害化处理设施90座，城市道路机械化清扫率总体达到68%以上[①]。

（2）广西建立"村收镇运县处理""村收镇运片区处理"和"就近就地处理"三种模式的农村垃圾处理体系。

---

① 莫曲. 广西城镇生活垃圾无害化处理率达99%以上［EB/OL］. 人民网, http://www. gx. xin-huanet. com/newscenter/2019 – 11/20/c_1125252234. htm, 2019 – 11 – 20.

（3）制定切实可行的措施，积极推动海洋环境保护能力建设，建立近岸海域污染管控体系，将广西北部湾建设成为生态环境综合治理先行区，加快推进北部湾近岸海域的治理。

（4）广西壮族自治区 2018 财政年下达第一批环境污染防治专项资金 8240 万元，安排补助项目 12 个，全部资金将用于持续推进广西大气、水、土壤污染防治行动计划。在支持水污染防治项目方面自治区财政安排资金 3550 万元。在支持大气污染防治项目方面，自治区财政安排资金 3750 万元。在支持生态环境保护项目方面，自治区财政安排资金 940 万元①。

三、加快推进生态保护修复

要坚持保护优先、自然恢复为主，深入实施山水林田湖一体化生态保护和修复，开展大规模国土绿化行动，加快水土流失和荒漠化石漠化综合治理。

（1）2019 年 6 月，《桂林漓江生态保护和修复提升工程方案（2019～2025年)》经自治区党委、政府批准同意印发实施，涵盖了生态环境保护和治理、山水林田湖草生态保护修复、石漠化治理、矿山生态修复、生物多样性保护、生态系统保护、海绵城市建设、生态农业、新型工业、绿色产业等多方面、多领域。

（2）南宁市马山县古零镇弄拉屯大力治理石漠化，达到从封山育林、恢复植被、涵养水源到大力发展林果桑茶油药和多种养殖的显著成效。

（3）2017 年 12 月，广西启动实施左右江流域山水林田湖草生态保护修复工程，并成功列入国家第二批山水林田湖草生态保护修复工程试点。目前，项目区已基本完成南宁市西乡塘区美丽南宁·宜居乡村区域生态环境修复与建设二期工程、百色市田阳县巴某—露美—桥马片区环境综合治理及生态产业建设工程、崇左市水系生态修复工程等典型项目。

四、全面促进资源节约集约利用

生态环境问题，归根到底是资源过度开发、粗放利用、奢侈消费造成的。资源开发利用既要支撑当代人过上幸福生活，也要为子孙后代留下生存根基。要树立节约集约循环利用的资源观，用最少的资源环境代价取得最大的经济社会效益。

（1）建设联合企业型生态园区：贺州华润循环经济产业园区打造"废物循

---

① 耿学昌. 广西财政下达 2018 年第一批自治区环境污染防治专项资金 8240 万元［EB/OL］. 广西财政网，http：//czt. gxzf. gov. cn/xwdt/jgdt/20180309 – 73778. shtml，2018 – 3 – 9.

环利用产业链",实现火电、水泥、啤酒产业间资源循环。

（2）建设静脉产业型园区：梧州再生资源加工园区用"资源—产品—再生资源"闭环经济模式，把垃圾变废为宝。

（3）广西先后有19个县（市、区）获评"模范县"，初步形成了容县"工业房地产"、陆川县"九洲江综合整治"、灌阳县"超级稻绿色示范基地"、靖西市"低丘缓坡推进边境口岸建设"、平果县"采矿临时用地"等资源节约集约利用典型。平果县采矿临时用地制度创新示范点成为全国首批13个"四个创新"示范点之一，被国务院办公厅督查室列为破解土地资源节约集约利用难题的典型通报表扬。

（4）以静脉产业园为主，柳钢、鱼峰集团、凤糖等企业固体废弃物综合利用项目为辅，柳州将形成大宗固废综合利用循环产业"一地三园"的布局。

五、倡导推广绿色消费

生态文明建设同每个人息息相关，每个人都应该做践行者、推动者。要加强生态文明宣传教育，强化公民环境意识，推动形成节约适度、绿色低碳、文明健康的生活方式和消费模式，形成全社会共同参与的良好风尚。

（1）广西首批12个自治区生态环境科普基地授牌，分别为：自治区环境保护科学研究院、自治区辐射环境监督管理站、南宁市三峰能源有限公司、柳州市园博园、柳州市白沙污水处理厂、桂林市临桂区会仙湿地公园管理局、玉林市五彩田园中农富玉公司、广西合浦儒艮国家级自然保护区、北海金海湾红树林生态旅游区、广西北仑河口国家级自然保护区、广西防城港核电基地科普展厅、广西丹泉集团实业有限公司洞天酒海景区。

（2）南宁市大力开展"美丽南宁·整洁畅通有序大行动"，计划用两年时间实施市容环境整治工程、交通畅通工程、文明有序提升工程。

（3）全区节能宣传周和低碳日活动将以建设生态文化为主线，以动员社会各界参与节能减排降碳为重点，普及生态文明理念和知识，推动全民在衣食住行游等方面加快向简约适度、绿色低碳、文明健康的方式转变。

（4）为调整优化能源消费结构、促进生态文明建设，钦州市发展和改革委员会印发《钦州市新能源汽车推广应用攻坚工作方案》，提出到2020年，新能源汽车保有量、专用停车位、充电桩（插座）、示范单位建设四个方面完成自治区下达的攻坚目标：新能源汽车保有量突破3800辆，新增3200辆以上，规划建设新能源汽车专用停车位900个以上，建成投入使用新能源汽车充电桩300个以上、充电插座 800 个以上，在公共区域、机关、学校、小区、医院、商圈等建设新能源汽车推广应用示范单位 20 个以上①。

六、完善生态文明制度体系

推动绿色发展，建设生态文明，重在建章立制，用最严格的制度、最严密的法治保护生态环境，健全自然资源资产管理体制，加强自然资源和生态环境监管，推进环境保护督察，落实生态环境损害赔偿制度，完善环境保护公众参与制度。

（1）广西 14 个设区市中已有 8 个设区市出台《城市市容和环境卫生管理条例》或《建筑垃圾管理条例》等法规，自治区层面出台《广西城镇环卫保洁质量与评价标准》《广西城镇建筑垃圾资源化利用技术规程》等制度文件。

（2）《玉林市南流江流域水环境保护条例》2019 年 8 月 28 日经玉林市第五届人民代表大会常务委员会第二十四次会议通过，2019 年 9 月 27 日经广西壮族自治区第十三届人民代表大会常务委员会第十一次会议批准，于 2019 年 11 月 1 日起施行。

（3）广西从顶层设计着手，编制印发《广西 2019~2020 年降碳工作推进方案》，统筹部署全区降碳工作，组织修订《"十三五"设区市人民政府控制温室气体排放目标责任考核办法》。

---

① 钦州市发展和改革委员会. 钦州市新能源汽车推广应用攻坚工作方案印发实施［EB/OL］. 广西壮族自治区发展和改革委员会网，http：// zwgk. qinzhou. gov. cn/auto2521/gzdt_2874/201912/t20191227_309 2833. html，2020 - 1 - 6.

第十二章　广西践行"两山"理念的保障措施

第一节　构建合理的绿色财政支撑体系

财政是国家治理体系和治理能力的重要职能部门，是政策落实和实行的有力支柱，也是保证社会和谐稳定，推动经济健康发展、社会繁荣稳定的重要基石。绿色财政就是把绿色发展理念融入财政制度设计中去，对传统财政制度进行修正和改革，使之更加适应和推动绿色发展。融入绿色发展理念的财政制度，亦即绿色财政，不仅保持着传统的财政工具功能，同时更兼具资源节约、环境友好和生态保育的管理工具功能。构建合理的绿色财政支撑体系，有利于转变经济发展方式，维护市场统一，促进社会公平正义，充分发挥财政在国家治理体系和治理能力现代化中的基础和重要支柱作用。

一、加大财政政策扶持力度

充分发挥财政职能作用，加大财政政策扶持经济力度，全力做好稳增长和调结构各项工作，推进供给侧结构性改革，采取多方面举措推动区域经济发展朝着绿色、节能、高效的方面发展。

一是大力支持产业高质量发展，多渠道筹措资金，支持糖、铝等传统优势产业转型升级，支持发展互联网、大数据、人工智能等战略性新兴产业。积极发挥政府投资引导基金的引导带动作用，发起设立 6 只科创基金，支持"双百双新"产业项目建设。

二是大力支持科技创新，出台激励企业加大研发经费投入财政奖补实施办法，以企业上一年度享受研发费用加计扣除优惠政策的实际研发费用为依据，给予增量奖补和特殊奖补。下达创新驱动发展专项资金 7.24 亿元，支持科技重大专项和基地建设。

三是加大重点领域补短板，统筹中央预算内投资 150.56 亿元和自治区本级资金 49.59 亿元，实施一批重大基础设施、产业、生态环保、社会事业等项目。设立广西交通建设投资基金、广西工业高质量发展基金，重点支持自治区重大基础设施、产业项目建设。多渠道筹措资金 70 亿元，支持"四建一通"项目建设。

四是大力支持民营经济发展，落实承接东部中小企业转移升级工程资金，支持引进一批见效快、效益好的中小企业项目。加强与国家融资担保基金合作，落实风险代偿补偿资金，切实缓解小微企业和民营经济"融资难""融资贵"问题。建立优化营商环境攻坚突破年政府采购指标体系，确保政府采购优化营商环境政策落实到位。

五是大力支持乡村振兴，安排补助资金 70 亿元，专项用于支持乡村振兴三年行动计划。加快农业担保体系建设，全区农担业务在保余额突破 31.7 亿元，缓解农业农村"融资难""融资贵"问题。

六是大力支持县域经济发展与开放发展，激励市县强化管理、培植财源，组织收入、加快支出，担当实干、创先争优。

七是大力支持开放发展，统筹 14.68 亿元资金，利用亚行贷款 0.24 亿美元，重点支持西部陆海新通道重点基础设施项目建设。设立广西金融开放门户建设专项资金，支持各类开放合作示范区建设。

二、完善保障与激励并重的财政工作制度

进一步健全完善考核市县财政管理工作水平和努力程度的指标体系及激励制度，构建保障与激励并重的财政工作制度。激发各市县主动作为、干事创业精神，不断深化财税体制改革，主要包括三个方面的内容：完善自治区对下财政关系、预算管理改革、税收制度改革。其中，完善自治区对下财政关系包括推进财政事权与支出责任划分改革、建立保障与激励并重的财政管理体系、完善转移支付制度、推动区域均衡发展等；预算管理改革包括深化预算管理改革、全面实施预算绩效管理、提高预算透明度、创新财政投入方式等；税收制度改革包括落实中央税制改革、推进减税降费工作、完善地方税体系等。

虽然广西在现代财政制度建设方面取得了一定的进展和成效，但与目标要求还存在不小差距。例如，政府间财政关系需要进一步理顺，政府间事权和支出责

任划分、政府间收入划分和转移支付。预算管理改革仍需深入推进，财政资金使用绩效有待提高，地方政府性债务风险不容忽视；税收制度和地方税体系改革需要进一步推进，必须切实增强建立现代财政制度的使命担当。

进一步强化对市县财政的支持、指导和监管责任，实行"双奖双管"的考核制度。在市县做到干部职工当年工资按时足额发放、财政收支平衡以及政权机构正常运转的前提下，对市县实行"双奖"的激励约束考核。一是对市县税收收入增长，划分不同档次、确定不同比例给予奖励，重点向低收入层次倾斜。对主要靠资源开发和市场价格带动形成的收入高增长，在考核时做一定剔除。二是对市县地方财政收入上台阶的，给予一定数额的奖励。在加强财政管理方面，对县区实行"双奖"的同时用"双管"激励约束考核。一是对财政供养人员控制情况给予奖罚，对市县财政供养人员增长率低于全省市县平均增幅的，给予奖励，高于全省平均增幅的，予以相应扣罚。二是对控制和化解政府债务给予奖罚。按照负债率、债务率和偿债率等指标进行考核，对债务规模控制好、能按期归还债务的县区，给予一定数额的奖励，对债务增加的，相应进行扣罚。

三、合理减税降费政策，推动全区经济社会高质量发展

建立多元化绿色财政支撑体系，还需坚持强化经济逆周期调节，不折不扣贯彻落实更大规模减税降费政策，推动全区经济社会高质量发展。

第一，勤做"加"法。面对收入增速趋缓、支出刚性增长的复杂多变形势，自治区财政厅始终把党的政治建设摆在首位，坚决做到"两个维护"，坚决贯彻中央和自治区决策部署，科学坚持有"财"有"政"、"财"为"政"服务，坚持用党的科学理论和国家制度优势积极应对广西财政运行风险和各种困难挑战。印发《关于加强和改进自治区财政厅党的建设的实施办法》，以党的政治建设统领财政部门始终沿着正确的方向履职尽责，不折不扣推动加力提效的积极财政政策落地落实。

第二，巧做"减"法，全面落实更大规模减税降费。广西财政部门将实施更大规模的减税降费作为落实加力提效积极财政政策的头等大事来抓，统筹普惠性和结构性减税并举、降费与减支并行，提高研发费用税前加计扣除比例、实施小微企业普惠性税收减免。积极推进个税专项扣除，适度降低社保缴费金额，有效减轻企业负担、激发微观主体活力、增强经济增长后劲，让人民群众体验到实实在在的"获得感"。

第三，善做"乘"法，积极创新财政支持方式。面对依然复杂严峻的改革

发展任务,广西各级财政部门切实加快预算执行效率,加大财政支出力度,统筹推进自治区各项改革发展重大决策部署落地生效。同时,创新财政支持方式,进一步提升财政资金使用效益,充分发挥财政资金杠杆撬动作用和乘数效应,重点支持自治区重大基础设施、产业项目建设。加快推进全区农业信贷担保体系建设,引导金融资本加大对农业产业发展的资金投入。加快现有产业子基金和科技创投子基金投资,带动更多社会资本参与投资。

第四,常做"除"法。守牢保民生防风险的财政底线,为民纾困、托底民生,加大对基层和民生领域财政倾斜力度,扎实推进民生事业建设,不断建立健全保障和改善民生的长效机制。另外,综合施策,防范化解政府债务风险。坚决落实好各地防范化解政府债务风险的主体责任,科学完善并严格落实化解债务风险方案,有针对性地提前谋划化解风险、降低风险等级工作,超前准备、超前行动,牢牢把握化解政府债务风险的主动权。

此外,合理改革环境保护税适用情况和征收税额,继续推动"营改增"试点扩围,使财政运行平稳有序,减税成效显著。自治区共有营改增试点使纳税人减轻税,资源税费改革全面实施,合理使用环境保护税、大气污染物环境保护税、水污染物环境保护税、耕地占用税适等税收政策。例如,2019 年 7 月依法重新确定了全区 111 个县(市、区)的耕地、园地、林地、草地、农田水利用地、养殖水面、渔业水域滩涂以及其他农用地的耕地占用税适用税额。

从广西发展情况看,国家对广西发展高度重视,习近平总书记赋予广西"三大定位"新使命,提出"五个扎实"新要求,擘画"建设壮美广西 共圆复兴梦想"美好蓝图。广西同时享受少数民族区域自治、新时代推进西部大开发、沿海沿边地区开发开放等优惠政策,实现了国家发展战略全覆盖,当前又面临国家推进"一带一路"建设、粤港澳大湾区发展、西部陆海新通道建设、打造面向东盟的金融开放门户、加快中国(广西)自贸试验区建设等重大历史机遇。财政必须进一步推进思想再解放,大力弘扬担当实干的精神,深化财税体制改革,加快建立现代财政制度,更好地发挥财政的基础和重要支柱作用。促进统筹协调发展,完善财政管理体制。推进自治区以下财政事权和支出责任划分改革,在中央规定和授权的范围内,积极推进自治区以下财政事权和支出责任划分改革,力争继续在教育、交通、科技等公共领域有所突破,尽快形成科学合理、职责明确的财政事权和支出责任划分体系。推进自治区以下政府间收入划分改革,根据中央改革进程,在保持自治区和市县财力格局总体稳定的前提下,科学确定共享税自治区和市县分享方式及比例,适当增加市县税种,形成以共享税为主、专享税为辅，共享税分享合理、专享税划分科学的自治区与市县收入划分体系。推进完善转移支付制度改革，扩大一般性转移支付规模，清理规范专项转移支付，加强监督检查和绩效评价，健全保障与激励并重的转移支付制度体系。

第二节　打造绿色金融信贷机制

绿色金融是指适应世界经济发展潮流，把生态观念引入金融领域，在资金调配上倾向于绿色产业，在金融服务上保障环保产业，促进金融业和绿色经济的共赢发展。完备的绿色金融体系对推动经济结构转型升级、实现经济社会的可持续发展具有积极的推动作用，广西作为绿色金融实践的前沿阵地，在绿色金融支持地方经济发展过程中，结合自身特点做了大量有益的探索和实践，对助推地区经济发展、加速转型升级起到了积极作用。

一、加大信贷服务实体经济

为推动绿色金融健康发展，在金融服务上保证中小企业和居民信贷、融资需求，广西积极尝试多种途径打造绿色金融信贷机制。2018年7月，自治区人民政府金融办发布《关于构建绿色金融体系实施意见的通知》，文件中强调坚持绿色发展，服务实体。立足服务实体经济，引导金融机构创新绿色金融产品和服务方式，探索通过金融创新推动绿色产业发展的新思路、新模式和新途径，形成支持绿色产业发展的资源配置体系，为促进经济绿色发展提供强力支撑。

第一，发行绿色金融债业务，是自治区扶持民营企业和实体经济的一大创新举措，为各市区绿色领域企业拓宽金融信贷、降低融资成本提供了新渠道。例如，桂林银行已储备桂林县村级污水处理项目等符合绿色金融信贷投放标准的项目，下一阶段，桂林银行将进一步挖掘绿色金融债项目，帮助民营企业拓宽融资渠道，为桂林市建设国家可持续发展议程创新示范区贡献一分力量。

第二，制定并实施绿色金融服务实体经济政策，服务好自治区的民营企业，精准引导金融机构的信贷投放。2019年11月，中国人民银行南宁中心支行会同相关部门联合出台《关于金融支持西部陆海新通道建设的若干政策措施》《关于金融服务广西糖业全产业链发展的若干措施》《广西"民微首贷"提升计划》等系列绿色金融服务实体经济政策。该系列政策更好地发挥了货币政策工具的引导作用，中国人民银行南宁中心支行争取总行支持，新增再贷款、再贴现专项额度100亿元，精准引导金融机构加大"双百双新"产业项目、西部陆海新通道、糖业、民营和小微企业的信贷投放，更好地凝聚"几家抬"政策合力，加大财税支持力度、完善银担风险分担机制、扩大政策性融资担保业务覆盖面，财政、金融、产业、担保共同发力促进重点领域融资。同时，政府通过建立健全统计监测评估体系，完善联席会议制度，推进信息共享，实施联合惩戒，确保政策措施落地见效。

第三，继续推进全区"银税互动"绿色金融创新。"以税授信"成为有效破解民营企业、小微企业融资难问题的新路径，"银税互动"是国家税务总局和中国银监会出台文件助推小微企业发展的产品模式。目前在桂的21家国有、股份制、地方法人银行以及网商银行全部参与"银税互动"，先后推出了"桂银乐税贷""云税贷""e税快贷""有税贷更多""税金贷"等各具特色的"银税互动"金融产品，形成了普惠金融产品矩阵。"银税互动"秉持守信激励原则，贷款的额度和利率主要根据纳税数据和信用情况来确定，纳税多、信用好的企业相应获得的贷款额度高、利率低。第四季度是销售和资金回笼的旺季，也是企业用贷的高峰期，这些绿色借贷机制将做好纳税缴费信用数据的价值挖掘，推动和配合各银行金融机构完成线上"银税互动"的开发和对接，助力各大中小企业完成全年的目标任务。

二、探索金融服务乡村振兴产品和服务方式

在乡村振兴政策方面，广西也在积极探索金融服务乡村振兴产品和服务方式。一是积极稳妥开展农村小微企业信贷业务。提出加强续贷产品的开发和推广，简化续贷办理流程，支持正常经营的小微企业融资周转"无缝对接"。二是灵活运用应收账款融资服务平台。提出鼓励金融机构在县域、乡村民生基础设施领域，以收费权（应收账款）质押作为主要担保方式，支持供水、污水处理、燃气等企业开展质押融资活动。三是支持金融机构创新支农贷款产品。提出鼓励银行业金融机构以企业的纳税信用评级结果、纳税金额为重要参考依据，着力解决诚信纳税优质企业融资难问题；鼓励农业银行广西分行面向县域客户推广互联网金融产品，通过"惠农e贷""速贷保"等特色产品，运用大数据技术建立"银行＋政府＋企业＋农担＋农户"五位一体服务模式；鼓励邮政储蓄银行广西分行创新"特色果品种植业小额贷款"和"小微易贷"等线上贷款产品，为小微企业提供服务；鼓励农合机构利用"互联网＋现代农业"，结合"利农商城"，创新"致富

贷""快乐贷"等农户小额信贷产品，支持乡村共享经济和创意农业发展。

在乡村民生保障方面，聚焦脱贫攻坚提供精准金融服务，如重点支持旅游扶贫、资产收益扶贫、生态扶贫等产业扶贫项目和贫困地区致富带头人发展特色产业项目。积极推广贫困家庭学生助学贷款业务，提供更优惠利率贷款和条件，有效满足贫困家庭学生高中、大学、职业教育等学习期间学费及其他费用需求等，另外聚焦生态宜居提供专业化绿色金融服务。如通过商业化运作对县域垃圾处理、污水处理、城乡供水、农村住宅、乡村风貌提升等乡村综合整治项目，农村电力基础设施和升级改造项目等提供融资服务等。聚焦乡风文明提供特色金融服务，如对自治区"一镇一品"和农村自然生态、历史文化和资源环境综合开发项目，依托特许经营权、收费权、股权质押等信贷产品，运用"银行＋农户＋企业＋财政补贴"等模式提供金融服务。

三、精简流程，缩短信贷办理时间

获得信贷指标是衡量一个地区营商环境的重要指标之一。2019 年，在自治区开展的全区优化营商环境重点指标百日攻坚行动中，获得信贷指标攻坚将重点解决银行机构信贷业务办理时间过长、申请材料过多、办理环节过繁、信贷数据提取不便等问题，为广西企业经营发展创造良好的融资环境。

第一，提升大银行"获得信贷"便捷度，结合市区情况和银行业务要求，发展特色的企业定向微贷产品。建行广西分行以金融科技为支撑，面向小微企业普惠金融群体推广纯信用、无担保、全流程在线自助操作的"小微快贷"产品，着力破解小微企业融资难、融资贵、融资慢难题。

第二，充分运用大数据和金融科技，通过构建绿色金融体系，助推生态产业发展，是实现"大数据""大扶贫"战略行动的战略选择。一是引入国内外知名的供应链金融、碳资产开发、产业基金等企业，发起设立以绿色供应链为主线的网络交易平台，为广西乃至全国的绿色项目提供股权融资和债券融资，加速广西丰富的碳汇资源资本化，助推碳资源、排污权、节能量等绿色资源的定价、交易和融资；二是鼓励开展碳金融创新业务，抓紧启动碳现货远期交易，积极对接全国碳市场；三是争取国家有关部门帮助引导中东部地区大型国有企业出资购买贵州生态环境良好的碳排放权。通过采取上述措施，为我国排放权交易市场奠定了基础，也为西部地区科学、精准、有效脱贫提供绿色可持续的路径。

第三，精简银行信贷办理环节，在不动产抵押网上登记基础上，实现签订贷款合同与办理抵押登记手续环节相整合。优化小微企业额度抵押贷款业务办理环节,压缩信贷办理时限,完善限时办结制度。精简信贷申请材料,推行申贷材料统一公告、一次告知和一次补齐制度,对小微企业1000万元以下额度抵押贷款业务要梳理形成"申贷明白纸",推广"线上办贷""无纸化办贷"和免抵押"税银贷",扩大线上业务占比。中国人民银行南宁中心支行、广西银保监局、自治区地方金融监管局联合开展民营小微企业"民微首贷"提升行动,鼓励和引导金融机构做好企业融资培育、增加信用贷款供给、落实信贷限时办结等,破解民营和小微企业"首贷难"的痛点堵点。目前,"获得信贷明显提速"成为许多民营小微企业主的共同体会。从贷款结构看,金融机构主要支持广西重点领域、重点行业和民生领域的贷款需求。适度增加普惠口径小微企业贷款。各举措相互结合,成为打造绿色金融信贷机制中的有力落脚点,有效实践了绿色金融理念,稳定经济和财政才能更好地为践行"两山"理念助力。

第四,全面推行不动产抵押网上登记,各市、县(市、区)不动产抵押登记机构要开通抵押登记网上办理系统,实现涉信贷不动产抵押登记由银行端发起申请和打印权证,争取借款人办理抵押登记"一次也不用跑"。挖掘用好涉企政务数据这一"信用金矿",整合市场监管、税务、司法、自然资源、安全生产、产品质量、环境保护、知识产权以及企业用水、用电、用气信息,并按照有关规定向银行机构开放查询端口,各银行机构获得企业或个人授权后可查询企业相关信息,大幅提高评级授信效率。

第五,推广涉信贷中介限时服务制度,各涉信贷中介主管部门要督促资产评估、公证、审计等中介自律组织制定限时办结承诺文本,并在业务受理时向申请人提供。成立广西提升信贷服务会诊小组,定期分析评估攻坚行动工作进展,及时推广先进做法,全面加强优化信贷相关专题培训,完善地区中介制度条例建设。

第三节 实施绿色科学技术创新

一、加强国际国内间绿色技术交流合作

绿色发展要由理念变为现实,必须依靠发展绿色经济才能真正落地,造福于人类,发展绿色经济是营造山清水秀自然生态的关键。因此,广西应着力构建以生态农业、循环工业和持续服务产业为基本内容的经济结构、增长方式和社会形

态，以高效、和谐、持续作为科技发展目标，实行产业化结构转型和升级，大力实施绿色科学技术创新。

加强国际国内间的绿色技术交流合作。加强国际交流，发达国家绿色技术起步较早，因此，应鼓励企业出国考察，学习发达国家绿色技术，提高少数民族地区绿色技术的研发水平。同时，也要大胆"走出去"，接触一些国际合作论坛的契机展现广西地区的民族特色工业。例如，拿农业技术来说，目前我国农业机械化水平不断提高，东盟国家农业机械化水平还比较低，急需提升农机化水平。而且，东南亚国家种植了很多经济作物，需要不少小众农机产品，国内的小众农机在东盟国家必有用武之地。此外，也可以充分利用中国—东盟博览会在广西南宁举办的有利契机，与受邀而来的东盟国家采购团全方位探讨绿色农机设备、污染治理设备等，并通过合作与发展论坛、产品推介等活动，加强绿色产品的流通，提升环保领域的科技实力。广西与东盟国家地理位置相近，农业结构同质性高、农机装备需求相同、农机市场紧密相连，双方合作潜力巨大。

加强应对气候变化的国际合作，继续加大对跨国企业开展绿色经济领域的交流与合作的支持力度，鼓励企业引进、消化、吸收节能环保、低碳经济等领域的先进技术和设备；继续严格控制"高耗能、高排放"产品出口；鼓励外商投资和对外投资向节能环保绿色产业倾斜；在多双边框架下，在更广的范围、更深的层次上，加强国际交流与合作，实现互利共赢。

二、引进和扩大绿色技术人才队伍

绿色科学技术创新需要人才和队伍。农业农村要高质量发展、绿色发展和融合发展，必须依靠创新人才和队伍。一年来，各地各部门遵循人才资源开发规律，坚持市场配置人才资源的改革取向，加强和改善宏观调控，不断推进体制机制创新，为优秀人才大量涌现、健康成长营造了良好的社会环境。

一是组建高水平专家团队，发挥好人才的合力，推动产学研的有机结合。广西大力加强农业科技人才培养和引进，汇聚全区农科院所、高校农业科研人才，涵盖了主要优势特色产业。通过实施国家首席科学家（院士）科技支撑农业高质量发展行动，充分利用首席科学家（院士）高端人才智力资源，培养提升一批开拓创新能力较强的青年骨干人才。同时，创新推进市县农科院所改革，建立县域特色农业试验站，持续强化基层农技推广体系建设，设置乡镇农技推广机构和在编农技人员，培育科技示范主体，建立县乡两级科技试验示范基地，每年遴选推广一批主推技术，有力促进良种良法进村入户。

二是出台并完善重点发展产业领域人才规划和政策，为经济发展注入强大动力。广西通过接收港澳台三地的优秀青年科学家来桂开展科研工作，丰富和充实广西科技创新人才队伍，并为港澳台青年人才提供更多的科研平台与更广阔的创新空间，进一步推动三地与广西实现科技创新与产业高质量共赢发展。该计划将首批支持新材料、电子信息、物联网、海洋资源、节能环保、高端装备制造等广西重点发展的产业领域。自治区不断优化环保人才队伍，推动全区经济高质量发展。2019年5月，广西壮族自治区科技厅下发《关于征集2019年度"港澳台英才聚桂计划"工作岗位的通知》，标志着"港澳台英才聚桂计划"迈出关键性一步，广西引进港澳台人才的步伐进一步加快。由自治区科技厅资料显示，"港澳台英才聚桂计划"是《粤港澳大湾区发展规划纲要》出台后，地方出台的首个三地人才引进专项计划。

三、推进基层工作创新，健全产业培训体系

推进基层能力建设，重点提高基层环境监察、监测、应急等能力水平。重点提高基层环境监察、监测、应急等能力水平，力争走在西部地区前列。在加强环境监察执法能力方面，补齐全区所有市、县两级环境监察机构应配置的执法交通工具和调查取证、通信、办公等执法设备，重点加强工矿企业集中区域和重金属污染重点防控区的市、县环境监察机构建设。加强市级污染源自动监控中心建设，并建立移动执法数据平台，配置移动执法终端。在加强环境监测和预警应急能力方面，按照能够同时应对两起突发重大环境污染事件的要求，打造"两小时应急监测圈"。在生态文明建设和环保工作中，广西环保部门将坚持弘扬几代环保人咬着牙干、握着拳干、硬着头皮干、顶着压力干的"四干精神"，持之以恒、久久为功，每年抓出一批人民群众看得见、摸得着、能受益的治理成果。同时，呼唤环境信仰理性回归，重树环境信仰朴素价值，实现环境信仰传承发展，使之成为广西环保人深刻的精神信念和动力。

加强环保产业人才专业培养，完善干部培训体系。第一，抓好干部素质培训工程，开展党政人才队伍素质提升活动，加强环保专业技术人员网络在线学习。第二，加强环保专业技术人才培养，抓好专业技术人员知识更新工程。研究制定加强基层专业技术人才队伍建设的可行性办法和措施，推进专业技术人员知识更新工程和各项选拔培养工程，落实好少数民族专业技术人才特培计划等重点项目。落实加强基层专业技术人才队伍建设的实施办法，鼓励和引导专业技术人员在基层创新创业。第三，深入实施高技能人才振兴计划，围绕自治区产业结构优

化升级和绿色产业发展，加大就业技能培训、实训力度，提高城乡劳动者创业就业能力，大力弘扬"工匠精神"，积极开展岗位练兵和职业技能竞赛，选拔优秀高技能人才。第四，通过重点项目培育人才，围绕国家级专家服务基地平台，积极引导专家深入基层生产一线开展林业产业项目研究，加大对环保职业技能培训力度，打造环保产业技能培训品牌、特色培训品牌。

四、推动绿色产业结构化转型升级

绿色科学技术创新也需要对产业结构进行转型和升级，持续淘汰落后和过剩产能，推动产业结构转型升级，推进绿色发展，提高经济生态化水平。实现自治区绿色产业结构升级目标的主要举措主要有以下几点：

第一，加快发展绿色、循环农业，着力打造森林资源利用与木材加工、林下养殖、中草药利用及生物医药、生态与农业休闲旅游业等特色产业。加大对边境贸易及落地加工产业的科技支持力度。近年来，随着中美贸易摩擦不断升级，必然导致部分对美贸易的企业进行产业转移到边境地区和越南，利用原产地规则将本国的产品通过越南出口到美国，在一定程度上带动边境地区的贸易发展。国家和自治区通过财政转移支付加大对边境贸易产业转型升级（含边境贸易和边境加工产业）的支持力度，以财政专项资金作为导向，通过政策驱动优先发展边境贸易和加工产业，壮大边境贸易，实现兴边富民。引导相关制造业积极开拓国内以及其他国际市场，进一步提升订单来源的多元化，加强与其他国家尤其是"一带一路"沿线国家的合作，与此同时积极帮助外贸企业更好地"走出去"，拓展更多的国际市场，规避贸易摩擦带来的风险。

第二，政府加强配套公共服务和设施引导。为深入实施大数据战略，加快数字广西建设，培养一批数字广西建设标杆引领重点示范项目，如结合高新技术手段培养绿色产业生态合作区、环境治理示范区等，推动生态、绿色、有机、循环经济一体化发展，生态人居、环境、文化、家园同步建设，探索出一条具有广西特色的"绿色崛起"之路。

第三，立足区位优势和自身实际，把绿色生态作为发展的根本依托，大力发展最能体现资源禀赋优势的产业，着力做好"生态＋特色"发展大文章。继续培育和发展生态健康产业和旅游产业等产业，营造山清水秀的优良环境的同时，也为当地创造了绿色收入。

第四，落实创新发展新理念，结合减税降费、节能减排的大环境，打造以企业为创新主体的产学研协同创新体系。吸引社会资本加大研发投入创新，针对创新型企业制定优惠政策安排减少其产业转型升级阻力，促进产业高质量发展。积极开展各项活动，提高全民绿色意识，鼓励大家对绿色产品的使用和支持，在产品设计和使用中尽可能使用绿色材料，将绿色经济贯穿于全面建成小康社会和整个现代化建设的全过程中，为绿色经济营造出一个良好的发展环境。

第四节　培育公众绿色消费文化

一、开展健康知识普及行动，进行绿色消费主题宣传

绿色消费是一种以尊重自然、构筑和谐为宗旨，形成既保护环境又有利于人类发展的现代消费模式。作为新型生活观念和消费方式的绿色消费越来越受到世界的关注。习近平总书记在党的十九大报告中明确指出，要建立健全绿色低碳循环发展的经济体系，倡导绿色低碳的合理消费理念。作为一种与时俱进的消费理念，这是我国社会经济发展的新要求，被赋予了符合当前时代经济发展的消费文化内涵、人文价值与自然意识。为弘扬这一绿色消费理念，可以从以下几点出发：

第一，广泛开展健康知识普及行动，进行绿色消费主题宣传。广泛开展健康素养促进工作，全面普及维护健康的知识与技能，不断提高健康管理能力。建设跨部门、全领域的健康科普专家库，建立鼓励医疗卫生机构和医务人员开展健康促进与教育的激励约束机制。构建全媒体健康科普知识发布和传播机制，持续完善健康科普资源库。鼓励各级广播电视台和其他媒体开办优质健康科普节目。

第二，发扬好广西全民健身行动和全民志愿服务活动，健全社会体育指导员组织体系，提高闲置公共设施利用率，切实建造老百姓身边的健身组织和"15分钟健身圈"，推进公共体育场馆和设施免费或低收费开放。开展全民健身和全民健康深度融合工作，推动形成体医结合的疾病管理和健康服务模式。组织开展各级各类体育节庆和运动会、生态马拉松赛、公路自行车赛等群众喜闻乐见的品牌赛事活动，提倡机关、企事业单位开展工间操。把高校学生体质健康状况纳入对高校的考核评价。

第三，将生态文明建设和环境友好型社会建设的理念融入行业中。开展生态文明建设和环境友好型社会建设的有关宣传教育工作，把绿色消费纳入全国低碳日、环境日等主题倡议日中去，充分发挥工会、妇联、共青团及一些行业协会、

环保组织的作用，强化宣传推广，推动社会组织和公众参与生态环境保护。结合广西实际，充分发挥在旅游、文体、健康、会展等方面的优势，着力打造广西品牌，鼓励公众对新能源汽车、信息消费、商贸物流发展等具备基础的领域消费。围绕旅游、文化、体育、健康、养老、家政、教育培训等领域，进一步深化"放管服"改革，构建公平开放的市场环境，支持社会力量提供多层次多样化的服务，推进绿色服务消费，持续提质扩容。

第四，开发绿色产品。从绿色产品"价高"的现实出发，应完善经济政策，扶持绿色产业发展，开发绿色产品。对采用先进节能环保技术、有利于绿色消费的项目，给予必要的资金补助或税收减免；支持区域内新能源汽车城市公共交通和自行车租赁系统等的发展。制定绿色产品标准，加强认证和标识，建立绿色产品营销体系和追溯制度，引导公众绿色消费。运用市场化机制，引领社会资金的投入，用完善的制度保障生活方式绿色化的有序推进。

二、实施环境监测与保护工程

第一，实施广西大气污染综合防治工程、饮用水水源地保护和备用水源地建设工程以及城镇环保设施建设工程。开展"美丽广西·幸福乡村"活动，抓好以"厕所革命"为重点的农村人居环境整治，推进乡村风貌提升。遵循森林生态系统健康理念，加强森林资源培育与保护，科学开展森林抚育、林相改造和景观提升工程，优化森林环境。建立环境与健康的调查、监测和风险评估制度，实时监测环境污染、交通出行、消费品质量安全事故等。

广西素有"八山一水一分田"之称，环境承载力十分有限。这里既是维系珠江下游特别是粤港澳地区生态安全的重要屏障，又是全国岩溶分布面积最广和石漠化最严重的地区之一。特殊的地理位置和国土空间格局，决定了广西加快推进工业化、城镇化的任务繁重，也面临越来越大的资源环境压力。

第二，加强对企业环评、治理技术、提标改造的帮扶指导，一条扁担两头挑，一头挑着金山银山，一头挑着绿水青山。产业强、百姓富、生态美、人民群众幸福感高的绿色发展之路在广西越走越宽。大力优化营商环境，开展"减证便民"专项行动。完善对全区市、县两级审批部门和在桂从业环评中介机构工作质量考核的全覆盖，建立环评机构信用评价和"黑名单"制度，推动提高环评文件编制质量和速度。组织全区技术专家团队和自治区生态环境厅专家咨询委成员，先后开展"帮企减污"下基层系列活动，将环保科技服务送下基层政府、工业园区、重点流域和企业集团，开展一对一、点对点的专项技术指导服务，指导和帮助基层企业实现"减污增效",实现企业增收与减少污染双赢,多举措共施增强公众与企业环境保护和绿色消费的责任意识。

三、推动绿色便民工程建设,扩大绿色消费市场

推动移动支付绿色便民工程。不论是扫码吃饭,还是扫码乘车、扫码消费,便捷的移动支付产品在百姓生活中的应用场景越来越广泛。移动支付便民工程已纳入广西建设面向东盟的金融开放门户总体方案等重要文件,自治区政府与中国银联总公司签订战略合作协议,共同把广西建设成移动支付先行区,中国人民银行南宁中心支行也推出多项政策支持银行业统一标准,移动支付产品在公共便民领域广泛使用。广西将围绕衣食住行等便民领域,深入推进移动支付便民工程建设,为广大百姓提供更加安全规范、便捷高效的移动支付服务,切实提升便民、利民、惠民的服务水平。

加快畅通绿色产品流通渠道,扩大绿色消费市场。鼓励建立绿色批发市场、绿色商场、节能超市、节水超市、慈善超市等绿色流通主体。完善农村消费基础设施和销售网络,通过电商平台提供面向农村地区的绿色产品,丰富产品服务种类。同时进一步扩大重特大疾病医疗救助范围,并提高城乡居民高血压、糖尿病参保患者的医疗保障水平,不断提高人民群众的医疗保障水平,切实增强人民群众健康获得感、幸福感和安全感,树立健康、绿色的消费和生活方式。积极推进生态环境大数据、大平台、大系统建设,有效整合监测、执法、环评、应急等业务系统,为广西打好污染防治攻坚战提供基础数据和技术支撑。

不断提升政务服务便捷化、智能化水平。逐步实现办理个别政务事项"只用跑一次"甚至"一次不用跑",做好环境保护举报管理平台,解决好群众关心的身边环境与消费问题,到期办结率逐步提高。为执法人员配备执法终端设备,将移动执法系统与自动监控系统平台深度融合,做到精准执法、精细化管理,便民利民,绿色行政,建设美丽中国。

第五节 积极强化绿色投入

一、完善绿色资源的定价机制

完善资源类产品的定价机制,提升资源使用税,建立生态环境的补偿机制,

使资源税可以充分反映资源的使用价值以及其稀缺程度。政府部门应当出台相关环境生态政策以及利用财政手段，鼓励企业绿色投资，严格实施各项与绿色发展相关的法律。各级政府部门逐步建立以及推广绿色采购，制定相关的绿色采购标准，以及逐步提升政府部门的绿色采购比例。

第一，完善资源的定价机制就必须强化资源使用税，目前我国资源价格较低，资源使用税也较为不合理。因此，资源使用税的逐步完善不仅能够扩大收入范围，增加收入规模，并且能够加强其调节作用，调节现存的不合理的资源使用情况，增加资源的使用率，减少资源的浪费，促使资源使用方合理使用资源，提高自身生产技术水平和生产效率，高效合理利用资源，实现绿色化生产。广西拥有大量的矿产资源、水资源等一系列自然资源，但在资源的使用过程中，存在严重的浪费现象，如矿产过度开采、木材的乱砍滥伐，因此，资源使用税的合理强化具有重要性和必要性。

第二，完善资源的定价机制就必须建立健全政府指导方针，我国大多数中小企业，尚未建立健全环境保护意识，对资源的利用也没有建立完好的认知体系，缺乏政府机关的指导。只有政府机关不断地对地方企业进行指引，培养资源消费者的环境保护意识以及资源节约意识，资源使用者进一步认识到资源的稀缺性，才能更好地完善资源的定价机制。

二、积极强化绿色投入必须构建绿色采购标准

构建绿色采购标准，是积极强化绿色投入的重要步骤。绿色采购指的是政府和企业在采购活动中推广绿色低碳的理念，充分考虑了保护环境、节约资源、安全健康、低碳环保、节能减排等理念。因此，构建绿色采购标准必须要做到：

第一，统筹兼顾，完善顶层设计。着眼生态文明建设总体目标，统筹考虑资源环境、产业基础、消费需求、国际贸易等因素，兼顾资源节约、环境友好、消费友好等特性，制定基于产品全生命周期的绿色产品标准、认证、标识体系建设"一揽子"解决方案。

第二，坚持市场导向，激发内生动力。坚持市场化的改革方向，处理好政府与市场的关系，充分发挥标准化和认证认可对规范市场秩序、提高市场效率的有效作用，通过统一和完善绿色产品标准、认证、标识体系，建立并传递信任，激发市场活力，促进供需有效对接和结构升级。

第三，坚持继承创新，实现平稳过渡。立足现有基础，分步实施，有序推进，合理确定市场过渡期，通过政府引导和市场选择，逐步淘汰不适宜的制度，

实现绿色产品标准、认证、标识整合目标。

第四，坚持共建共享，推动社会共治。发挥各行业主管部门的职能作用，推动政、产、学、研、用各相关方广泛参与、分工协作、多元共治，建立健全行业采信、信息公开、社会监督等机制，完善相关法律法规和配套政策，推动绿色产品标准、认证、标识在全社会的使用和采信，共享绿色发展成果。

第五，坚持开放合作，加强国际接轨。立足国情实际，遵循国际规则，充分借鉴国外先进经验，深化国际合作交流，维护我国在绿色产品领域的发展权和话语权，促进我国绿色产品标准、认证、标识的国际接轨、互认，便利国际贸易和合作交往①。

三、积极强化绿色投入必须健全生态补偿机制

积极强化绿色投入就必须健全生态补偿机制。生态补偿机制指的是以保护生态环境、促进人与自然和谐为目的，根据生态系统服务价值、生态保护成本、发展机会成本，综合运用行政和市场手段，调整生态环境保护和建设相关各方之间利益关系的一种制度安排。主要针对区域性生态保护和环境污染防治领域，是一项具有经济激励作用、与"污染者付费"原则并存、基于"受益者付费和破坏者付费"原则的环境经济政策。要完善生态补偿机制就必须做到：

第一，建立自然保护区的生态补偿。要理顺和拓宽自然保护区投入渠道，提高自然保护区规范化建设水平；引导保护区及周边社区居民转变生产生活方式，降低周边社区对自然保护区的压力；全面评价周边地区各类建设项目对自然保护区生态环境破坏或功能区划调整、范围调整带来的生态损失，研究建立自然生态补偿机制。

第二，建立重要生态功能区的生态补偿。推动建立健全重要生态功能区的协调管理与投入机制；建立和完善重要生态功能区的生态环境质量监测、评价体系，加大重要生态功能区内的城乡环境综合整治力度；开展重要生态功能区生态补偿标准核算研究，研究建立重要生态功能区生态补偿标准体系。

第三，建立矿产资源开发的生态补偿。全面落实矿山环境治理和生态恢复责任，做到"不欠新账、多还旧账"；联合有关部门科学评价矿产资源开发环境治理与生态恢复保证金和矿山生态补偿基金的使用状况，研究制定科学的矿产资源开发生态补偿标准体系。

---

① 参见国务院办公厅发布的《关于建立统一的绿色产品标准、认证、标识体系的意见》。

第四，建立流域水环境保护的生态补偿。各地应当确保出界水质达到考核目标，根据出入境水质状况确定横向补偿标准；搭建有助于建立流域生态补偿机制的政府管理平台，推动建立流域生态保护共建共享机制；加强与有关各方协调，推动建立促进跨行政区的流域水环境保护的专项资金。

广西是一个生态环境薄弱的地区，因此，加强区内绿色投入，必须构建在生态环境良好的基础之上。

第六节　突出绿色政绩考核

一、完善绿色政绩考评主体是突出绿色政绩考核的重要方式

完善绿色政绩考评主体体系也是完善绿色考核机制的一个重要方式，考核评价是否具有公信力，考评主体是关键。完善考评主体体系，首先必须坚持政府主导，政府建立完善的生态考核分析会议，由组织部门牵头、相关部门参与，发挥各自的职能优势，在各方面工作做好把关。其次是加强群众的参与度，因为绿色政绩考核的核心就是突出公众的获得感，组织开展群众满意度的测评，以及对群众意见的收集，并且必须将考核结果公之于众。再次是探索推行领导干部实绩纪实和公示公议，定期将领导干部生态建设、环境保护与整治等"绿色政绩"集中公示，有序扩大群众对考核工作的知情度和参与度。最后是用好专业的力量，注重发挥相关部门的职能优势，利用专业性人才参与绿色考评。完善社会咨询、专家论证、听证公示，组织专业的评估结构，和专家参与绿色政绩的制定与实施，依托社会调研机构规范展开考评基础性工作，合力保证考评工作的专业性、规范性和权威性。要突出绿色政绩考核，必须要做到：

第一，妥善运用好绿色政绩的考评结果，充分运用考评的结果和考核导向的作用。首先，绿色考核作为评先评优重要依据。坚持把绿色发展作为"硬约束"，把贯彻上级生态文明建设决策部署不坚决、重大环境污染事故、土地管理秩序混乱列为"一票否决"事项，强化"绿色政绩"考核底线要求。对出现"一票否决"情况的班子和干部考核评价进行降档降级，直至取消考核评比资格。其次，绿色考核作为干部选任重要依据。对生态文明建设中表现优秀的干部给予提拔重用，旗帜鲜明地褒奖重用善于推动"两山"理念良性互动的干部，

善于提升发展质量和效益的干部，不图虚名、踏实干事的干部。最后，绿色考核作为责任追究重要依据。对"绿色政绩"考评中发现的问题，视情节轻重分别给予批评教育、诚勉谈话，必要时进行组织调整。探索完善生态环境损害责任终身追究制度、生态环境损害赔偿制度，强化绿色发展责任落实的制度刚性①。

第二，加强组织领导，形成科学有效的工作协调机制。建立"绿色GDP"综合考评体系，需要在领导体制、力量整合、调查制度研究上实现突破。建议自治区层面成立"绿色GDP"核算体系协调指导委员会；由组织部以及发改委等部门组成"绿色GDP"综合考评体系工作委员会，委员会的秘书处可设在依法主管GDP核算和全区统计工作的自治区统计局，形成组织高效、职责清晰、执行有力、运转顺畅的工作协调协作机构；在自治区层面将"绿色GDP"核算考评列为重大研究课题，组织科研、高校和主管部门联合攻关，并在经费等财力技术方面提供切实保障。

第三，科学整合基于"绿色GDP"核算要求的现有各项考评指标体系。GDP虽然不是最好的反映经济总量的指标，但目前尚无更好的指标取代GDP的重要作用。GDP的主要缺陷是没有充分反映经济发展成果所消耗的自然资源和所造成生态环境损失的代价。为此，"十一五"以来，我国对经济社会发展成果的核算和各项考核评价，都已尽可能考虑资源环境和社会民生的因素。如国务院实施的节能减排降碳考核评价并执行严格问责。由于在各项不同的考评体系中，对自然资源环境的核算还不充分，对资源环境指标所赋予的权重也不协调统一。因此，应结合广西实际。

二、完善绿色政绩考评方式是绿色政绩考核的重要途径

完善绿色政绩考核，还需要完善绿色考评的方式。完善绿色考评方式，需要做到：

第一，考评全面建成小康社会目标，建议采用国家推荐的西部方案，同时适应自治区主体功能区规划划分的不同县域发展的具体要求，在满足全区总体评价的基础上，对重点开发区域（县、市、区）进行评价，可以考虑适当减小资源环境的权重而相应增加经济等项目的权重；对农产品主产区的评价，则可适当减小经济二级指标关于工业化、城市化的指标权重，相应增加农业生产效率、农民收入以及资源、环境相应指标的权重；对重点生态功能区域的评价，则可以考

---

① 创新完善"绿色政绩"考核［EB/OL］.中国组织人事报，http：//www.donggang.gov.cn/msht-ml/2016 - 3/62232. html，2016 - 2 - 19.

虑淡化 GDP 总量，以及工业化、城镇化、招商引资等经济指标，而相应地加大第一产业、第三产业、扶贫开发、民生、高新技术产业增加值占 GDP 比重，单位 GDP 能耗、水耗、建设用地、环境保护费用占 GDP 比重，以及绿化覆盖率、城市污水及垃圾处理率、城市空气质量等有关指标的权重。

第二，考核评价全区科学发展十佳县、进步县（各 10 名），建议采用主体功能区的划分结果，对三类不同功能定位和不同发展要求的县（市、区），设定不完全一致的考评指标体系。总体考虑，首先，将原来十佳县考评仅设 5 项指标（经济 3 项、民生 2 项），初步扩展为"经济发展与结构优化、社会发展与民生改善、生态建设与可持续发展"三大领域的 25 个指标；其次，对不同功能区域的同一指标赋予不同的权重，如生态考评总体权重应不小于 20%，重点生态功能区生态考评权重则应达到 30%；最后，在国务院关于全面建成小康社会进程的考评政策出台后，考虑将生态建设考评的权重提高到仅次于民生改善考评的权数。

第三，考评机关绩效考评和市县领导班子及其政职政绩，建议相应区分不同区域并增设生态建设绩效的主要指标。对市一级考核可参照其所辖县区侧重于哪类主体功能区特征，就按该类功能区设定适合的指标和权重；对于县域一级则完全按照主体功能区的划分，先参照十佳县、进步县的考评方案执行，待条件成熟时建议按照小康测评方案执行，以突出体现绿色发展的时代要求。

三、完善绿色政绩考评调研是绿色政绩考核的重要道路

完善绿色政绩考评是一个漫长而又艰辛的探索过程，在建立健全绿色政绩考评的路上，还需要做到：

第一，全面加强自然资源和生态环境的统计调查基础工作。由于这些领域的统计业务基础和调查能力历来十分薄弱，而且缺乏统一明确的技术规范和职责分工，使资源环境的统计核算工作处于举步维艰的境地。各主管部门应重视和加强部门行政记录和统计调查业务工作，从机构、人员、经费、技术装备上给予有力保障，从制度设计、调查流程和数据质量控制上给予切实加强。自治区统计局将在职能范围内加强顶层设计、业务协调和技术指导，并为业务共建和信息共享提供重要的合作平台。

第二，继续深化"绿色 GDP"综合考评体系的研究和探索工作。这是一项艰巨复杂的科研任务，也绝非一日之功可期，但也不能消极等待国家的部署和推动。可选择一个设区的市，组织开展 SEEA 全面或某些专题领域的试点试编工

作，以积累经验；可成立一个多部门、多学界专家参与的联合课题组，结合广西实际需要，联合开展调查研究，争取一年内早出成果。如现代农业生态服务价值的测算可由有关部门牵头，参照北京等地的做法开展试点试算，为建立和完善"绿色 GDP"综合考评工作奠定更加扎实的基础①。

第七节　健全绿色法律法规

改革开放 40 余年来，我国的经济建设取得了巨大的发展，但粗放型的发展也对环境、生态造成了破坏，引发了环境污染、生态失调、能源短缺等现象，而现如今粗放型经济已经不再符合广西乃至全国的发展要求。在保护环境和维护生态的前提下，绿色经济的概念应运而生。绿色经济指的是适应环保和人类需求所诞生的一种新型业态，以市场为导向、传统经济为基础，以自然与经济融为一体和谐发展为目的的新型经济模式。随着人们对绿色经济的重视，对法律法规的要求也就日益迫切。要使绿色经济持续健康发展必须要有相应的法律法规支撑保障。法律法规越完善，绿色经济的发展也就越迅速。因此我们要把发展绿色经济作为我国推动可持续发展、促进经济转型的有效途径，让绿色经济成为"稳增长"与"调结构"的引擎。

一、推进多层次梯度立法

现阶段，应注重理顺并完善现有的与绿色经济有关的法律体系，再逐渐完善配套相关的规章制度，增强政策的可操作性和针对性。绿色经济涉及经济社会生活的各个方面，其相关立法是一项复杂综合的庞大系统工程，若想制定一部调整范围广泛、涵盖绿色经济全部内容的《绿色经济法》，既不现实也无必要。因此，我们需要统筹规划，尤其是协调好有关绿色经济发展的相关法律法规之间的关系，完善绿色经济的配套立法，特别是要鼓励地方进行立法探索，推进多层次梯度立法。

一是优先出台能源基本规章和绿色采购、环境恢复与生态补偿等方面的专门法规制度，结合广西发展实际进行编写，并广泛征询专业人士和人民群众的

① 莫素娟，曾治云. 资源县"准严实"推动调查研究出成效［EB/OL］. 广西新闻网，http：//news. gxnews. com. cn/staticpages/20191119/newgx5dd376e1 - 19044897. shtml，2019 - 11 - 19.

意见。

二是参照基本法律的前提下，逐步完成相关配套规章制度的建设。在我国目前的法律体系中有关发展绿色经济的法律制度比较多，并且法律条文分散，主要的法规包括 5 部防治环境污染和保护生态环境方面的立法、3 部资源利用方面的立法、10 余部与可持续发展相关的法律，如《环境保护法》《清洁生产促进法》《固体废物污染环境防治法》《节约能源法》《可再生能源促进法》《循环经济促进法》等，将这些法律和广西地区的生产生活情况相对照，在充分讨论后再确立各地的行政规章制度。

三是借鉴经济发达国家和地区在环境标准管理方面的立法经验，出台适于使用的环境标志、环境标准管理体系的实施法规，对环境税收、生态标志、绿色包装、绿色检疫等环保市场准入制度做出规定，强化外贸与引资项目环境管理，制定和完善国外对广西边境可能进行的"生态侵略""污染转嫁"等方面的法律法规①。

二、理顺体制，明确职责

发展绿色经济离不开健全的法律法规的支持和严明的执法体系。有关绿色经济的立法不断完善，但是执法力度却比较软弱，部分地区为谋求局部经济发展而大量破坏生态环境，地方保护主义严重，出现了有法不依、违法不究的现象，这不仅破坏了绿色经济法律制度，弱化了绿色经济的法律约束，而且不利于公民形成健全的环保意识。因此，我们在强化立法执法的过程中也要注意以下两点：

一是明确部门职责。当前，虽然已经将绿色经济纳入重点规划的项目上，可是当前尚未明确绿色监管体制，循环经济发展综合管理部门、环保主管部门、农业部门、建设部门等很多部门均有对绿色经济支持、促进、监管的职能，但各部门间的职责不够明确，存在着管理交叉、推诿扯皮、互相掣肘、互相抵消等问题。因此必须在法律层面上理顺绿色经济监督管理体制，明确各部门的权责，从机制上做到权责一致，建立认真负责、分工有序、执行流畅、有依有据的保障体制，促进绿色经济的发展。

二是强化激励制度，奖惩分明。积极推动完善绿色法律法规的制定机制，特别是完善相关约束机制，强化现有的法律法规条款，对自治区内一些高污染、高

---

① 晓理. 加强环境管理 促进经济和社会可持续发展［J］. 上海工业，1997（5）：16-17.

排放、高消耗的企业要采取硬约束。通过一系列激励措施，支持推动主体大力发展绿色经济，实现控制为主、惩罚为辅的法律法规体系，从根源上防治污染、排放等有害行为，实现绿色发展、绿色经济。同时，必须依法打击破坏生态环境和资源的行为，同时对执法犯法的行为予以严厉惩罚，增强法律的执行力，只有这样才能有效践行绿色经济制度，才能强化公众的环境保护意识。

参考文献

［1］步青云，白璐．贯彻落实"两山论"，深入推进环评制度改革［J］．环境保护，2019，47（23）：45－48.

［2］白光润．论生态文化与生态文明［J］．人文地理，2003（02）：75－78,6.

［3］毕国华，杨庆媛，刘苏．中国省域生态文明建设与城市化的耦合协调发展［J］．经济地理，2017，37（01）：50－58.

［4］陈德敏．循环经济的核心内涵是资源循环利用——兼论循环经济概念的科学运用［J］．中国人口·资源与环境，2004（02）：13－16.

［5］陈培培，张敏．从美丽乡村到都市居民消费空间——行动者网络理论与大世凹村的社会空间重构［J］．地理研究，2015，34（08）：1435－1446.

［6］成金华，冯银．我国环境问题区域差异的生态文明评价指标体系设计［J］．新疆师范大学学报（哲学社会科学版），2014，35（01）：30－37,2.

［7］成金华，陈军，李悦．中国生态文明发展水平测度与分析［J］．数量经济技术经济研究，2013，30（07）：36－50.

［8］蔡守秋．论我国法律体系生态化的正当性［J］．法学论坛，2013，28（02）：5－20.

［9］陈洪波，潘家华．我国生态文明建设理论与实践进展［J］．中国地质大学学报（社会科学版），2012，12（05）：13－17,138.

［10］陈晓丹，车秀珍，杨顺顺，邬彬．经济发达城市生态文明建设评价方法研究［J］．生态经济，2012（07）：52－56.

［11］陈志尚．论生态文明、全球化与人的发展［J］．北京大学学报（哲学社会科学版），2010，47（01）：56－57.

［12］蔡萌，汪宇明．低碳旅游：一种新的旅游发展方式［J］．旅游学刊，

2010，25（01）：13 - 17.

[13] 陈学明. 寻找构建生态文明的理论依据——评 J. B. 福斯特对马克思的生态理论的内涵及当代价值的揭示 [J]. 中国人民大学学报，2009，23（05）：99 - 107.

[14] 陈建成，程宝栋，印中华. 生态文明与中国林业可持续发展研究 [J]. 中国人口·资源与环境，2008（04）：139 - 142.

[15] 陈学明. "生态马克思主义"对于我们建设生态文明的启示 [J]. 复旦学报（社会科学版），2008（04）：8 - 17.

[16] 陈学明. 论建设生态文明必须克服的难题 [J]. 马克思主义研究，2008（05）：74 - 81.

[17] 陈寿朋. 牢固树立生态文明观念 [J]. 北京大学学报（哲学社会科学版），2008（01）：128 - 130.

[18] 陈克恭，师安隆. "绿水青山就是金山银山"对发展生态经济的新启示——以甘肃省为例 [J]. 环境保护，2019，47（05）：8 - 12.

[19] 陈华. 以绿色发展打造特色产业增长极——恩施州对"绿水青山就是金山银山"理论的实践 [J]. 环境保护，2018，46（18）：82 - 84.

[20] 蔡克信，杨红，马作珍莫. 乡村旅游：实现乡村振兴战略的一种路径选择 [J]. 农村经济，2018（09）：22 - 27.

[21] 陈翠芳，李小波. 生态文明建设的主要矛盾及中国方案 [J]. 湖北大学学报（哲学社会科学版），2019，46（06）：22 - 28.

[22] 陈帆，程为，曹晓锐. "绿水青山就是金山银山"的实践与思考[J]. 环境保护，2018，46（02）：42 - 49.

[23] 陈天富. 美丽乡村背景下河南乡村旅游发展问题与对策 [J]. 经济地理，2017，37（11）：236 - 240.

[24] 成金华，李悦，陈军. 中国生态文明发展水平的空间差异与趋同性 [J]. 中国人口·资源与环境，2015，25（05）：1 - 9.

[25] 曹顺仙. 深化生态文明研究的理论体系与方法 [J]. 中国特色社会主义研究，2016（02）：86 - 89.

[26] 段蕾，康沛竹. 走向社会主义生态文明新时代——论习近平生态文明思想的背景、内涵与意义 [J]. 科学社会主义，2016（02）：127 - 132.

[27] 董战峰，杨春玉，吴琼，高玲，葛察忠. 中国新型绿色城镇化战略框架研究 [J]. 生态经济，2014，30（02）：79 - 82，92.

［28］杜明娥，杨英姿．生态文明：人类社会文明范式的生态转型［J］．马克思主义研究，2012（09）：115－118．

［29］杜宇，刘俊昌．生态文明建设评价指标体系研究［J］．科学管理研究，2009，27（03）：60－63．

［30］杜雯翠，江河．"绿水青山就是金山银山"理论：重大命题、重大突破和重大创新［J］．环境保护，2017，45（19）：34－38．

［31］宓泽锋，曾刚，尚勇敏，陈思雨，朱菲菲．中国省域生态文明建设评价方法及空间格局演变［J］．经济地理，2016，36（04）：15－21．

［32］樊杰，周侃，陈东．生态文明建设中优化国土空间开发格局的经济地理学研究创新与应用实践［J］．经济地理，2013，33（01）：1－8．

［33］方时姣．绿色经济视野下的低碳经济发展新论［J］．中国人口·资源与环境，2010，20（04）：8－11．

［34］冯飞龙．马克思的多维自然观与当代生态文明建设［J］．求实，2009（10）：12－15．

［35］方文，杨勇兵．习近平绿色发展思想探析［J］．社会主义研究，2018（04）：15－23．

［36］高吉喜，韩永伟．关于《生态环境损害赔偿制度改革试点方案》的思考与建议［J］．环境保护，2016，44（02）：30－34．

［37］郭朝先，刘艳红，杨晓琰，王宏霞．中国环保产业投融资问题与机制创新［J］．中国人口·资源与环境，2015，25（08）：92－99．

［38］谷树忠，胡咏君，周洪．生态文明建设的科学内涵与基本路径［J］．资源科学，2013，35（01）：2－13．

［39］高珊，黄贤金．基于绩效评价的区域生态文明指标体系构建——以江苏省为例［J］．经济地理，2010，30（05）：823－828．

［40］郭华巍．"两山"重要理念的科学内涵和浙江实践［J］．人民论坛，2019（12）：40－41．

［41］郭占恒．"两山"思想引领中国迈向生态文明新时代［J］．中共浙江省委党校学报，2017，33（03）：20－25．

［42］古瑞华．"两山论"下民族地区生态扶贫的法治保障［J］．贵州民族研究，2017，38（03）：29－33．

［43］高环．从顶层设计上推动国有林区把"绿水青山"变成"金山银山"［J］．中国党政干部论坛，2016（08）：78．

［44］顾金喜．环境群体性事件的源头治理——基于"两山"论在浙江的实践分析［J］．浙江社会科学，2016（07）：83－89，157－158．

［45］巩前文，严耕．中国生态农业发展的进展、问题与展望［J］．现代经济探讨，2015（09）：63－67．

［46］韩喜平，孙贺．美丽乡村建设的定位、误区及推进思路［J］．经济纵横，2016（01）：87－90．

［47］黄承梁．以人类纪元史观范畴拓展生态文明认识新视野——深入学习习近平总书记"金山银山"与"绿水青山"论［J］．自然辩证法研究，2015，31（02）：123－126．

［48］黄勤，曾元，江琴．中国推进生态文明建设的研究进展［J］．中国人口·资源与环境，2015，25（02）：111－120．

［49］黄兴国．要金山银山　更要绿水青山——学习习近平同志关于生态文明建设的重要论述［J］．求是，2014（03）：20－22．

［50］黄巧云，田雪．生态文明建设背景下的农村环境问题及对策！［J］．华中农业大学学报（社会科学版），2014（02）：10－15．

［51］黄承梁．论习近平生态文明思想历史自然的形成和发展［J］．中国人口·资源与环境，2019，29（12）：1－8．

［52］何得桂．中国美丽乡村建设驱动机制研究［J］．生态经济，2014，30（10）：113－117．

［53］黄斌．马克思生态自然观的当代价值［J］．理论探索，2010（01）：31－34．

［54］胡伯项，胡文，孔祥宁．科学发展观研究的生态文明视角［J］．社会主义研究，2007（03）：53－55．

［55］黄震方，黄睿．城镇化与旅游发展背景下的乡村文化研究：学术争鸣与研究方向［J］．地理研究，2018，37（02）：233－249．

［56］黄承梁．习近平新时代生态文明建设思想的核心价值［J］．行政管理改革，2018（02）：22－27．

［57］黄茂兴，叶琪．马克思主义绿色发展观与当代中国的绿色发展——兼评环境与发展不相容论［J］．经济研究，2017，52（06）：17－30．

［58］何林．论习近平对马克思生态思想的丰富与发展［J］．广西社会科学，2017（04）：1－5．

［59］何成军，李晓琴，银元．休闲农业与美丽乡村耦合度评价指标体系构

建及应用 [J]. 地域研究与开发, 2016, 35 (05): 158-162.

[60] 胡长生, 胡宇喆. 习近平新时代生态文明观的理论贡献 [J]. 求实, 2018 (06): 4-20, 107.

[61] 胡珺, 宋献中, 王红建. 非正式制度、家乡认同与企业环境治理 [J]. 管理世界, 2017 (03): 76-94, 187-188.

[62] 黄祖辉, 姜霞. 以"两山"理念引领丘陵山区减贫与发展 [J]. 农业经济问题, 2017, 38 (08): 4-10, 110.

[63] 靳诚, 陆玉麒. 县域单元美丽乡村建设类型划分与生态廊道构建——以浙江省德清县为例 [J]. 长江流域资源与环境, 2015, 24 (11): 1819-1825.

[64] 孔翔, 杨宏玲. 基于生态文明建设的区域经济发展模式优化 [J]. 经济问题探索, 2011 (07): 38-42.

[65] 柯水发, 朱烈夫, 袁航, 纪谱华. "两山"理念的经济学阐释及政策启示——以全面停止天然林商业性采伐为例 [J]. 中国农村经济, 2018 (12): 52-66.

[66] 刘建伟. 习近平生态文明建设思想中蕴含的四大思维 [J]. 求实, 2015 (04): 14-20.

[67] 李泽红, 王卷乐, 赵中平, 董锁成, 李宇, 诸云强, 程昊. 丝绸之路经济带生态环境格局与生态文明建设模式 [J]. 资源科学, 2014, 36 (12): 2476-2482.

[68] 李迅. 生态文明视野下的城乡规划转型发展 [J]. 城市规划, 2014, 38 (S2): 77-83.

[69] 李力, 王景福. 生态红线制度建设的理论和实践 [J]. 生态经济, 2014, 30 (08): 138-140.

[70] 刘芳, 苗旺. 水生态文明建设系统要素的体系模型构建研究 [J]. 中国人口·资源与环境, 2016, 26 (05): 117-122.

[71] 林坚, 李军洋. "两山"理念的哲学思考和实践探索 [J]. 前线, 2019 (09): 4-6.

[72] 卢宁. 从"两山理论"到绿色发展: 马克思主义生产力理论的创新成果 [J]. 浙江社会科学, 2016 (01): 22-24.

[73] 李茜, 胡昊, 李名升, 张殷俊, 宋金平, 张建辉, 张凤英. 中国生态文明综合评价及环境、经济与社会协调发展研究 [J]. 资源科学, 2015, 37

（07）：1444 – 1454.

［74］李全喜. 习近平生态文明建设思想的内涵体系、理论创新与现实践履［J］. 河海大学学报（哲学社会科学版），2015，17（03）：9 – 13，89.

［75］李大元，孙妍，杨广. 企业环境效益、能源效率与经济绩效关系研究［J］. 管理评论，2015，27（05）：29 – 37.

［76］李曦辉，黄基鑫. 绿色发展：新常态背景下中国经济发展新战略［J］. 经济与管理研究，2019，40（08）：3 – 15.

［77］吕忠梅. 生态文明建设的法治思考［J］. 法学杂志，2014，35（05）：10 – 21.

［78］吕忠梅. 美丽乡村建设视域下的环境法思考［J］. 华中农业大学学报（社会科学版），2014（02）：1 – 9.

［79］吕忠梅. 中国生态法治建设的路线图［J］. 中国社会科学，2013（05）：17 – 22.

［80］吕忠梅. 论生态文明建设的综合决策法律机制［J］. 中国法学，2014（03）：20 – 33.

［81］刘思华，方时姣. 绿色发展与绿色崛起的两大引擎——论生态文明创新经济的两个基本形态［J］. 经济纵横，2012（07）：38 – 43.

［82］廖曰文，章燕妮. 生态文明的内涵及其现实意义［J］. 中国人口·资源与环境，2011，21（S1）：377 – 380.

［83］刘思华. 科学发展观视域中的绿色发展［J］. 当代经济研究，2011（05）：65 – 70.

［84］卢黎歌，李小京，魏华. 生态伦理思想的觉醒与当前中国生态文明建设的困境［J］. 西安交通大学学报（社会科学版），2011，31（01）：6 – 11.

［85］刘湘溶. 经济发展方式的生态化与我国的生态文明建设［J］. 南京社会科学，2009（06）：33 – 37.

［86］李慧明，左晓利，王磊. 产业生态化及其实施路径选择——我国生态文明建设的重要内容［J］. 南开学报（哲学社会科学版），2009（03）：34 – 42.

［87］刘思华. 中国特色社会主义生态文明发展道路初探［J］. 马克思主义研究，2009（03）：69 – 72，160.

［88］李明华，陈真亮，文黎照. 生态文明与中国环境政策的转型［J］. 浙江社会科学，2008（11）：82 – 86，128.

［89］李桂花，杜颖. “绿水青山就是金山银山”生态文明理念探析［J］.

新疆师范大学学报（哲学社会科学版），2019，40（04）：43－51.

[90] 刘小英. 文明形态的演化与生态文明的前景 [J]. 武汉大学学报（哲学社会科学版），2006（05）：673－678.

[91] 刘伟江，朱云，叶维丽，张文静，王东. "绿水青山就是金山银山"的哲学基础及实践建议 [J]. 环境保护，2018，46（20）：52－54.

[92] 龙花楼，刘永强，李婷婷，万军. 生态文明建设视角下土地利用规划与环境保护规划的空间衔接研究 [J]. 经济地理，2014，34（05）：1－8.

[93] 梁文森. 生态文明指标体系问题 [J]. 经济学家，2009（03）：102－104.

[94] 刘晓勇，魏靖宇. 习近平"两山"理念的哲学基础 [J]. 人民论坛·学术前沿，2018（11）：122－127.

[95] 刘磊. 习近平新时代生态文明建设思想研究 [J]. 上海经济研究，2018（03）：14－22，71.

[96] 李祖扬，邢子政. 从原始文明到生态文明——关于人与自然关系的回顾和反思 [J]. 南开学报，1999（03）：37－44.

[97] 罗成书，周世锋. 以"两山"理念指导国家重点生态功能区转型发展 [J]. 宏观经济管理，2017（07）：62－65.

[98] 李周. 推进生态文明建设　努力建设美丽乡村 [J]. 中国农村经济，2016（10）：21－23.

[99] 马凯. 坚定不移推进生态文明建设 [J]. 求是，2013（09）：3－9.

[100] 毛世英，刘艳菊. 全面理解生态文明与三大文明之间的关系 [J]. 社会主义研究，2008（04）：82－86.

[101] 马继东. 福斯特的生态学马克思主义理论对我国建设社会主义生态文明的启示 [J]. 社会主义研究，2008（03）：31－34.

[102] 马勇，郭田田. 践行"两山理论"：生态旅游发展的核心价值与实施路径 [J]. 旅游学刊，2018，33（08）：16－18.

[103] 马中，王若师，昌敦虎，马本，张露之. 践行"绿水青山就是金山银山"就是建设生态文明 [J]. 环境保护，2018，46（13）：7－10.

[104] 穆艳杰，马德帅. 以"两山"思想为主要内容的习近平生态文明思想与中国实践分析 [J]. 思想理论教育导刊，2018（06）：17－21.

[105] 彭向刚，向俊杰. 中国三种生态文明建设模式的反思与超越 [J]. 中国人口·资源与环境，2015，25（03）：12－18.

［106］彭文斌，胡孟琦，路江林．"绿水青山"理念的绿色分工演进与实践路径［J］．湖南科技大学学报（社会科学版），2018，21（04）：120－124.

［107］潘文革．打造践行"两山"理念的样板地［J］．党建，2017（12）：40.

［108］彭有冬．林业是践行"两山"理念的主阵地［J］．党建，2017（12）：41.

［109］齐骥．"两山"理念在乡村振兴中的价值实现及文化启示［J］．山东大学学报（哲学社会科学版），2019（05）：145－155.

［110］裘东耀．绿水青山就是金山银山——湖州推动生态文明建设的生动实践［J］．求是，2015（15）：54－55.

［111］秦书生，王旭，付晗宁．我国推进绿色发展的困境与对策——基于生态文明建设融入经济建设的探究［J］．生态经济，2015，31（07）：168－171,180.

［112］齐心．生态文明建设评价指标体系研究［J］．生态经济，2013（12）：182－186.

［113］齐晔，蔡琴．可持续发展理论三项进展［J］．中国人口·资源与环境，2010，20（04）：110－116.

［114］齐昕，张景帅，徐维祥．浙江省县域经济韧性发展评价研究［J］．浙江社会科学，2019（05）：40－46，156.

［115］仇保兴．生态文明时代乡村建设的基本对策［J］．城市规划，2008（04）：9－21.

［116］秋缬滢．以"绿水青山就是金山银山"理念引领新行动［J］．环境保护，2017，45（23）：7.

［117］任丙强．生态文明建设视角下的环境治理：问题、挑战与对策［J］．政治学研究，2013（05）：64－70.

［118］任铃，王伟．共同体视域下的"两山论"及其实现方式［J］．思想政治教育研究，2019，35（05）：44－48.

［119］任俊霖，李浩，伍新木，李雪松．基于主成分分析法的长江经济带省会城市水生态文明评价［J］．长江流域资源与环境，2016，25（10）：1537－1544.

［120］舒小林，高应蓓，张元霞，杨春宇．旅游产业与生态文明城市耦合关系及协调发展研究［J］．中国人口·资源与环境，2015，25（03）：82－90.

[121] 沈广明，钟明华．习近平生态文明思想的政治经济学解读 [J]．马克思主义研究，2019（08）：104－111．

[122] 孙要良．保护绿水青山就是保护生产力 [J]．前线，2019（07）：40－43．

[123] 孙新章，王兰英，姜艺，贾莉，秦媛，何霄嘉，姚娜．以全球视野推进生态文明建设 [J]．中国人口·资源与环境，2013，23（07）：9－12．

[124] 沈清基．论基于生态文明的新型城镇化 [J]．城市规划学刊，2013（01）：29－36．

[125] 束洪福．论生态文明建设的意义与对策 [J]．中国特色社会主义研究，2008（04）：54－57．

[126] 是丽娜，王国聘．生态文明理论研究述评 [J]．社会主义研究，2008（01）：11－13．

[127] 孙钰．生态文明建设与可持续发展——访中国工程院院士李文华 [J]．环境保护，2007（21）：32－34．

[128] 苏杨，马宙宙．我国农村现代化进程中的环境污染问题及对策研究 [J]．中国人口·资源与环境，2006（02）：12－18．

[129] 孙炜琳，王瑞波，姜茜，黄圣男．农业绿色发展的内涵与评价研究 [J]．中国农业资源与区划，2019，40（04）：14－21．

[130] 沈满洪．习近平生态文明思想的萌发与升华 [J]．中国人口·资源与环境，2018，28（09）：1－7．

[131] 孙建博．以改革实干践行"两山论" [J]．人民论坛，2018（09）：45．

[132] 沈满洪．习近平生态文明思想研究——从"两山"理念到生态文明思想体系 [J]．治理研究，2018，34（02）：5－13．

[133] 陶良虎．建设生态文明 打造美丽中国——学习习近平总书记关于生态文明建设的重要论述 [J]．理论探索，2014（02）：10－11，68．

[134] 田淑英，夏梦丽，金伟．新安江流域安徽段践行"两山论"的模式探索 [J]．江淮论坛，2019（02）：57－62．

[135] 唐承财，郑倩倩，王晓迪，邹兆莎．基于两山理论的传统村落旅游业绿色发展模式探讨 [J]．干旱区资源与环境，2019，33（02）：203－208．

[136] 田启波．全球化进程中的生态文明 [J]．社会科学，2004（04）：119－124．

［137］魏卫，何蓓婷．"美丽乡村"旅游产业园创新模式［J］．西北农林科技大学学报（社会科学版），2016，16（03）：63－68.

［138］王海芹，高世楫．我国绿色发展萌芽、起步与政策演进：若干阶段性特征观察［J］．改革，2016（03）：6－26.

［139］王雨辰．有机马克思主义的生态文明观评析［J］．马克思主义研究，2015（12）：80－90，158.

［140］王秋凤，于贵瑞，何洪林，何念鹏，盛文萍，马安娜，郑涵，左尧．中国自然保护区体系和综合管理体系建设的思考［J］．资源科学，2015，37（07）：1357－1366.

［141］王凯．两山论、两条底线与自然资源治理［J］．中国环境管理，2019，11（04）：99－104.

［142］王永康．绿水青山与金山银山［J］．求是，2014（16）：56－57.

［143］王灿发．论生态文明建设法律保障体系的构建［J］．中国法学，2014（03）：34－53.

［144］王灿发，江钦辉．论生态红线的法律制度保障［J］．环境保护，2014，42（Z1）：30－33.

［145］王卫星．美丽乡村建设：现状与对策［J］．华中师范大学学报（人文社会科学版），2014，53（01）：1－6.

［146］吴理财，吴孔凡．美丽乡村建设四种模式及比较——基于安吉、永嘉、高淳、江宁四地的调查［J］．华中农业大学学报（社会科学版），2014（01）：15－22.

［147］万俊人．美丽中国的哲学智慧与行动意义［J］．中国社会科学，2013（05）：5－11.

［148］吴鹏．生态修复法制初探——基于生态文明社会建设的需要［J］．河北法学，2013，31（05）：170－176.

［149］王晓广．生态文明视域下的美丽中国建设［J］．北京师范大学学报（社会科学版），2013（02）：19－25.

［150］王金南，蒋洪强，张惠远，葛察忠．迈向美丽中国的生态文明建设战略框架设计［J］．环境保护，2012（23）：14－18.

［151］邬晓燕．绿色发展及其实践路径［J］．北京交通大学学报（社会科学版），2014，13（03）：97－101.

［152］吴守蓉，王华荣．生态文明建设驱动机制研究［J］．中国行政管理，

2012（07）：60 - 64.

　　[153] 王景通，林建华．"金山银山"与"绿水青山"关系的逻辑理路 [J].学习与探索，2019（06）：28 - 32.

　　[154] 王雨辰．论生态学马克思主义与我国的生态文明理论研究 [J].马克思主义研究，2011（03）：76 - 82，128，159.

　　[155] 翁鸣．社会主义新农村建设实践和创新的典范——"湖州·中国美丽乡村建设（湖州模式）研讨会"综述 [J].中国农村经济，2011（02）：93 - 96.

　　[156] 王朝全．论生态文明、循环经济与和谐社会的内在逻辑 [J].软科学，2009，23（08）：69 - 73.

　　[157] 王欧，宋洪远．建立农业生态补偿机制的探讨 [J].农业经济问题，2005（06）：22 - 28，79.

　　[158] 王少峰．"两山"理念指导绿色发展 [J].前线，2019（03）：14 - 17.

　　[159] 翁智雄，马忠玉，朱斌，程翠云，段显明．"绿水青山就是金山银山"思想的浙江实践创新 [J].环境保护，2018，46（09）：53 - 57.

　　[160] 王景新，支晓娟．中国乡村振兴及其地域空间重构——特色小镇与美丽乡村同建振兴乡村的案例、经验及未来 [J].南京农业大学学报（社会科学版），2018，18（02）：17 - 26，157 - 158.

　　[161] 吴义勤．"绿水青山就是金山银山"理念的生动诠释 [J].党建，2017（12）：41.

　　[162] 王欣．探讨"两山论"实践路径　加快建设资源节约环境友好的"无废城市"[J].环境保护，2019，47（20）：39 - 42.

　　[163] 王东，李宏伟．"天人和谐型生态文明观"的思想精髓 [J].人民论坛，2017（31）：20 - 21.

　　[164] 吴旭平，潘恩荣．"两山"理念的制度性实在建构 [J].自然辩证法研究，2017，33（07）：70 - 75.

　　[165] 伍瑛．生态文明的内涵与特征 [J].生态经济，2000（02）：38 - 40.

　　[166] 王金南，苏洁琼，万军．"绿水青山就是金山银山"的理论内涵及其实现机制创新 [J].环境保护，2017，45（11）：13 - 17.

　　[167] 王会，姜雪梅，陈建成，宋维明．"绿水青山"与"金山银山"关

系的经济理论解析［J］. 中国农村经济, 2017 (04): 2 - 12.

[168] 王丹玉, 王山, 潘桂媚, 奉公. 农村产业融合视域下美丽乡村建设困境分析［J］. 西北农林科技大学学报 (社会科学版), 2017, 17 (02): 152 - 160.

[169] 邬晓霞, 张双悦. "绿色发展" 理念的形成及未来走势［J］. 经济问题, 2017 (02): 30 - 34.

[170] 万宝瑞. 新形势下我国农业发展战略思考［J］. 农业经济问题, 2017, 38 (01): 4 - 8.

[171] 王祖强, 刘磊. 生态文明建设的机制和路径——浙江践行 "两山" 理念的启示［J］. 毛泽东邓小平理论研究, 2016 (09): 39 - 44, 91 - 92.

[172] 徐海红. 绿色发展的中国方案: 从重要思想到行动［J］. 齐鲁学刊, 2019 (05): 71 - 79.

[173] 熊德威, 袁其国, 赵建平, 薛松贵. 后发展地区生态环境保护路径选择——以贵州省为例［J］. 环境保护, 2016, 44 (06): 35 - 40.

[174] 徐水华, 陈璇. 习近平生态思想的多维解读［J］. 求实, 2014 (11): 16 - 21.

[175] 徐磊. 习近平 "两山论" 再探: 生态生产力的新视界［J］. 广西社会科学, 2019 (06): 18 - 22.

[176] 夏光. 再论生态文明建设的制度创新［J］. 环境保护, 2012 (23): 19 - 22.

[177] 徐春. 生态文明在人类文明中的地位［J］. 中国人民大学学报, 2010, 24 (02): 37 - 45.

[178] 徐春. 对生态文明概念的理论阐释［J］. 北京大学学报 (哲学社会科学版), 2010, 47 (01): 61 - 63.

[179] 徐祥民. "两山" 理念探源［J］. 中州学刊, 2019 (05): 93 - 99.

[180] 徐朝旭, 裴士军. "绿水青山就是金山银山" 重要思想的深刻内涵和价值观基础——基于中西生态哲学视野［J］. 东南学术, 2019 (03): 17 - 24.

[181] 徐磊, 曹孟勤. 试论生态资本何以可能——基于习近平 "两山论" 的视阈［J］. 广西社会科学, 2018 (10): 1 - 5.

[182] 徐以祥, 刘海波. 生态文明与我国环境法律责任立法的完善［J］. 法学杂志, 2014, 35 (07): 30 - 37.

[183] 许冬梅, 梁开军, 张兴林. 甘肃省古浪县八步沙林场践行 "两山"

理念的调查与思考［J］．环境保护，2019，47（21）：73－74.

［184］余瑞祥．生态文明的本质是实现清洁的现代化［J］．党建，2015（03）：51.

［185］严耕，林震，吴明红．中国省域生态文明建设的进展与评价［J］．中国行政管理，2013（10）：7－12.

［186］杨卫军．从可持续发展到建设美丽中国：党的生态文明建设思想的演进与实现路径［J］．探索，2013（04）：4－8.

［187］尹成勇．浅析生态文明建设［J］．生态经济，2006（09）：139－141.

［188］俞可平．科学发展观与生态文明［J］．马克思主义与现实，2005（04）：4－5.

［189］于开红，付宗平，李鑫．深度贫困地区的"两山困境"与乡村振兴［J］．农村经济，2018（09）：16－21.

［190］尹怀斌，刘剑虹．"两山"理念的伦理价值及其实践维度［J］．浙江社会科学，2018（07）：82－88，66，158.

［191］杨继瑞，杨蓉．中国特色社会主义人与自然和谐共生理论的经济学思考［J］．经济纵横，2018（06）：1－8.

［192］尹怀斌．从"余村现象"看"两山"理念及其实践［J］．自然辩证法研究，2017，33（07）：65－69.

［193］于天宇，李桂花．习近平生态生产力思想论析［J］．学习与探索，2017（06）：77－84，174.

［194］杨莉，刘海燕．习近平"两山理论"的科学内涵及思维能力的分析［J］．自然辩证法研究，2019，35（10）：107－111.

［195］杨卫军．习近平绿色发展观的哲学底蕴［J］．学术论坛，2016，39（09）：20－24.

［196］于法稳．习近平绿色发展新思想与农业的绿色转型发展［J］．中国农村观察，2016（05）：2－9，94.

［197］杨美勤，唐鸣．习近平"两山"论的四重逻辑［J］．科学社会主义，2019（06）：87－92.

［198］赵建军，杨博．"绿水青山就是金山银山"的哲学意蕴与时代价值［J］．自然辩证法研究，2015，31（12）：104－109.

［199］庄晋财，王春燕．复合系统视角的美丽乡村可持续发展研究——广西

恭城瑶族自治县红岩村的案例［J］．农业经济问题，2016，37（06）：9－17，110.

［200］庄友刚．准确把握绿色发展理念的科学规定性［J］．中国特色社会主义研究，2016（01）：89－94.

［201］朱媛媛，余斌，曾菊新，韩勇．国家限制开发区"生产—生活—生态"空间的优化——以湖北省五峰县为例［J］．经济地理，2015，35（04）：26－32.

［202］张景奇，孙萍，徐建．我国城市生态文明建设研究述评［J］．经济地理，2014，34（08）：137－142，185.

［203］张欢，成金华，陈军，倪琳．中国省域生态文明建设差异分析［J］．中国人口·资源与环境，2014，24（06）：22－29.

［204］张高丽．大力推进生态文明　努力建设美丽中国［J］．求是，2013（24）：3－11.

［205］张智光．人类文明与生态安全：共生空间的演化理论［J］．中国人口·资源与环境，2013，23（07）：1－8.

［206］张弥．社会主义生态文明的内涵、特征及实现路径［J］．中国特色社会主义研究，2013（02）：84－87.

［207］张文斌，颜毓洁．从"美丽中国"的视角论生态文明建设的意义与策略——从党的十八大报告谈起［J］．生态经济，2013（04）：184－188.

［208］张劲松．生态文明十大制度建设论［J］．行政论坛，2013，20（02）：5－10.

［209］朱春燕，董晶．湖北"两山"地区"绿色发展"道路的经济学思考——基于后发优势和比较优势理论［J］．理论月刊，2011（12）：163－166.

［210］张车伟，邓仲良．探索"两山理念"推动经济转型升级的产业路径——关于发展我国"生态＋大健康"产业的思考［J］．东岳论丛，2019，40（06）：34－41，191.

［211］赵成．马克思的生态思想及其对我国生态文明建设的启示［J］．马克思主义与现实，2009（02）：188－190.

［212］赵天旸，刘卉，金鑫．试析北京大学开展绿色校园建设的有效途径［J］．环境保护，2009（06）：40－42.

［213］张红凤，周峰，杨慧，郭庆．环境保护与经济发展双赢的规制绩效实证分析［J］．经济研究，2009，44（03）：14－26，67.

[214] 诸大建. 生态文明：需要深入勘探的学术疆域——深化生态文明研究的 10 个思考 [J]. 探索与争鸣, 2008 (06)：5－11.

[215] 赵成. 生态文明的内涵释义及其研究价值 [J]. 思想理论教育, 2008 (05)：46－51.

[216] 张晓. 中国环境政策的总体评价 [J]. 中国社会科学, 1999 (03)：88－99.

[217] 张光辉. 中国生态文明建设的理念变迁及发展进路 [J]. 中州学刊, 2018 (07)：79－82.

[218] 张云飞. "绿水青山就是金山银山"的丰富内涵和实践途径 [J]. 前线, 2018 (04)：13－15.

[219] 张云飞. 生态理性：生态文明建设的路径选择 [J]. 中国特色社会主义研究, 2015 (01)：88－92.

[220] 张光紫, 张森年. "两山"理念的哲学意蕴与实践价值 [J]. 南通大学学报（社会科学版）, 2018, 34 (02)：21－25.

[221] 张红岭. 习近平生态思想研究——从绿色浙江到美丽中国 [J]. 中共浙江省委党校学报, 2017, 33 (06)：28－35.

[222] 张孝德. "两山"理念：生态文明新思维新战略新突破 [J]. 人民论坛, 2017 (25)：66－68.

[223] 赵德余, 朱勤. 资源—资产转换逻辑："绿水青山就是金山银山"的一种理论解释 [J]. 探索与争鸣, 2019 (06)：101－110, 159.

[224] 卓越, 赵蕾. 加强公民生态文明意识建设的思考 [J]. 马克思主义与现实, 2007 (03)：106－111.

[225] 周宏春, 江晓军. 习近平生态文明思想的主要来源、组成部分与实践指引 [J]. 中国人口·资源与环境, 2019, 29 (01)：1－10.

[226] 曾贤刚, 秦颖. "两山论"的发展模式及实践路径 [J]. 教学与研究, 2018 (10)：17－24.

[227] 周锦, 赵正玉. 乡村振兴战略背景下的文化建设路径研究 [J]. 农村经济, 2018 (09)：9－15.

[228] 周光迅, 郑玥. 从建设生态浙江到建设美丽中国——习近平生态文明思想的发展历程及启示 [J]. 自然辩证法研究, 2017, 33 (07)：76－81.

[229] 赵建军, 胡春立. 美丽中国视野下的乡村文化重塑 [J]. 中国特色社会主义研究, 2016 (06)：49－53.

［230］Aflaki, S. , Basher, S. A. & Masini, A. Is your valley as green as it should be? Incorporating economic development into environmental performance indicators ［J］. Clean Techn Environ Policy, 2018 (20): 1903 – 1915.

［231］Ang Chen, Miao Wu, Kai – Qi Chen, Zhi – Yu Sun, Chen Shen. Main issues in environmental protection research and water conservancy and hydropower projects in China ［J］. Water Science and Engineering, 2017.

［232］Anisimov, O. , Orttung, R. Climate change in Northern Russia through the prism of public perception ［J］. AMBIO, 2019 (48): 661 – 671.

［233］Anonymous. Research and Markets: New Report Gives Insight into Enterprises Involved in the Manufacture of Equipment Used for Environmental Protection in China ［J］. M2 Presswire, 2008.

［234］Atteridge, A. , Shrivastava, M. K. , Pahuja, N. et al. Climate Policy in India: What Shapes International, National and State Policy? ［J］. AMBIO, 2012 (41): 68 – 78.

［235］Banks, D. , Adam, A. , Bayliss, V. et al. Environmental Protection in the Tomsk Region of the Russian Federation: A Case Study ［J］. Environmental Management, 2000 (26): 35 – 46.

［236］Belaud, J. , Adoue, C. , Vialle, C. et al. A circular economy and industrial ecology toolbox for developing an eco – industrial park: Perspectives from French policy ［J］. Clean Techn Environ Policy, 2019 (21): 967 – 985.

［237］Boonstra, W. J. , de Boer, F. W. The Historical Dynamics of Social – Ecological Traps ［J］. AMBIO, 2014 (43): 260 – 274.

［238］Bowonder, B. Environmental management conflicts in developing countries: An analysis ［J］. Environmental Management, 1983 (7): 211 – 221.

［239］Cao, S. , Chen, L. & Zhu, Q. Remembering the Ultimate Goal of Environmental Protection: Including Protection of Impoverished Citizens in China's Environmental Policy ［J］. AMBIO, 2010 (39): 439 – 442.

［240］Cao, S. , Sun, G. , Zhang, Z. et al. Greening China Naturally ［J］. AMBIO, 2011 (40): 828 – 831.

［241］Cao, S. , Tian, T. , Chen, L. et al. Damage Caused to the Environment by Reforestation Policies in Arid and Semi – Arid Areas of China ［J］. AMBIO, 2010 (39): 279 – 283.

［242］Cao, Shi xiong, Chen, Li, Zhu, Qing ke. Remembering the Ultimate Goal of Environmental Protection: Including Protection of Impoverished Citizens in China's Environmental Policy ［J］. AMBIO, 2010, 39 (5/6).

［243］Castán Broto, V., Trencher, G., Iwaszuk, E. et al. Transformative capacity and local action for urban sustainability ［J］. AMBIO, 2019 (48): 449 - 462.

［244］Chan, H. S., Wong, K. K., Cheung, K. C. & Lo, J. M. K. The implementation gap in environmental management in China: The case of Guangzhou, Zhengzhou, and Nanjing ［J］. Public Administration Review, 1995: 333 - 340.

［245］Chen, M., Qian, X. & Zhang, L. Public Participation in Environmental Management in China: Status Quo and Mode Innovation ［J］. Environmental Management, 2015 (55): 523 - 535.

［246］Chen, X., Peterson, M. N., Hull, V. et al. How Perceived Exposure to Environmental Harm Influences Environmental Behavior in Urban China ［J］. AMBIO, 2013 (42): 52 - 60.

［247］Chokor, B. A. Government policy and environmental protection in the developing world: The example of Nigeria ［J］. Environmental Management, 1993 (17): 15 - 30.

［248］Civeira, G., Lado Liñares, M., Vidal Vazquez, E. et al. Ecosystem Services and Economic Assessment of Land Uses in Urban and Periurban Areas ［J］. Environmental Management, 2020.

［249］Cortina - Villar, S., Plascencia - Vargas, H., Vaca, R. et al. Resolving the Conflict Between Ecosystem Protection and Land Use in Protected Areas of the Sierra Madre de Chiapas, Mexico ［J］. Environmental Management, 2012 (49): 649 - 662.

［250］Crouzat, E., Arpin, I., Brunet, L. et al. Researchers must be aware of their roles at the interface of ecosystem services science and policy ［J］. Ambio, 2018 (47): 97 - 105.

［251］Čuček, L., Klemeš, J. J., Varbanov, P. S. et al. Significance of environmental footprints for evaluating sustainability and security of development ［J］. Clean Techn Environ Policy, 2015 (17): 2125 - 2141.

［252］Dade, M. C., Mitchell, M. G., McAlpine, C. A. et al. Assessing ecosystem service trade - offs and synergies: The need for a more mechanistic approach

[J]. Ambio, 2019 (48): 1116 –1128.

[253] De lang, C. O. The Second Phase of the Grain for Green Program: Adapting the Largest Reforestation Program in the World to the New Conditions in Rural China [J]. Environmental Management, 2019 (64): 303 –312.

[254] Diedrich, A., Aswani, S. Exploring the potential impacts of tourism development on social and ecological change in the Solomon Islands [J]. AMBIO, 2016 (45): 808 –818.

[255] Diedrich, A., Benham, C., Pandihau, L. et al. Social capital plays a central role in transitions to sportfishing tourism in small – scale fishing communities in Papua New Guinea [J]. AMBIO, 2019 (48): 385 –396.

[256] Donihue, C. M., Lambert, M. R. Adaptive evolution in urban ecosystems [J]. AMBIO, 2015 (44): 194 –203.

[257] Feng, W. & Reisner, A. (2011). Factors influencing private and public environmental protection behaviors: Results from a survey of residents in Shaanxi, China [J]. Journal of environmental management, 1992: 429 –436.

[258] Feng, Y., Mol, A. P. J., Lu, Y. et al. Environmental Pollution Liability Insurance in China: In Need of Strong Government Backing [J]. AMBIO, 2014 (43): 687 –702.

[259] Feola, G. Societal transformation in response to global environmental change: A review of emerging concepts [J]. ABMIO, 2015 (44): 376 –390.

[260] Gagné, S. A., Bryan – Scaggs, K., Boyer, R. H. W. et al. Conserving biodiversity takes a plan: How planners implement ecological information for biodiversity conservation [J]. AMBIO, 2019.

[261] Gao Y, Xia J. Chromium contamination accident in China: Viewing environment policy of China [J]. 2011.

[262] Gao, J., Wang, Y., Zou, C. et al. China's ecological conservation redline: A solution for future nature conservation [J]. AMBIO, 2020.

[263] Gu, L. & Sheate, W. R. Institutional challenges for EIA implementation in China: A case study of development versus environmental protection [J]. Environmental Management, 2005, 36 (1): 125 –142.

[264] Gu, L., Sheate, W. R. Institutional Challenges for EIA Implementation in China: A Case Study of Development Versus Environmental Protection [J]. Envi-

ronmental Management, 2005: 125 – 142.

[265] Guan, L., Sun, G. & Cao, S. China's Bureaucracy Hinders Environmental Recovery [J]. AMBIO, 2011 (40): 96 – 99.

[266] Hossu, C. A., Ioja, I. C., Susskind, L. E. et al. Factors driving collaboration in natural resource conflict management: Evidence from Romania [J]. Ambio, 2018 (47): 816 – 830.

[267] Hu, S., Liu, S. Do the coupling effects of environmental regulation and R&D subsidies work in the development of green innovation? Empirical evidence from China [J]. Clean Techn Environ Policy, 2019 (21): 1739 – 1749.

[268] Ingwersen, W. W., Garmestani, A. S., Gonzalez, M. A. et al. A systems perspective on responses to climate change [J]. Clean Techn Environ Policy, 2014 (16): 719 – 730.

[269] Iniesta – Arandia, I., del Amo, D. G., García – Nieto, A. P. et al. Factors influencing local ecological knowledge maintenance in Mediterranean watersheds: Insights for environmental policies [J]. AMBIO, 2015 (44): 285 – 296.

[270] Jepson, P. Recoverable Earth: A twenty – first century environmental narrative [J]. AMBIO, 2019 (48): 123 – 130.

[271] Jiang Shun li, Lu Qing. New measure of environmental protection in China [J]. The Lancet Planetary Health, 2018, 2 (12).

[272] Jin, Y. Ecological civilization: From conception to practice in China [J]. Clean Techn Environ Policy, 2008 (10): 111 – 112.

[273] Karlsson, M., Gilek, M. Mind the gap: Coping with delay in environmental governance [J]. AMBIO, 2019.

[274] Lawton, R. N., Rudd, M. A. A Narrative Policy Approach to Environmental Conservation [J]. AMBIO, 2014 (43): 849 – 857.

[275] Lee, C. T., Mohammad Rozali, N. E., Van Fan, Y. et al. Low – carbon emission development in Asia: Energy sector, waste management and environmental management system [J]. Clean Techn Environ Policy, 2018 (20): 443 – 449.

[276] Lei Liu, Martin de Jong, Ying Huang. Assessing the administrative practice of environmental protection performance evaluation in China: The case of Shenzhen [J]. Journal of Cleaner Production, 2016: 134.

[277] Lekakis, J. N. Distributional effects of environmental policies in Greece

[J] . Environmental Management, 1990 (14): 465 – 473.

[278] Li, C. , Li, S. , Feldman, M. W. et al. The impact on rural livelihoods and ecosystem services of a major relocation and settlement program: A case in Shaanxi, China [J] . AMBIO, 2018 (47): 245 – 259.

[279] Li, P. , Huang, Z. , Ren, H. et al. The Evolution of Environmental Management Philosophy Under Rapid Economic Development in China [J] . AMBIO, 2011 (40): 88 – 92.

[280] Liu, J. & Diamond, J. Revolutionizing China's environmental protection [J] . Science, 2008, 319 (5859): 37 – 38.

[281] Li Xin gu, William R. Sheate. Institutional Challenges for EIA Implementation in China: A Case Study of Development Versus Environmental Protection [J]. Environmental Management, 2005, 36 (1) .

[282] Malaeb, Z. A. , Summers, J. K. & Pugesek, B. H. Using structural equation modeling to investigate relationships among ecological variables [J] . Environmental and Ecological Statistics, 2000 (7): 93 – 111.

[283] Marcucci, D. J. , Jordan, L. M. Benefits and Challenges of Linking Green Infrastructure and Highway Planning in the United States [J] . Environmental Management, 2013 (51): 182 – 197.

[284] Maroušek, J. , Zeman, R. , Vaníčková, R. et al. New concept of urban green management [J] . Clean Techn Environ Policy, 2014 (16): 1835 – 1838.

[285] Melillo, J. M. , Lu, X. , Kicklighter, D. W. et al. Protected areas' role in climate – change mitigation [J] . AMBIO, 2016 (45): 133 – 145.

[286] Mertz, O. , D'haen, S. , Maiga, A. et al. Climate Variability and Environmental Stress in the Sudan – Sahel Zone of West Africa [J] . AMBIO, 2012 (41): 380 – 392.

[287] Nguyen, H. T. , Aviso, K. B. , Kojima, N. et al. Structural analysis of the interrelationship between economic activities and water pollution in Vietnam in the period of 2000 – 2011 [J] . Clean Techn Environ Policy, 2018 (20): 621 – 638.

[288] Nibleus, K. , Lundin, R. Climate Change and Mitigation [J] . AMBIO, 2010 (39): 11 – 17.

[289] Obrist, D. , Kirk, J. L. , Zhang, L. et al. A review of global environmental mercury processes in response to human and natural perturbations: Changes of

emissions, climate, and land use [J]. AMBIO, 2018 (47): 116 – 140.

[290] Radej, B., Zakotnik, I. Environment as a factor of national competitiveness in manufacturing [J]. Clean Techn Environ Policy, 2003 (5): 254 – 264.

[291] Rao, M., Saw Htun, Platt, S. G. et al. Biodiversity Conservation in a Changing Climate: A Review of Threats and Implications for Conservation Planning in Myanmar [J]. AMBIO, 2013 (42): 789 – 804.

[292] Rockström, J., Williams, J., Daily, G. et al. Sustainable intensification of agriculture for human prosperity and global sustainability [J]. AMBIO, 2017 (46): 4 – 17.

[293] Ruijs, A., Vardon, M., Bass, S. et al. Natural capital accounting for better policy [J]. AMBIO, 2019 (48): 714 – 725.

[294] Russell, L. M., Rasch, P. J., Mace, G. M. et al. Ecosystem Impacts of Geoengineering: A Review for Developing a Science Plan [J]. AMBIO, 2012 (41): 350 – 369.

[295] Sandhu, H., Sandhu, S. Poverty, development, and Himalayan ecosystems [J]. AMBIO, 2015 (44): 297 – 307.

[296] Satz, D., Gould, R. K., Chan, K. M. A. et al. The Challenges of Incorporating Cultural Ecosystem Services into Environmental Assessment [J]. AMBIO, 2013 (42): 675 – 684.

[297] Segerstedt, A., Grote, U. Protected Area Certificates: Gaining Ground for Better Ecosystem Protection? [J]. Environmental Management, 2015 (55): 1418 – 1432.

[298] Sikdar, S. Environmental protection: Reactive and proactive approaches [J]. Clean Techn Environ Policy, 2019 (21): 1 – 2.

[299] Sikdar, S., Jain, R. Environmental management is inherently multi – disciplinary [J]. Clean Techn Environ Policy, 2002 (3): 335.

[300] Simeonov, V. Sustainable development as multivariate problem [J]. Clean Techn Environ Policy, 2003 (5): 68 – 69.

[301] Steelman, T. A., Hess, G. R. Effective Protection of Open Space: Does Planning Matter? [J]. Environmental Management, 2009 (44): 93 – 104.

[302] Sulan Chen, Juha I. Uitto. Accountability Delegation: Empowering local communities for environmental protection in China [J]. Development, 2015, 58

(2-3).

[303] Tang, S. Y. , Lo, C. W. H. & Fryxell, G. E. Enforcement styles, organizational commitment, and enforcement effectiveness: An empirical study of local environmental protection officials in urban China [J]. Environment and Planning A, 2003, 35 (1): 75-94.

[304] Tao, Y. , Li, F. , Crittenden, J. C. et al. Environmental Impacts of China's Urbanization from 2000 to 2010 and Management Implications [J]. Environmental Management, 2016 (57): 498-507.

[305] Ucekaj, V. , Šarlej, M. , Puchýř, R. et al. Efficient and environmentally friendly energy systems for microregions [J]. Clean Techn Environ Policy, 2010 (12): 671-683.

[306] Verkerk, P. J. , Zanchi, G. & Lindner, M. Trade - Offs Between Forest Protection and Wood Supply in Europe [J]. Environmental Management, 2014 (53): 1085-1094.

[307] Wang Yan dong, Yang Jun, Liang Ji ping, Qiang Yan fang, Fang Shan qi, Gao Min xue, Fan Xiao yu, Yang Gai he, Zhang Bao wen, Feng Yong zhong. Analysis of the environmental behavior of farmers for non - point source pollution control and management in a water source protection area in China. [J]. The Science of the total environment, 2018: 633.

[308] Wang, C. , Yang, Y. & Zhang, Y. Economic Development, Rural livelihoods, and Ecological Restoration: Evidence from China [J]. AMBIO, 2011 (40): 78-87.

[309] Wang, Q. , Gu, G. & Higano, Y. Toward Integrated Environmental Management for Challenges in Water Environmental Protection of Lake Taihu Basin in China [J]. Environmental Management, 2006 (37): 579-588.

[310] Weaver, C. P. , Miller, C. A. A Framework for Climate Change - Related Research to Inform Environmental Protection [J]. Environmental Management, 2019 (64): 245-257.

[311] Wen, X. , Théau, J. Assessment of ecosystem services in restoration programs in China: A systematic review [J]. AMBIO, 2020 (49): 584-592.

[312] Wen xin Mao, Wenping Wang, Huifang Sun. Optimization path for overcoming barriers in China's environmental protection institutional system [J]. Journal

of Cleaner Production, 2020：251.

[313] Winterton, N. Science and sustainability：Who knows best? Clean Techn Environ Policy, 2003（5）：154 – 166.

[314] Wu, S., Heberling, M. T. Estimating Green Net National Product for Puerto Rico：An Economic Measure of Sustainability [J] . Environmental Management, 2016（57）：822 – 835.

[315] Xi, B., Li, X., Gao, J., Zhao, Y., Liu, H., Xia, X. & Jia, X. Review of challenges and strategies for balanced urban – rural environmental protection in China [J] . Frontiers of Environmental Science & Engineering, 2015, 9（3）：371 – 384.

[316] Xiao hong Zhang, Li qian Wu, Rong Zhang, Shi huai Deng, Yan zong Zhang, Jun Wu, Yuan wei Li, Lili Lin, Li Li, Yin jun Wang, Li lin Wang. Evaluating the relationships among economic growth, energy consumption, air emissions and air environmental protection investment in China [J] . Renewable and Sustainable Energy Reviews, 2013：18.

[317] Xin chun Li, Quan long Liu. Simulation research on the interaction between environmental protection investment and economic growth in China [J] . 2019, 95（1 – 2） .

[318] Xu, X., Duan, X., Sun, H. et al. Green Space Changes and Planning in the Capital Region of China [J] . Environmental Management, 2011（47）：456 – 467.

[319] Yuan, Z., Bi, J. & Moriguichi, Y. The circular economy：A new development strategy in China [J] . Journal of Industrial Ecology, 2006, 10（1 – 2）：4 – 8.

[320] Yuanyuan Cheng, Yu – Ting Tang, C. Paul Nathanail. Determination of the potential implementation impact of 2016 ministry of environmental protection generic assessment criteria for potentially contaminated sites in China [J] . Environmental Geochemistry and Health, 2018, 40（3） .

[321] Zhang, K. M. & Wen, Z. G. Review and challenges of policies of environmental protection and sustainable development in China [J] . Journal of environmental management, 2008, 88（4）：1249 – 1261.

[322] Zheng, H., Cao, S. Threats to China's Biodiversity by Contradictions

Policy [J] . AMBIO, 2015 (44): 23 –33.

[323] Zhou, B. , Li, Y. , Lu, X. et al. Effects of Officials' Cross – Regional Redeployment on Regional Environmental Quality in China [J] . Environmental Management, 2019 (64): 757 –771.

后　记

从 2005 年习近平主席提出"绿水青山就是金山银山"理念至今将近 15 个年头了。近 15 年以来，"两山"理念逐步形成了日臻完善的思想论述体系，从一个小山村走向全国，发展成为习近平生态文明思想的重要组成部分。如何实践"两山"理念，习近平主席认为："如果能够把这些生态环境优势转化为生态农业、生态工业、生态旅游等生态经济的优势，那么绿水青山也就变成了金山银山"。"两山"理念为绿色高质量发展指明了方向。

近 15 年以来，广西紧跟习近平主席"两山"理念的实践发展步伐，知之愈明、志之愈坚、行之愈笃，将"两山"理念播撒在"一带一路"倡议实施之中，播撒在边贸高质量发展之中，播撒在精准扶贫攻坚战之中，播撒在美丽乡村建设之中，播撒在边境安全治理之中，播撒在民族团结发展之中，成为民族团结和兴边富民的新动力。广西的探索与实践，全面诠释了习近平主席"两山"理念的科学性和正确性，充分彰显了"两山"理念强大的理论生命力和强劲的实践推动力。"两山"理念的孕育既有厚重的文化基础，又有丰富的实践支撑，更开启了南国八桂人民对美好生活的向往，开辟了加速推进绿色小康、建设壮美广西的新篇章，指引了广西人民共筑八桂绿色之梦。

明年是"两山"理念提出的 15 周年，值此之际，本研究团队以"两山"理念为理论支撑和分析框架，尝试研究和探讨了"两山"理念在广西八桂大地的实践探索。我们系统考察了"两山"理念在广西精准扶贫、边贸发展、文化传承、民族团结、边境安全、对外战略等方面的实践，分析评价了广西践行"两山"理念的成效，总结了广西践行"两山"理念的经验和"两山"理念在广西实践中的新发展，进一步认知了广西践行"两山"理念面临的挑战，结合浙江、河北和贵州实践经验启示，提出了广西未来打造高质量发展开放廊道、绿色新业态创新高地、生态扶贫共享发展区、山水生态乡村先行区等践行"两山"理念的基本思路。我们期待我们所做的有益探索能为社会各界展开广西践行"两山"理念、"推进绿色小康，建设壮美广西"的精彩序幕，也为广西继续践行"两山"理念提供思路和方案。

专著的最终付梓，感谢广西民族大学和国家社科基金项目（16BJL119）支持，感谢研究团队王金凯博士、蒋琳莉博士、方平博士等艰辛的付出，感谢陈楠、崔译丹、刘文武、芦映杉、夏海滨、龙慧、陈赟等研究生的大力协助。此外，专著在研究写作过程中，参阅了大量国内外研究文献和成果，在此一并感谢。

马　璐

2019 年 11 月 18 日